四季花木养护与赏析

孙颖 编著

化学工业出版社

·北京·

本书对生活中常见的120种花木，按照春夏秋冬的开花季节顺序编排，采用近800幅实拍彩色照片展示其茎叶花果以及不同品种的特征，并配以文字将其形态、花语、寓意、典故、传说、诗词等一一道来。书中花木是从绚丽多彩的植物世界中精选的部分观赏性较强的花卉植物，并对书中每一种花卉植物的产地、习性、外观形态、繁殖以及栽培管理方法等进行了详细的叙述。

本书通俗易懂，图文并茂，系统性强，简单明了，融科学性、知识性、实用性为一体。适合广大养花爱好者、花文化爱好者、花卉种植户阅读使用，并可作为青少年科普读物。愿本书成为大家识别与欣赏身边花木的良师益友。

图书在版编目（CIP）数据

四季花木养护与赏析 / 孙颖编著. —北京：化学
工业出版社，2018.4
ISBN 978-7-122-31705-6

Ⅰ. ①四… Ⅱ. ①孙… Ⅲ. ①花卉－观赏园艺
Ⅳ. ①S68

中国版本图书馆 CIP 数据核字（2018）第 047433 号

责任编辑：张林爽
责任校对：边　涛
装帧设计：关　飞

出版发行：化学工业出版社（北京市东城区青年湖南街 13 号　邮政编码 100011）
印　　装：北京瑞禾彩色印刷有限公司
710mm×1000mm　1/16　印张 15　字数 447 千字　2018 年 9 月北京第 1 版第 1 次印刷

购书咨询：010-64518888（传真：010-64519686）　售后服务：010-64518899
网　　址：http://www.cip.com.cn
凡购买本书，如有缺损质量问题，本社销售中心负责调换。

定　　价：88.00 元

前言

我国花木资源丰富，栽培历史悠久。自古以来，无园不花。色彩斑斓、千姿百态的各种花木，不仅是把世界装点得优雅自然、妙趣横生，也是人类与自然和谐、共生的纽带。许多花木有着美好、吉祥的寓意，既可栽植在园林中美化环境，也可盆栽，使人赏心悦目，消除疲劳，有益于身心健康。

随着科技的进步和人们生活水平的提高，越来越多的人选择养殖花木来锻炼身体、改善环境、休养身心。养花有许多学问，只有充分了解各种花卉的栽培要求，科学养护，才能使之枝繁叶茂，充分发挥其生态及观赏功能。

为了使花木爱好者更好地掌握四季花木的栽培、鉴赏知识，笔者翻阅了各种资料并结合种植养护心得编写了此书。书中对街边公园常见的120种花木，按照春夏秋冬的开花季节顺序编排，采用近800幅实拍高清彩照展示其茎叶花果的特征，并配以文字将其形态、花语、寓意、典故、传说、诗词等一一道来，并对书中每一种花卉植物的产地、习性、外观形态、繁殖以及栽培管理方法等进行了详细的描述。

本书由孙颖编著，书法作品由著名书法家马幼民先生书写。在本书的编写过程中得到了崔培雪、叶淑芳、谷文明、常美花、冯莎莎、郭龙、纪春明、李秀梅、苗国柱、沈福英、张小红、张向东的帮助和支持，在此深表感谢！

本书图文并茂、通俗易懂，是融知识性、观赏性、实用性为一体的科普读物。本书适合广大养花爱花者、花文化爱好者、花卉种植户及青少年阅读。真心希望能与读者一起分享种植养护过程中的心得和乐趣。由于成书时间仓促，加之笔者经验水平有限，书中难免存在疏漏和不足之处，恳请广大读者给予批评指正。

编著者

盛夏开花篇

秋季开花篇

晚秋开花篇

冬季开花篇

观叶花木篇

观果花木篇

竹类花木篇

春季 开花篇

迎春花

—— 枝枝黄花报春来

学名：*Jasminum nudiflorum*

别名：迎春、金腰带、黄素馨

科属：木犀科，素馨属

迎春花姿

迎春花丛

迎春花原产我国甘肃、陕西、四川、云南西北部、西藏东南部。迎春花性喜阳光，喜温暖、湿润环境，较耐寒、耐旱，怕涝，较耐碱。在华北地区和河南鄢陵均可露地越冬。对土壤要求不严，适宜疏松、肥沃和排水良好的沙质土，在酸性土中生长旺盛，碱性土中生长不良。根部萌发力强。耐修剪。枝条着地部分极易生根。

迎春花为落叶藤状灌木植物，高2～3米，直立匍匐。小枝细长呈拱状，枝条稍扭且下垂，有四棱，绿色，光滑无毛。三出复叶，对生，幼枝基部偶有单叶，小叶卵形至矩圆状卵形，全缘，叶轴具狭翼，叶柄长3～10毫米，无毛。花单生叶腋，先叶开放，花冠黄色，高脚碟状，花萼绿色，裂片5～6枚，窄披针形，花冠黄色，基部向上渐扩大，裂片5～6枚，长圆形或椭圆形，先端锐尖或圆钝。具清香，花期2～4月。

养 迎春花的繁殖

【扦插繁殖】

扦插春、夏、秋三季均可进行，其中在早春2～3月扦插，成活率高。剪取半木质化的枝条12～15厘米长，插入沙土中，保持湿润，约15天生根。也可干插，即在整好的苗床内扦插后灌透水。

【分株繁殖】

分株可在春、秋进行，春季移植时地上枝干截除一部分，需带宿土。

【压条繁殖】

压条多在春季进行，将较长的枝条浅埋于沙土中，不必刻伤，40～50天后生根，当年秋季分栽。

迎春花的养护管理

【肥水管理】

栽植前施足基肥，生长期内摘心三四次，促使其分枝，花后进行整形、修剪。栽培容易，管理粗放，只要注意肥水管理，均能生长良好。

【光照温度】

光照：刚栽种的迎春，置于蔽阴处10天左右，再放到半阴半阳处养护1周，然后放置阳光充足、通风良好、比较湿润的地方养护。在南方，冬天只要把种迎春的盆钵埋入背风向阳处的土中即可安全越冬。

温度：在北方应于初冬将迎春移入低温（5℃左右）室内越冬。欲令迎春提前开花，可适时移入中温或高温向阳室内，置于20℃左右室内向阳处，10天左右就可开花。开花后，室温保持在8℃左右，并注意不要让风对其直吹，可延长花期。花开后，室温越高，花凋谢越快。

炫丽迎春

迎春花海

【病虫害防治】

迎春花偶有蚜虫危害，可喷施40%乐果1500倍液防治。遇褐斑病，发病初期喷洒70%百菌清可湿性粉剂1000倍液等杀菌剂。灰霉病发病初期喷洒50%速克灵或50%扑海因可湿性粉剂1500倍液，最好与65%甲霉灵可湿性粉剂500倍液交替施用，以防止产生抗药性。

咏

【诗词歌赋】

《玩迎春花赠杨郎中》唐 白居易

金英翠萼带春寒，黄色花中有几般。

恁君与向游人道，莫作蔓青花眼看。

《迎春花》宋 刘敞

秾李繁桃刮眼明，东风先入九重城。

黄花翠蔓无人愿，浪得迎春世上名。

《迎春花》宋 韩琦

覆阑纤弱绿条长，带雪冲寒折嫩黄。

迎得春来非自足，百花千卉共芬芳。

迎春花与梅花、水仙和山茶花统称为"雪中四友"，是我国常见的花卉之一。

赞

【观赏价值】

迎春花植株铺散，枝条鲜绿，强光背阴处都能生长，冬季绿枝婆娑，早春黄花可爱，是园林绿地中早春珍贵花木之一，在湖边、溪畔、桥头、墙隅，或在草坪、林缘、坡地、房屋周围均可栽植，种植于碧水萦回的柳树池畔可为山水增色。迎春花对我国冬季漫长的北方地区，装点春冬之景意义很大，南方可以和腊梅、山茶、水仙同植一处构成春景。也可盆栽观赏或制作成盆景观赏。

迎春花的绿化效果突出，体现速度快，在各地都有广泛使用。栽植当年即有良好的绿化效果，在山东、北京、天津、安徽等地都有使用迎春花作为花坛观赏灌木的案例，江苏沭阳更是迎春的首选产地。

【药用价值】

迎春花叶活血解毒、消肿止痛，可用于肿毒恶疮、跌打损伤、创伤出血。花发汗、解热利尿，可用于发热头痛，小便涩痛。

常用验方如下。

① 治风热感冒、发热头痛：迎春花15克，水煎服。

② 治月经不调：迎春花根30克、红泽兰根15克，炖猪肉服食。

③ 治臁疮：迎春花适量，研为细末，调麻油敷于患处。

④ 治小便热痛：迎春花、车前草各15克，水煎服。

⑤ 治跌打损伤、刀伤出血：迎春花适量，捣烂外敷患处，或用迎春花叶15克，水煎服。

郁金香

学名：*Tulipa gesneriana*
别名：洋荷花、郁香、旱荷花等
科属：百合科，郁金香属

—— 高贵典雅香味浓

郁金香花姿

郁金香花丛

郁金香原产于地中海沿岸、中亚细亚、土耳其和我国新疆维吾尔自治区。郁金香适宜冬季温暖湿润，夏季凉爽稍干燥，向阳或半阳的环境。耐寒性强，冬季可耐零下30℃的低温。喜欢富含腐殖质、肥沃而排水良好的微酸性壤土，忌黏重土壤。生长适温15～18℃，低于5℃停止生长，花芽分化适温20～23℃。花朵昼开夜合，一般开放5～6天，鳞茎寿命1年，母球在当年开花并形成新球及子球后便干枯消失。通常一个母球能生成1～3个新球及4～6个子球。根再生力弱，易折断，不宜移植。

郁金香为多年生有皮鳞茎类球根花卉。株高15～60厘米，鳞茎扁圆锥形，直径多为2～3厘米，鳞茎皮纸质，紫红色或褐色。茎叶光滑，被白粉，叶3～5枚，基生，带状披针形至卵状披针形，全缘。花大单生茎顶，直立杯状，偶有对生，花形有卵形、球形、碗形等，花色有白、粉、红、黄等各种单复色，单瓣、重瓣均有，花期3～5月。

郁金香的繁殖

【播种繁殖】

播种繁殖主要用于育种及大量生产花苗。播种繁殖一般在秋季进行，采种后进行露地秋播，第二年出苗，通常需5年才能开花。

【分株繁殖】

分株繁殖于6月上旬进行，将休眠鳞茎挖出，将新鳞茎及子球分别剥离，按大小分级储存到11月进行栽植。用充分腐熟的畜粪及人粪尿作基肥均匀翻入土中耕作层20厘米以上。将子球培养成做切花用的新球，一般周长3厘米左右的要培养2年，周长5厘米的培养1年，周长即可达12厘米做切花生产用球。夏季茎叶部分枯萎时进行收获，挖出鳞茎时要仔细，勿使有损伤。

郁金香的养护管理

【定植管理】

种植郁金香，栽前应施入充分腐熟的有机肥，土壤宜用多菌灵500倍液消毒，整地作高畦。定植株行距10厘米×12厘米。如进行盆栽，每个内径为20厘米的盆栽植3个。覆土厚度为鳞茎直径的2.5～3倍。

【肥水管理】

栽后立即灌透水。生长期每2周追肥1次，直到休眠前3周停止水肥。每次灌溉、追肥忌过湿，否则鳞茎容易腐烂。除施基肥以外，展叶前和现蕾初期各施1次腐熟并稀释30倍的饼肥水或复合化肥。开花前往叶面上喷1次 0.2%的磷酸二氢钾。温度白天应控制在18～24℃，夜间控制在12～14℃，浇水以透为准，忌积水。土壤过湿，透气性差，易产生病苗，过干又易

红白相间郁金香

王朝郁金香

生成盲花。

【光照温度】

光照：郁金香上盆后半个多月时间内，应适当遮光，以利于种球发新根。发芽时，花芽的伸长受光照的抑制，遮光后，能够促进花芽的伸长，防止前期营养生长过快，徒长。出苗后应增加光照，促进植株拔节，形成花蕾并促进着色。后期花蕾完全着色后，应防止阳光直射，延长开花时间。

温度：苗前和苗期白天温度保持在12～15℃，夜间不低于6℃；经过20多天，植株长出两片叶时应及时增温，白天室内温度保持在18～25℃，夜间应保持在10℃以上。一般再经过20多天时间，花冠开始着色，第一支花在12月下旬至1月上旬开放，至盛花期需10～15天，这时应视需花时间的不同分批放置，温度越高，开花越早。

【病虫害防治】

郁金香较易染冠腐病、灰腐病等，应避免连作，严格进行土壤及种球消毒，一旦发现病株，及时清除，定期喷洒50%的多菌灵可湿性粉剂500～800倍液，土壤不能太湿。郁金香虫害主要有蛴螬、蚜虫等，蛴螬可用呋喃丹防治，蚜虫可用氧化乐果防治。

【花语寓意】

红色郁金香花语：爱的告白。

白色郁金香花语：逝去的爱情。

黄色郁金香花语：无望之恋。

在欧美，黄色的花通常不太受欢迎，有关的花语也都寓意较为消极。

【美丽传说】

在古代欧洲，有一个美丽的姑娘，同时受到三位英俊的骑士爱慕追求。一位送了她一顶皇冠；一位送她宝剑；另一位送她黄金。少女非常发愁，

白梦郁金香

粉钻石郁金香

不知道应该如何抉择，因为三位男士都如此优秀，只好向花神求助，花神于是把她化成郁金香，皇冠变为花蕾，宝剑变成叶子，黄金变成球根，就这样同时接受了三位骑士的爱情，而郁金香也成了爱的化身。由于皇冠代表无比尊贵的地位，宝剑是权力的象征，而拥有黄金就拥有财富，所以在古欧洲只有贵族名流才有资格种郁金香。

【相关典故】

典故一：第二次世界大战期间，有一年的冬季荷兰闹饥荒，很多饥民便以郁金香的球状根茎为食，靠郁金香维持了性命。荷兰人感念郁金香的救命之恩，便以郁金香为国花。

典故二：在古罗马神话中，郁金香是布拉特神的女儿，她为了逃离秋神贝尔兹努一厢情愿的爱，而请求贞操之神迪亚那，把自己变成了郁金香花。所以，野生郁金香有一种含义就是贞操。当然，不同颜色的郁金香代表的含义是不同的。

【观赏价值】

郁金香花期较长，花色鲜艳，花形端庄，品种繁多，是重要的切花材料之一。可成群配植，观赏效果很好。也可用于布置花坛、花境，还可作盆花。

郁金香的魅力使许多人士为之倾倒。美国白宫、法国卢浮宫博物馆等的花坛里，每年都吸引无数

游客来观赏它的芳容。不但如此，在艺术插花方面，它又是最难能可贵的花材，无论高瓶、浅盂、圆缸，插起来都格外高雅脱俗，清新隽永，令人百看不厌。

紫金郁金香

郁金香盛景

【药用价值】

郁金香味苦、辛，性平。具有解毒的功效，可化湿辟秽。主治脾胃湿浊、胸脘满闷、呕逆腹痛、口臭苔腻。

注意：它的花朵中含一种毒碱，人和动物在这种花丛中待上2～3小时，就会头昏脑胀，出现中毒症状，严重者还会毛发脱落，所以最好不要养在家里，如果是成束的鲜花，要注意保持室内通风。

马蹄莲

—— 挺秀雅致花叶绝

学　名：*Zantedeschia aethiopica*（Linn.）Spreng.
别　名：慈姑花、水芋、野芋、观音莲
科　属：天南星科，马蹄莲属

识

马蹄莲花姿

马蹄莲花丛

马蹄莲原产于南美洲南部湿地地区，在我国集中分布于河北、四川、台湾等地。马蹄莲喜温暖、湿润的半阴环境。怕阳光曝晒，耐寒性不强，生长期要求阳光充足、通风良好，才能开好花、多开花。对土壤要求不严，但喜疏松、肥沃、腐殖质丰富的黏壤土，这种土疏松透气，有一定的保水能力。土壤酸碱度以中性或偏酸为宜。

马蹄莲为多年生草本植物，地下具褐色肉质块茎。地上部高0.5～1米，叶基生，叶柄长且粗壮，叶呈心状箭形，先端锐尖，基部戟形，全缘。花梗高出叶片，顶端着生一黄色肉穗花序，圆柱形，佛焰苞大型，呈斜漏斗状，喇叭形，乳白色，雄花着生于花序上部，雌花着生于花序下部，花期2～4月。

养 马蹄莲的繁殖

【播种繁殖】

马蹄莲于9月初种植，以室内盆播为主，每盆4、5个块茎，培养土中适当添加基肥，盆面覆土稍厚些，浇透水，将盆置于半阴处，以后保持盆土湿润，发芽适温为18～24℃，播后15～20天发芽，实生苗需培育3～4年才能开花。

【分株繁殖】

马蹄莲因种子较少，一般采用分株繁殖。当5～6月花谢后，老叶逐渐枯萎并长出新叶时或9月中旬换盆时分株最为适宜。如果种植过早，花期后休眠期短，花芽发育不良，植株长叶多花少且小，如果过晚种植则会使花期延迟且花期短。种植时，将植株从盆中倒出，将周围的小芽挖下，单株或2～3株将有芽的部分朝上方正栽于盆中，这样能保证芽顺利健康生长。一

紫色马蹄莲

粉红马蹄莲

般培养1年后，第二年即能开花。

马蹄莲的养护管理

【肥水管理】

施肥：生长季喜水分充足，要保持土壤湿润，经常喷水，保持空气湿度，每隔10～15天追施加5倍水的腐熟人畜粪尿液1次，或加20倍水的腐熟饼上清液1次，肥水尽量不要浇在叶片上，施肥后立即用清水冲洗以免枝叶腐烂。枝叶繁茂时需将外部老叶摘除，以利花梗抽出。

浇水：3、4月为盛花期，5月以后天气热，叶片开始枯黄，可停止浇水，使盆侧放，令其干燥，促其休眠，叶子全部枯黄后，取出块茎晾干，于阴凉通风处储藏，秋季再进行上盆栽植。夏季栽培需要在遮阴情况下，经常喷水降温保湿。

【光照温度】

马蹄莲喜温暖湿润及稍有遮阴的环境，但花期要阳光充足，否则佛焰苞带绿色，影响品质。需保证每天3～5小时光照，不然叶柄会伸长影响观赏价值。春、夏、秋三季遮阴30%～50%，马蹄莲耐寒力不强，10月中旬要移入温室，冬季温度保持在10℃以上，适宜温度为20～25℃。

淡粉马蹄莲

【病虫害防治】

马蹄莲主要易受软腐病、叶斑病侵害，可用50%多菌灵可湿性粉剂800～1000倍液喷雾，每半月1次，连喷3次即可。干燥高温环境中，马蹄莲易发生蚜虫、红蜘蛛，可用氧化乐果或哒螨灵乳油防治。

【花语寓意】

马蹄莲花语：博爱、优雅、尊贵、希望、高洁、春风得意、纯洁无瑕的爱。

白色马蹄莲：忠贞不渝，永结同心。

红色马蹄莲：圣洁虔诚，永结同心，吉祥如意，清净，喜欢。

粉红色马蹄莲：象征着爱你一生一世。

马蹄莲适宜做新娘的手捧花，佛焰苞小而白的品种宜送年轻朋友，不要向一般的异性朋友送橙红色的品种，送双数不要送单数。

【观赏价值】

马蹄莲植株挺秀雅致，花苞洁白，宛如马蹄，叶片翠绿，缀以白斑，可谓花叶两绝。清香的马蹄莲花，是素洁、纯真、朴实的象征。国际花卉市场上马蹄莲已成为重要的切花种类之一。适于室内盆栽或布置会场，也可地栽，其花、叶均是插花的良好素材。常用于制作花束、花篮、花环和瓶插，装饰效果特别好。矮生和小花型品种盆栽用于摆放台阶、窗台、阳台、镜前，充满异国情调，特别生动可爱。马蹄莲配植庭园，尤其丛植于水池或堆石旁，开花时非常美丽。

黄色马蹄莲

马蹄莲花海

马蹄莲可药用，具有清热解毒的功效。治烫伤，鲜马蹄莲块茎适量，捣烂外敷。预防破伤风，在创伤处，用马蹄莲块茎捣烂外敷。注意马蹄莲有毒，忌内服。

山茶花
—— 繁花傲骨耐冬雪

学　名：*Camellia japomica*
别　名：茶花、玉茗、山春、海榴、耐冬
科　属：山茶科，山茶属

山茶花花姿

山茶花花丛

山茶花原产我国南部、西南部地区以及日本。山茶花喜半阴、温暖、潮湿的气候环境和散射光照，忌严寒，忌烈日，忌干燥。适宜疏松、肥沃、富含腐殖质、排水良好的偏酸性土壤。在耐寒程度上，单瓣品种比重瓣品种要强。山茶花适宜生长温度18～25℃，能忍受35℃左右的高温。

山茶花为常绿阔叶灌木或小乔木，树冠圆头形，树皮灰褐色，大枝条黄褐色，小枝绿色或绿紫色。单叶互生，椭圆形至长椭圆形，革质，顶端渐尖，边缘有锯齿，叶表面暗绿色且富有光泽。花1～3朵腋生，柄粗短，两性花，花瓣5～7枚，有红、粉红、淡红、紫红、白等色，并有单瓣、重瓣之分，花期冬春。蒴果扁球形，果熟期9～10月。

山茶花的繁殖

【播种繁殖】

10月上、中旬，将采收的果实放置室内通风处阴干，待蒴果开裂取出种子后，立即播种。若秋季不能马上播种，需沙藏到翌年2月间播种。播种前可用新高脂膜拌种，一般秋播比春播发芽率高。

【扦插繁殖】

山茶花扦插可用1、2年生健壮、半木质化枝条，插穗长度一般4～10厘米，先端留2个叶片，剪取时下部要带踵。于6月雨季或9月进行，插穗入土3厘米左右，浅插生根快，深插发根慢，插后要喷透水，6周后剪口愈合生根。生根后逐步加强光照，促进木质化。

【嫁接繁殖】

山茶花嫁接繁殖常用于扦插生根困难或繁殖材料少的品种。以5～6月、新梢已半质化时进行嫁接成活率最高，接活后萌芽抽梢快。砧木以油茶为主，10月采种，冬季沙藏，翌年4月上旬播种，待苗长至4～5厘米，即可用于嫁接。

十八学士山茶花

六角丹红山茶花

山茶花的养护管理

【肥水管理】

移栽在3～4月和9～10月带土球进行，春季保持充足水分，追施加5倍水的腐熟稀薄人畜粪尿液一两次，5月花芽分化时控制水分，施入以磷为主的追肥（5%的过磷酸钙）1～3次，夏季气温高，一般以每天清晨与傍晚各浇水1次。掌握干湿调匀，干则浇，浇则透。8月重复追肥一两次，并进行疏蕾、疏叶，能促使植株生长旺盛、叶色浓绿，秋末移入室内或冷室越冬。

【光照温度】

山茶花喜欢半阴环境，对光线特别敏感，寒冷和炎热均不利于生长。夏季气温超过35℃，需放在荫棚下养护，避免强光直射。高楼住户无室外条件，夏季可把山茶花搬到室内或走廊里；春、秋季要把花盆放在阳台或朝南窗口处。盆栽山茶花冬季可放在室内越冬。每二三年换盆1次，盆土选用酸性、富含腐殖质、透水保水性好的黏培养土，于11月或早春2～3月换盆。

【病虫害防治】

发生病虫害要注意通风、加强管理，以增强植株的抗病能力。介壳虫、蚜虫可用氧化乐果防治。红蜘蛛可用哒螨灵乳油防治。炭疽病可用50%多菌灵可湿性粉剂600～800倍液喷洒防治。白粉病初染期喷1次15%的粉锈宁700～1000倍液即可。

咏

【花语寓意】

山茶花花语：理想的爱，谦让，了不起的魅力。

白色山茶花：纯真无邪，理想之恋，清雅。

红色山茶花：天生丽质，谦逊之美德，高洁的理性。

粉红山茶花：克服困难。

鸳鸯凤冠山茶花

花衣山茶花

【诗词歌赋】

《茶花》陈景章

四时滴翠堂皇锦，三色迎春富丽诗。

《十一月山茶》唐 白居易

似有浓妆出绛纱，行光一道映朝霞。飘香送艳春多少，犹如真红耐久花。

《邵伯梵行寺山茶》宋 苏轼

山茶相对阿谁栽，细雨无人我独来。说似与君君不会，灿红如火雪中开。

《山茶花》宋 陆游

东园三日雨兼风，桃李飘零扫地空。唯有山茶偏耐久，绿丛又放数枝红。

《白山茶》明 沈周

犀甲凌寒碧叶重，玉杯擎处露华浓。何当借寿长春酒，只恐茶仙未肯容。

《山茶》清 刘灏

凌寒强比松筠秀，吐艳空惊岁月非。冰雪纷纭真性在，根株老大众园稀。

【观赏价值】

山茶花植株形姿优美，叶片浓绿而有光泽，花形艳丽缤纷，是人们喜爱的传统名花。山茶花品种极多，在我国有着悠久的栽培历史。山茶花常用于盆栽观赏，布置庭院、居室、厅堂等，长江以南地区可在各类园林绿地中丛植或散植，或与其他园林植物一起配置。

【经济价值】

山茶种子榨取的油脂是高级的食用油类。在江浙一带的民间通过将山茶籽炒热后机碎，再通过蒸熟后榨取的山茶油是这一带民间山区除菜籽油外的主要烹饪油来源。

粉喷砂山茶花

花鹊灵山茶花

山茶树的树干结实耐用，可用来制家具，也可制得细致结实的木炭，燃烧持久，还可用来做炭雕等工艺品。

山茶花对有害气体如二氧化硫、氟化氢的抗性强，并能吸收氯气等气体。

【药用价值】

山茶味辛、苦，性寒，入肝经、肺经。有收敛凉血、止血的作用。用于吐血、衄血、便血、血崩；外用治烧烫伤，创伤出血。

常用验方如下。

① 治赤痢：大红宝珠山茶花，阴干为末，加白糖拌匀，饭锅上蒸三四次服。

② 治痔疮出血：宝珠山茶，研末冲服。

玉兰花

—— 叶碧花玉优雅姿

学　名：*Magnolia denudata*
别　名：木兰、应春花、玉堂春、辛夷花、望春
科　属：木兰科，玉兰亚属

玉兰花花姿

玉兰花花丛

玉兰花原产于我国中部各地，现北京及黄河流域以南均有栽培。玉兰花喜阳光充足、温暖湿润、通风良好的环境，不耐寒，土壤以富含腐殖质、排水良好的微酸沙壤土为宜。根肉质怕积水。

玉兰花为落叶乔木，干皮灰色，新枝及芽绿色有绢毛，树冠宽卵形。单叶互生，全缘，叶片薄革质，卵状长椭圆形至卵状披针形，表面平滑有光泽。花多为白色，有浓郁香味，花瓣披针形，有6~9瓣。花期4~9月。

【嫁接繁殖】

嫁接以木兰作砧木。靠接时间自春至秋，整个生长季节皆可进行，以4～7月进行者为多。靠接部位以距离地面70厘米处为最好。绑缚后裹上泥团，并用树叶包扎在外面，防止雨水冲刷，经60天左右即能愈合，可与母株切离。靠接是较容易成活的一种方法，但不如切接的生长旺盛。

【压条繁殖】

普通压条：压条最好在2～3月进行，将所要压取的枝条基部割进一半深度，再向上割开一段，中间卡一块瓦片，接着轻轻压入土中，不使折断，用"U"形的粗铁丝插入土中，将其固定，防止翘起，然后堆上土。春季压条，待发出根芽后即可切离分栽。

高枝压条：入伏前在母株上选择健壮和无病害的嫩枝条，于分杈处下部刻伤或环剥，然后用塑料薄膜、对半竹筒或劈开的花盆包裹，里面装满培养土，外面用细绳扎紧，小心不去碰动，经常少量喷水，保持湿润，翌年5月前后即可生出新根，取下定植。

玉兰花的养护管理

【肥水管理】

盆栽的培养土用腐叶4份、沙土1份及一些基肥配成，移栽上盆要带土球。生长季节每3～5天施1次腐熟的豆饼液肥，开花期每隔三四天施1次腐熟的麻酱渣稀释液，花前还需补充磷、钾肥。春季出房后，以中午浇水为好，隔日1次，但每次必须浇足，盛夏时适当增加喷水次数。冬季应严格控制浇水，保持盆土湿润即可。

【光照温度】

玉兰花能否安全越冬，温度是一大关键。进入"秋分"后玉兰花就应搬入室内，温度需维持在5～10℃，遇到气温过高时，要适当降温。玉兰花喜光，夏季可放置于有遮阴的花棚下，早晨掀开帘子，让其接受日照，9点钟后应盖好覆盖物，遮蔽阳光，特别要避免中午的强光直晒。玉兰花搬入室内后，要放在阳光充足处。

【整形修剪】

盆栽玉兰花要选择适宜的高度，用修枝剪剪去顶芽及剪短部分侧枝。顶芽剪掉后有利于多长侧枝，多长花蕾多开花。

【病虫害防治】

炭疽病，在发病期喷施75%百菌清可湿性粉剂800～1000倍液；蚜虫、介壳虫、红蜘蛛等虫害可喷施50%辛硫磷1000～1500倍液，连续二三次，能有效防治。

粉玉兰花

红玉兰花

咏

【花语寓意】

玉兰花花语：纯洁的爱，真挚。

【诗词歌赋】

《题玉兰》明 沈周

翠条多力引风长，点破银花玉雪香。韵友自知人意好，隔帘轻解白霓裳。

《玉兰》明 睦石

霓裳片片晚妆新，束素亭亭玉殿春。已向丹霞生浅晕，故将清露作芳尘。

【观赏价值】

玉兰花碧叶玉花，花期长，有沁人的芳香，四季常青，姿态优雅，落落大方，是人们喜爱的木本花卉。在南方可露地庭院栽培及作行道树，是南方园林中的骨干树种。寒冷地区多盆栽布置庭院、厅堂、会议室。因其惧怕烟熏，应放在空气流通处。

紫玉兰花

四季报春花
——五彩缤纷四季春

学　名：*Primula Obconica*
别　名：四季樱草、仙荷莲、球头樱草、仙鹤莲等
科　属：报春花科，报春花属

四季报春花花姿

四季报春花花丛

四季报春花原产我国湖北、湖南、江西等地及我国西部和西南部云贵及青藏高原地带。喜排水良好、多腐殖质、疏松的沙质土壤，较耐湿。在纬度低、海拔高、气候凉爽、湿润的环境中生长良好。幼苗不耐高温，忌暴晒，喜通风环境，在酸性土壤上生长不良，叶片变黄。生长适温20℃左右，条件适宜，可四季开花。

四季报春花为多年生宿根草本花卉。株高20～30厘米，叶有长柄，基生，叶片长圆心脏形，边缘有不规则粗齿，两面及叶柄密生白色腺毛，花茎自叶丛基部抽出，顶生聚伞形花序，小花多数，1～2层，花冠5～7浅裂，基部筒状，有玫瑰红、白、紫、粉红等色。

四季报春花的繁殖

【播种繁殖】

四季报春花繁殖率很高，春、秋季均可播种。因种子寿命较短，采种后应立即播种，一般存放不超过半年。播种于装有培养土（泥炭：蛭石为1：1）的盆中，盆土用细筛过筛。播种期6～9月，一般6月下旬播种，植株生长健壮，但因夏季气温高必须注意遮阴，8～9月播种，虽管理方便，但植株矮小。种子极细小，故播种不宜过密，播后不用覆土，将盆浸入水中，使盆土浸透，盖上玻璃及报纸，减少水分蒸发，同时在玻璃一端用木条垫起约1厘米的缝隙，以利空气流通，放于阴暗处，在15～20℃条件下，10天左右可以出苗。

粉色四季报春花

紫色四季报春花

四季报春花的养护管理

【肥水管理】

施肥：每10天追施稀薄的氮磷液肥1次，忌肥沾污叶片，以免伤叶。待花茎露头时增施1次以磷肥为主的液肥，促进开花，以提高品质。

浇水：在生长期中，盆土要保持湿润，不能过干过湿，同时每隔10天追施1次以氮肥为主的液肥，孕蕾期需追施以磷肥为主的液肥2～3次。盛花期要减少施肥，花谢后要停止施肥。施肥前应停止浇水，让盆土偏干些，以利肥料吸收。施肥时注意肥水勿沾污叶片，可在施肥后喷水1次。结实期间，注意室内通风，保持干燥，如湿度太大则结实不良。5～6月种子成熟，因果实成熟期不一致，宜随熟随采收。

【光照温度】

光照：出苗后去掉玻璃和覆盖物，将花盆放到有充足光照、凉爽、通风处，以防幼苗徒长。幼苗期忌强烈日晒和高温，宜遮帘避中午直射日光，如欲使其冬天开花，可在夜间补充光照3小时。

温度：报春花喜温暖，稍耐寒。适宜生长温度为15℃左右。冬季室温如保持10℃，翌年2月起就能开花。移苗后，逐渐缩短遮阴时间，白天温度保持在18℃左右，夜间保持在15℃。要注意通风，能在0℃以上越冬；夏季温度不能超过30℃，怕强光直射，故要采取遮阴降温措施。

红色四季报春花

黄色四季报春花

【病虫害防治】

报春花幼苗易患猝倒病，发现病株立即清除，并对土壤消毒。报春花叶部常发生白粉病，可喷洒50%多菌灵可湿性粉剂800倍液，每7天喷1次。介壳虫为害，可人工捕捉或喷洒40%氧化乐果乳油1000倍液防治。

【花语寓意】

四季报春花花语：青春的快乐和悲伤。

报春花的种类很多，其中最受欢迎的是西洋报春。报春花是向人们报知春天的朋友，红、粉、黄、白、紫等五彩缤纷的花朵，低矮的植株，花姿精巧可爱，被称为迷你报春。

【观赏价值】

报春花品种丰富、花姿艳丽、色香诱人，是冬、春季节的主要观赏花卉。是家庭、宾馆、商场等场所冬季环境绿化装饰的盆花材料，亦可作切花、插花之用。花期从12月至翌年5月，观赏价值极高。

炫丽四季报春花

四季报春花花境

三色堇

—— 花色娇艳似蝴蝶

学　名：*Viola tricolor* L.
别　名：蝴蝶花、鬼脸花、猫脸花、人面花
科　属：堇菜科，堇菜属

三色堇花丛

三色堇花姿

三色堇原产欧洲，现我国各地均有栽培。喜凉爽环境，较耐寒，略耐半阴，怕炎热和积水，炎热多雨的夏季常发育不良，并且不能形成种子。在昼温15～25℃、夜温3～5℃的条件下发育良好。如果温度连续在25℃以上，则花芽消失，无法形成花瓣，种子也发育不良。最低温度不能低于零下5℃，否则叶片受冻边缘变黄，根系可耐零下15℃低温。喜肥沃、排水良好、富含有机质的中性壤土或黏壤土，pH以5.5～5.8为宜。

三色堇为多年生草本植物，常作一、二年生栽培。株高15～20厘米。全株光滑无毛，茎长，从根际生出分枝，呈丛生状匍匐生长。叶互生，基生叶圆心脏形，茎生叶狭长，边缘浅波状。托叶大而宿存，基部有羽状深裂。花梗从叶腋间抽生出，梗上单生一花，花不整齐，花大，直径4～6厘米，花有五瓣，两侧对称、侧向，花瓣近圆形，排列成复瓦状。花色有红、黄、黑、白等，每朵花上通常有三种颜色，故名"三色堇"。

养 三色堇的繁殖

【播种繁殖】

三色堇的播种繁殖春、秋两季均可进行，但以秋播为好。播种宜采用较为疏松的人工基质，可采用床播、箱播，有条件的可穴盘育苗，基质必须要经消毒处理。3月春播时，适合播于加底温的温床或冷床。秋播一般在8月下旬至9月上旬进行，将种子播于露地苗床或直接盆播，播后保持适温15～20℃，避光遮阴，用粗蛭石或中沙覆盖保持基质湿润，经10天左右可陆续发芽。

【扦插繁殖】

三色堇的叶

扦插繁殖可保持母株的优良性状。三色堇的扦插宜在5～6月进行，剪取植株基部抽生的枝条作为插穗，插入泥炭土中，保持空气湿润，插后15～20天后可生根，成活率高。

三色堇的养护管理

【定植管理】

当幼苗长至5～6片真叶时开始移植，移植时要带土球。11月定植，定植前2～3周施用加10倍水的腐熟人畜粪尿液肥1次，定植后施肥要勤，使之茂盛和耐寒，每周1次为宜。定植间距一般为20～30厘米。翌年4月下旬开花。开花前施加3倍水的腐熟人畜粪尿液1次，以后不必再施肥。三色堇种子成熟以首批为最好。因其种子极易散失，因此采种要及时，一般是在果实开始向上翘起、外皮发白时进行采收。由于三色堇可以进行异花授粉，所以留种时要进行品种间间隔，彼此相距百米以上。

【肥水管理】

施肥：三色堇喜肥不耐贫瘠，适宜在肥沃、湿润的沙壤土上生长，贫瘠土地会显著退化。种子发芽力可保持2年。植株上盆时要在土壤中加入一些腐熟的有机肥或氮磷钾复合肥作基肥，此外，还要在其生长期薄肥勤施，7～10天施肥1次即可。苗期可适当施氮肥，现蕾期、花期应施用腐熟的有机液肥或氮磷钾复合肥，同时控制氮肥使用量，如果单施或多施氮肥会造成枝叶徒长，茎干变软，叶多花少。切忌缺肥，否则不仅开不好花，还会造成退化。

浇水：三色堇喜湿润，忌涝怕旱。盆土稍干时浇水，保持盆土偏湿润不渍水为好。并且经常向茎叶喷水，保持周围空气的湿润，以利其生长。如果在花期高温多湿就会造成茎叶腐烂，开花缩短，结实率低。

【光照温度】

温度：三色堇在12～18℃的温度范围内生长良好，可耐0℃低温。温度是影响三色堇开花的限制性因子，在白天15～25℃、夜间3～5℃的条件下发育良好。小苗须经28～56天的低温环境，才能顺利开花，如果直接种到温暖环境中，反而会使花期延后，如果温度连续在30℃以上，则花芽消失。

光照：光照是开花的重要限制因素。三色堇喜充足的日光照射，日照长短比光照强度对开花的影响大，日照不良，开花不佳。在栽培过程中应保证植株每天4小时以上的日光直射。但因其根系对光照敏感，在有光条件下，幼根不能顺利扎入土中，所以胚根长出前不需要光照，当小苗长出2～3片真叶时，应逐渐增加日照，使其生长更为茁壮。

【病虫害防治】

三色堇在春季雨水过多时易发生灰霉病，可用65%代森锌可湿性粉剂500倍液喷洒。在生长期常受蚜虫危害，5～7月危害期可用40%氧化乐果乳油1500～2000倍液喷洒，每隔1周喷1次，连喷2次效果好。一般家庭栽培的，可用香烟头泡水至茶色喷布或浇于根部土壤，每周浇1次，连续浇3次，能得到较好的防治效果。

【花语寓意】

三色堇常用花语：沉思，快乐，请思念我。

红色三色堇：思虑、思念。

黄色三色堇：忧喜参半。

紫色三色堇：沉默不语，无条件的爱。

大型三色堇：束缚。

三色堇在欧洲特别受崇拜，意大利将三色堇作为"思慕"和"想念"之物，尤以少女特别喜爱。

红色三色堇

黄色三色堇

紫色三色堇

【神话传说】

很久很久以前，据说堇菜花是纯白色的，像天上的云。顽皮的爱神丘比特是个小顽童，他手上的弓箭具有爱情的魔力，射向谁，谁就会情不自禁地爱上他第一眼看见的人。可惜，爱神既顽皮，箭法又不准，所以人间的爱情故事常出错。这一天，爱神又找到一个倒霉鬼，准备拿他来射箭。谁知道一箭射出，忽然一阵风吹过来，这支箭竟然射中白堇菜花。白堇菜花的花心流出了鲜血与泪水，这血与泪干了之后再也抹不去了，从此白堇花变成了今日的三色堇，这是神话故事中三色堇的由来。

【观赏价值】

三色堇在庭院布置上常地栽于花坛上，可作毛毡花坛、花丛花坛，或成片、成线、镶边栽植都很相宜。也适宜布置花境、草坪边缘。不同的品种与其他花卉配合栽种能形成独特的早春景观。此外，也可盆栽布置阳台、窗台、台阶，或点缀居室、书房、客堂，颇具新意，饶有雅趣。

三色堇花海

三色堇花姿

【药用价值】

三色堇可以治疗皮肤上青春痘、粉刺、过敏等问题。三国时期的《名医别录》已把三色堇列为重要护肤药材。

三色堇有清热解毒、止咳、散瘀、利尿的作用，可用于小儿瘰疬、咳嗽、无名肿毒等病症。

【工业价值】

三色堇的花颜色丰富，具有芳香味，可提取做香精使用。

芍 药
—— 姹紫嫣红妖娆显

学 名：*Paeonia lactiflora* Pall.
别 名：婪尾春、将离、没骨花、余容、犁食、白术等
科 属：毛茛科，芍药属

芍药原产于我国北部，现我国东北、华北山区及内蒙古自治区的山坡草地仍有野生。芍药耐寒性极强，北方可露地越冬，夏季喜冷凉气候，栽植于阳光充足处生长旺盛，花多而大；在南方暖地栽培，稍阴处也可开花，但生长不良，常引起不结实。适应性强，生长强健，以沙质壤土或壤土为宜，黏土及沙土虽也能生长，但生长不良，盐碱地及低洼地不宜栽培。土壤排水必须良好，在湿润土壤中生长最好。如果从秋季到翌年春季土壤保持湿润，则生长开花好。

芍药花姿

芍药花丛

芍药为多年生宿根草本植物，具肥大的肉质根。茎丛生于根颈上，株高60～80厘米，叶为二回三出羽状复叶，顶梢处着生叶为单叶，小叶常3深裂，裂片披针形至椭圆形，全缘。茎顶部分枝，花单生于枝顶，单瓣或重瓣；有紫红、粉红、黄或白色。花期5月末到6月末；果熟期8～9月。种子黑色，球形。

养 芍药的繁殖

【播种繁殖】

芍药播种繁殖主要用于培育新品种或大量繁苗。芍药种子成熟后，应立即播种，播种愈迟则发芽率越低。播种地选背风向阳、排水良好、富含腐殖质的沙壤土为好。播种后当年秋季生根，但不出土，翌年春暖后新芽出土。幼苗生长缓慢，第一年只长1～2片叶，苗高3～4厘米，第二年生长加快，3～5年可开花。有些品种种子熟后落地，可自行萌生。

【分株繁殖】

分株繁殖可以保持品种优良特性，开花期比播种者早，分株时间一般在8月至9月下旬为宜，有利于伤根愈合。分株时先将3年以上的植株连根掘起，芍药根系较深，起挖时应注意保护，抖落泥土，阴干稍蔫后，根据新芽的分布顺自然纹理可分离之处分开，或用刀劈开，使每丛带有3～5个芽，剪除腐烂根系，分栽后来年即可开花。分株年限以栽培目的不同而异。作花坛栽植或切花栽培时，应6～7年分株1次。作药用栽培以采根为目的，应3～5年分株1次。

【扦插繁殖】

扦插以7月中旬截取插穗扦插效果最好。插穗长10～15厘米，带两个节，经萘乙酸或吲哚乙酸溶液速蘸处理后扦插，插深约5厘米，间距以叶片不互相重叠为准。插后浇透水，扦插棚内保持温度20～25℃，湿度80%～90%，则插后20～30天即可生根，并形成休眠芽。生根后，应减少喷水和浇水量，逐步揭去塑料棚和遮阳棚。扦插苗生长较慢，需在床上覆土越冬，翌年春天移至露地栽植。芍药也可在秋季分株断根时采用根插繁殖，截成5～10厘米的根段，插于深翻并平整好的沟中，沟深10～15厘米，上覆5～10厘米厚的细土，浇透水即可。

白色芍药

紫色芍药

芍药的养护管理

【肥水管理】

施肥：芍药喜肥，在分株繁殖时要施基肥，且每年春季发芽前后，要在植株周围开沟施肥，每年秋冬之际根据土壤肥力情况，可再施一些迟效肥。芍药发芽时浇水1～2次，结合浇第一次水施追肥；4月花蕾出现时，施用腐熟稀薄人畜粪尿液1次并加2%磷酸二氢钾；8月形成次年花芽时，再施肥液1次；11月施1次基肥。早春在根部外围挖沟施饼肥或粪肥。

浇水：芍药喜湿润土壤，但又怕涝，要注意旱浇涝排。芍药开花期保持土壤湿润花才开得大而美。芍药现蕾后及时摘除侧蕾，以便使养分集中于顶蕾，使花大而美。对于容易倒伏的品种，应设立支柱。

【光照温度】

栽培芍药的地方，应阳光充足，土壤湿润，否则开花不良。芍药根系较深，且为肉质根，栽植地应选背风向阳、土层深厚、地势高燥之处。栽植前应深耕，并充分施以基肥（有机肥为主）。栽植深度一般以芽上覆土厚3～4厘米为宜，并适当镇压。

【病虫害防治】

芍药易受褐斑病、炭疽病、叶斑病、锈病、菌核病等侵害，应及时拔除病株或剪除病部并烧毁，喷洒波尔多液或其他药剂对土壤进行消毒；虫害以蚜虫为主，用氧化乐果防治。

咏

【诗词歌赋】

《戏题阶前芍药》唐 柳宗元
凡卉与时谢，妍华丽兹晨。
欹红醉浓露，窈窕留馀春。
孤赏白日暮，暗风动摇频。
夜窗蔼芳气，幽幽知相亲。
愿致溱洧赠，悠悠南国人。

传说中牡丹、芍药都不是凡间花种，是某年人间瘟疫暴发，玉女或者花神为救世人盗了王母仙丹撒下人间，结果一些变成木本的牡丹，另一些变成草本的芍药，至今芍药还带着个"药"字。牡丹、芍药的花叶根茎确实可以入药，牡丹的丹皮是顶有名的，白芍更是滋阴补血的上品。

黄色芍药

红色芍药

【观赏价值】

芍药花型极为丰富，常见的有单瓣类、千层类、楼子类和台阁类。芍药是一种极重要的露地宿根花卉，虽然花期不长，但花大色艳，园林中普遍栽植，常用于布置花坛、花境或成片栽植，也可作切花。

我国芍药观赏胜地主要有江苏扬州（仪征芍药园）、四川德阳（中国芍药谷）、安徽亳州（全国最大的中药材交易市场），此外还有山东菏泽（曹州百花园）、河南洛阳（国家牡丹园）、北京（景山公园）。

红心芍药

莲台芍药

【食用价值】

① 芍药花粥：选取色白阴干的芍药花6克，粳米50克，白糖少许。用粳米加适量水煮熟，放入芍药花瓣再煮2～3分钟即可出锅，加入白糖即成。清爽可口，香醇诱人。

② 芍药花茶：摘取芍药花置于室内阴凉干燥处，饮用时取一茶匙干燥花瓣，用滚烫开水冲泡，可调入冰糖、蜂蜜、绿茶、红糖等一起饮用。

③ 芍药饼：清代德龄女士在《御香缥缈录》中曾叙述慈禧太后为了养颜益寿，特将芍药的花瓣与鸡蛋面粉混合后用油炸成薄饼食用。

此外，芍药花还可以制作芍药花羹、芍药花酒、芍药鲤鱼汤、芍药甘草炖生鱼、芍药花煎等，制作方法简便，美味可口，功效颇佳。

【药用价值】

芍药不仅是名花，芍药的根鲜脆多汁，可供药用。中药里的白芍主要是指芍药的根，它具有镇痉、镇痛、通经作用，对妇女的腹痛、胃痉挛、眩晕、痛风、利尿等病症有效。一般都用芍药栽培种的根作白芍，因其根肥大而平直，加工后的成品质量好。野生的芍药因其根瘦小，仅作赤芍出售。中药的赤芍有散淤、活血、止痛、泻肝火之效，主治月经不调、痰滞腹痛、关节肿痛、胸痛、肋痛等症。

【经济价值】

芍药的种子可榨油供制肥皂和掺和油漆作涂料用。根和叶富有鞣质，可提制栲胶，也可用作土农药，可以杀大豆蚜虫和防治小麦秆锈病等。

风信子

—— 早春惊艳花香浓

学　名：*Hyacinthus orientalis* L.
别　名：洋水仙、五色水仙
科　属：百合科，风信子属

风信子花姿

风信子花丛

　　风信子原产欧洲、地中海沿岸各国及小亚细亚一带。风信子喜凉爽、空气湿润、阳光充足的环境，要求肥沃、排水良好的沙质壤土，低湿黏重土壤生长极差。较耐寒，南方露地栽培即可，北方地区要室内越冬。秋季种植，早春抽叶、开花，夏季炎热时茎叶枯黄而休眠。

　　风信子为多年生球根草本花卉，地下鳞茎球形或扁球形，外被有带光泽的紫色或淡绿色皮膜。株高20~50厘米，叶从鳞茎基部生出，单叶4~8枚，带状披针形，先端钝圆，肉质，肥厚。花梗圆柱状，中空，长15~40厘米，略高于叶片，总状花序密生其上部，着花6~20朵，花紧密。小花漏斗状，花冠具六裂片，花瓣向外翻卷。花色丰富，有白、黄、红、粉、蓝、紫等色。花具清香气味，花期3~4月。蒴果球形果熟期5月。

养　风信子的繁殖

【播种繁殖】

　　风信子播种繁殖多在培育新品种时使用，于秋季播入冷床中的培养土内，覆土1厘米，翌年1月底2月初萌发。实生苗培养的小鳞茎，4~5年后开花。一般储藏条件下种子发芽力可保持3年。

【分球繁殖】

　　风信子常用分球繁殖。6月休眠后，把鳞茎挖出，将大球和子球分开，大球秋植后翌年早春可开花，子球需培养3年才能开花。去土，阴干后放于冷凉通风处储藏，到了9~10再分栽小球。分球不宜在采后立即进行，因储藏越夏时伤口易腐烂。因风信子自然分球率低，一般母株栽植1年以后只能分生1~2个子球，为了扩大繁殖量，可于8月晴天时切割大球基部或挖洞，置太阳下吹晒1~2小时，然后平摊于室内吹干，大球切伤部分受刺激便可发出许多小子球，供秋季分栽。

粉色风信子

白色风信子

风信子的养护管理

【肥水管理】

　　施肥：地栽要求提前1个月整地并施足基肥。栽植株距约为15厘米，栽后覆土厚5~8厘米，栽后灌透水，并盖草保墒。风信子喜肥，除栽前施足堆肥或饼肥作基肥，还要在生长期每隔10天左右追施1次加5倍水稀释的腐熟人畜粪尿液，开花前后各施1~2次加5倍水稀释的腐熟人畜粪尿液，并加5%的磷酸二氢钾。

　　浇水：风信子为秋植球根花卉，于9~10月种植，可盆栽，也可地栽。盆栽配制疏松、肥沃、排水保水性好的培养土栽植，栽植深度以鳞茎的肩部与土面平为宜，茎芽稍露出。栽后浇透水，放置在阳光充足处，保持基质湿润。抽出花茎后，为增加空气湿度，每天向叶面喷水2~3次。

【光照温度】

　　光照：风信子喜光、喜湿润环境，生长期间应给其充足光照，光照过弱，会导致植株瘦弱、茎过长、花苞小、花早谢、叶发黄等情况发生，可用白炽灯在植株顶部1米左右处补光；但光照过强也会引起叶片和花瓣灼伤或花期缩短。

　　温度：温度过高，甚至高于35℃时，会出现花芽分化受抑制、畸形生长、盲花率增高的现象；温度过低，又会使花芽受到冻害。

【病虫害防治】

　　风信子的病害有黄腐病、菌核病、白腐病等。防治应以预防为主，综合防治。实行轮作、土壤消毒，挖鳞茎时避免造成伤口，轻病株喷药或以药拌土防治，重病株拔除并烧毁。

【花语】

　　风信子花语：胜利，竞技，爱意，幸福，倾慕，顽固，生命，得意，永远的怀念。

　　淡紫色风信子：轻柔的气质，浪漫的情怀。悲伤。

　　桃红色风信子：热情。

　　黄色风信子：幸福，美满，与你相伴很幸福。

　　粉色的风信子：倾慕，浪漫。

　　淡绿风信子：如果你想没有秘密，必先拥有善良的心。

　　白色风信子：恬适，沉静的爱（不敢表露的爱），暗恋。

　　蓝色风信子：恒心，贞操，仿佛见到你一样高兴，高贵浓郁。

　　红色风信子：感谢你，让我感动的爱（你的爱充满我心中）。

黄色风信子

风信子花海

【寓意】

　　① 只要点燃生命之火，便可同享丰富人生。

　　② 重生的爱。忘记过去的悲伤，开始崭新的爱。

　　在英国，蓝色风信子一直是婚礼中新娘捧花或饰花不可或缺的，代表新人的纯洁，祈望带来幸福。

【观赏价值】

　　风信子植株低矮整齐，花序端庄，花期早，花色艳丽，花姿优美，且具芳香，是早春开花的著名球根花卉之一，可做室内小型盆栽花卉观赏，适于布置花坛、花境和花槽，也可作切花、盆栽或水养观赏。有滤尘作用，花香能稳定情绪，消除疲劳作用。花除供观赏外，还可提取芳香油。

朱顶红

学　名： *Hippeastrum rutilum* (Ker-Gawl.) Herb.
别　名： 百枝莲、子红、柱顶红
科　属： 石蒜科，朱顶红属

—— 丽质天成花叶美

朱顶红原产秘鲁。喜温暖、湿润、阳光，但又忌强光照射的环境，需要充足的水肥。夏季要求凉爽气候，温度在18～22℃，在炎热的盛夏，叶片常常枯黄而进入休眠，忌烈日暴晒。冬季气温不可低于5℃，否则休眠，休眠要求冷凉、干燥，喜富含腐殖质而排水良好的沙质壤土。

朱顶红为多年生球根草本花卉，有肥大的卵状球形鳞茎，直径约7厘米。鳞茎下方生根，上方对生两列叶，呈宽带状，先端钝尖，绿色，扁平，较厚。鳞茎外包皮颜色与花色有关。花梗自鳞茎抽出，直立粗壮但中空，伞状花序着生顶部，开花2～6朵，两两对生。花朵硕大，直径10厘米左右，喇叭形，略平伸而下垂，朝阳开放，花色鲜艳，有白、黄、红、粉、紫及复色等。花期在春夏之间。

朱顶红花姿

朱顶红盆景

朱顶红的繁殖

【播种繁殖】

播种繁殖要在开花时进行人工异花授粉。朱顶红容易结实，6、7月采种后即播种，发芽良好。播种时以株行距2厘米点播，播后置于半阴处，保持湿润，温度控制在15～20℃，2周即可发芽，待小苗长出2片真叶时分苗，第二年春天可上盆，但3～5年后方可开花。

【扦插繁殖】

将母球纵切成若干份，再分切其鳞片，斜插于蛭石或沙中。长出2片真叶时定植。栽植假鳞茎时，盆土过于轻松，会延迟开花或减少花数，可以用沙质壤土5份、草炭土2份和沙1份的混合土，栽植深度以鳞茎的1/3露出土面为好。

【分球繁殖】

分球繁殖于春季3～4月将每个球茎周围的小鳞茎取下繁殖，分离时勿伤小鳞茎的根。栽植时，鳞茎顶部宜露出地面，土壤要肥沃。分取的小鳞茎一般经过2年地栽才可形成开花的种球。

采用人工切球法大量繁殖子球时，将母鳞茎纵切成若干份，再在中部分为两半，使其下端各附有部分鳞茎盘为发根部位，然后扦插于泥炭土与沙混合之扦插床内，适当浇水，经6周后，鳞片间便可发生1～2个小球，并在下部生根。这样一个母鳞茎可得到仔鳞茎近百个。

红色朱顶红

双色朱顶红

朱顶红的养护管理

【肥水管理】

大球栽植距离保持20～35厘米，栽植不宜太深。生长期每10天追施加5倍水的腐熟人畜粪尿液1次，最好加一些磷肥，如5%的过磷酸钙或骨粉等，花蕾形成后不再施肥，花谢后每隔半月施用加3倍水的腐熟人畜粪尿液1次，以促进鳞茎肥大充实。浇水应见干见湿，以免积水造成鳞茎腐烂，入秋后逐渐减少灌水量，叶片枯萎后，灌水停止。冬季应剪除枯叶，覆土越冬。

双龙朱顶红

桑巴朱顶红

【光照温度】

朱顶红冬季休眠期应冷凉干燥。生长适温5～10℃。朱顶红喜阳光，可以适量接受阳光直射，不可太久。宜放置在光线明亮、通风好，没有强光直射的窗前。

【整形修剪】

朱顶红生长快，叶长又密，应在换盆、换土同时把败叶、枯根、病虫害根叶剪去，留下长势旺盛叶片。

【病虫害防治】

朱顶红常见的病害有叶斑病，可用75%多菌灵可湿性粉剂600～800倍液喷洒。线虫病需用43℃温水加入0.5%福尔马林浸鳞茎3～4小时，达到防治效果。

【花语寓意】

朱顶红花语：渴望被爱，追求爱。还有表示自己纤弱渴望被关爱的意思。

【故事传说】

传说一个美丽的牧羊女爱上了英俊的牧羊人，可是村里所有的姑娘都爱上了他，而牧羊人的眼光只注视着花园里的花朵。牧羊女为了得到牧羊人的欢心求助女祭司，女祭司建议：用一枚黄金箭头刺穿自己的心脏，并每天都沿相同的道路去探望牧羊人。果然，在去往牧羊人小屋的路上开满了红色的花朵，如心血一般。牧羊女兴奋地采了一大把敲响了木屋的门：刹那间，红花和红颜打动了骄傲的牧羊人。于是，牧羊人用爱人的名字命名了这种鲜红的花朵——朱顶红。

【观赏价值】

朱顶红花形大，色彩鲜艳，叶片鲜绿洁净，适于盆栽装点居室、客厅、过道和走廊、会议室等，是受人们普遍喜爱的花卉之一。也可于庭院栽培，或配植花坛。也可作为鲜切花使用。

炫丽朱顶红

冰雪皇后朱顶红

【药用价值】

朱顶红味甘、辛，性温，有小毒。入肝、脾、肺三经。有活血解毒、散瘀消肿的功效。主治各种无名肿毒、跌打损伤、瘀血红肿疼痛等。具体用法：煎汤内服每次用量9～20克；外用研末水调为膏涂敷患处。

紫叶李

—— 独特叶色四季美

学　名：*Prunus cerasifera* Ehrhar f.
别　名：红叶李、樱桃李
科　属：蔷薇科，李属

　　紫叶李原产亚洲西南部，我国华北及其以南地区广为种植。紫叶李喜温和、湿润气候，耐寒性不强。对土壤要求不严，不耐干旱，较耐水湿，耐微酸而不耐碱，在肥沃而深厚的土壤中生长良好。紫叶李叶片全年紫红色，春、秋更鲜艳，孤植群植皆宜，能衬托背景。紫色发亮的叶子，衬托在绿叶丛中，在青山绿水中形成一道靓丽的风景线，是理想的地植、盆栽，美化庭院、公园的优良花木。

紫叶李美姿

紫叶李园地

　　紫叶李为落叶小乔木，株高4～8米。幼枝紫红色，树灰褐色。多分枝，枝条细长，开展，有时有棘刺。叶互生，叶片卵形至倒卵形，嫩叶鲜红色，老叶褐紫色。花色水红，簇生于叶腋，花叶同放。核果球形，暗红色。花期3～4月，果期6～7月。

养　紫叶李的繁殖

【嫁接繁殖】

　　紫叶李嫁接繁殖，用杏、李、梅、桃、山桃等实生苗作砧木，采用芽接方法，用经过消毒的芽接刀在接穗芽位下2厘米处向上呈30度角斜切入木质部，直至芽上1厘米处，然后在芽位上1厘米处横切一刀，将接芽轻轻取下，再在砧木距离地面3厘米处，用刀在树皮上切一个"T"形切口，使接芽和砧木紧密结合，再用塑料带绑好即可。接后培土将切口埋住，保持土壤湿润。嫁接后，接芽在7天左右没有萎蔫，说明已经成活，25天左右就可以将塑料带拆除。

【扦插繁殖】

　　嫩枝扦插在春末至早秋植株生长旺盛时，选用当年生粗壮枝条作为插穗。把枝条剪下后，选取壮实的部位，剪成5～15厘米长的一段，每段要带3个以上的叶节。进行硬枝扦插时，在早春气温回升后，选取去年的健壮枝条作插穗，每段插穗通常保留3～4个节。上剪口平剪，下剪口在最下面的叶节下方大约为0.5厘米处斜剪。插穗插入后，10～15天即可生根成活。

【压条繁殖】

　　选取健壮的枝条，在顶梢以下15～30厘米处把树皮剥掉一圈，剥后的伤口宽度在1厘米左右，深度以刚刚把表皮剥掉为限。剪取一块长10～20厘米、宽5～8厘米的薄膜，上面放些淋湿的园土，像裹伤口一样把环剥的部位包扎起来，薄膜的上下两端扎紧，中间鼓起。4～6周后生根。生根后，把枝条连根系一起剪下，就成了一棵新的植株。

紫叶李开花

紫叶李果实

紫叶李的养护管理

【肥水管理】

　　定植时每穴施腐熟的堆肥10～15千克，夏季生长期间，结合浇水施2～3次稀薄腐熟的麻酱渣液。从萌芽到开花期间，应灌水3～4次，夏季灌水3～4次，雨季雨水多时及时排涝，立秋后应控制灌水。北方种植要注意保护越冬。

【光照温度】

　　紫叶李耐寒。夏季高温期度夏困难，不能忍受闷热，否则会进入半休眠状态，生长受到阻碍。最适宜的生长温度为15～30℃。在早春、晚秋和冬季，由于温度不是很高，阳光也不强，可以在早晚给予它直射阳光的照射，以利于它进行光合作用，能健康地生长。

【整形修剪】

　　紫叶李适应性强，繁育管理粗放，主要注意整形修剪，培养丰满的树冠，防碱防旱，必要时需换土。在冬季植株进入休眠或半休眠期后，要把瘦弱、病虫、枯死、过密等枝条剪掉。

【病虫害防治】

　　介壳虫防治可在孵化期喷施25%亚胺硫磷1000倍液。防治食心虫可在成虫羽化产卵及卵孵化期，每周喷施40%乐果乳剂400倍液，或在老熟幼虫阶段使用15%杀虫畏乳剂300倍液喷雾。防治红蜘蛛、刺蛾用40%的氧化乐果乳油1000倍液进行喷杀。

炫丽紫叶李

盛景紫叶李

【观赏价值】

　　紫叶李在园林绿化中有极广的用途。紫叶李独特的叶色和姿态一年四季都很美丽，成群成片地种植，构成风景林，其美化的效果要远远好于单纯的绿色风景林。紫叶李生长期非常干净，不产生生长垃圾。绿化效果当年看得见，见效快，成景周期短。紫叶李适应力强，在很多地方都可以栽植，宜植于广场周边、中央草坪，也可列植于街道、花坛、建筑物四周、公路两侧等。紫叶李耐污染的特性，使得它在道路绿化中、公路绿化中，可以放心大量的使用。

杜　鹃

—— 彩霞绕林满山艳

学　名：*Rhododendron simsii* Planch.

别　名：鹃花、山石榴、映山红、金达莱、羊角花

科　属：杜鹃花科，杜鹃花属

杜鹃花遍布北半球寒温两带，现我国是世界分布中心。杜鹃性喜光，喜温暖、通风、半阴、凉爽、湿润的环境。适宜疏松、排水良好、富含腐殖质的酸性或微酸性的土壤（pH值在5.5～6.5之间）。怕干、怕涝。部分园艺品种适应性较强，耐干旱、瘠薄，但在黏重或通透性差的土壤上生长不良。

　　落叶或半常绿小灌木，分枝多，枝条细长而直，有亮棕色或褐色扁平糙毛。单叶互生，有时对生，叶纸质，全缘，椭圆状卵形。花朵顶生，伞形花序或总状花序，一至数朵簇生，花冠漏斗形五裂。花色丰富，有大红、桃红、紫红、粉红、墨红、肉红、橙红、金黄、纯白、粉紫色等。颜色变异

杜鹃花姿

杜鹃花丛

非常大。蒴果，种子细小。

养 杜鹃的繁殖

【播种繁殖】

播种繁殖是培育新品种的主要手段，在蒴果呈暗褐色尚未开裂时采收，在春分至清明进行播种。

【扦插繁殖】

扦插繁殖是杜鹃繁殖应用最广泛的方法，方法简单，成活率高，性状稳定，生长快速。一般在5月下旬至7月初进行，取当年生、节间短、粗壮的半木质化嫩枝作插穗，带踵掰下，修平毛头，剪去下部叶片，顶端留下4～5片叶，如果枝条过长可截取顶梢，如果剪下的插穗一时不能扦插，可用湿布或苔藓布包裹基部，然后套上塑料薄膜，放在阴处可存放数日。扦插50天左右即可生根。

【嫁接繁殖】

嫁接一般用于名贵品种，春秋进行，用2～3年生健壮的毛叶杜鹃作砧木，可采用靠接、腹接或劈接法。

粉色杜鹃

高山杜鹃

杜鹃的养护管理

【肥水管理】

盆栽杜鹃宜用酸性、疏松的山泥或腐叶土，春、夏、秋三季每2～3天浇1次透水，冬季保持盆土湿润即可。施肥在3～4月，施稀薄的腐熟饼肥，同时施用2.25%的硫酸亚铁，秋后再施1～2次。

【光照温度】

4月中、下旬搬出温室，先置于背风向阳处，夏季进行遮阴，或放在树下疏荫处，避免强阳光直射。生长适宜温度15～25℃，最高温度32℃。秋末10月中旬开始搬入室内，冬季置于阳光充足处，室温保持5～10℃，最低温度不能低于5℃，否则停止生长。

【整形修剪】

蕾期应及时摘蕾，使养分集中供应，以促花大色艳。修剪枝条一般在春、秋季进行，剪去交叉枝、过密枝、重叠枝、病弱枝，及时摘除残花。整形一般以自然树形略加人工修饰，随心所欲，因树造型。

【花期控制】

于1月或春节前20天将盆花移至20℃左右的温室内向阳处，春节期间可观花。若想"五一"见花，可于早春萌动前将盆移至5℃以下室内冷藏，4月10日移至20℃左右温室向阳处，4月20日移出室外。因此，控制温度可调节花期，随心所愿，四时开放。

【病虫害防治】

杜鹃易受红蜘蛛、黑斑病等病虫害危害，红蜘蛛除人工手捉外，可用40%氧化乐果乳油800倍液喷杀、58%风雷激乳油1500～2500倍液等喷杀。黑斑病用50%托布津可湿性粉剂500倍液喷洒。

大白杜鹃

马缨杜鹃

【诗词歌赋】

《宣城见杜鹃花》唐 李白

蜀国曾闻子规鸟，宣城还见杜鹃花。一叫一回肠一断，三春三月忆三巴。

【花语寓意】

杜鹃花花语：永远属于你，爱的欣喜，节制，节制欲望。

花语为"节制"的原因是杜鹃花只在自己的花季中绽放，即使杜鹃总是给人热闹而喧腾的感觉。而不是花季时，深绿色的叶片也很适合栽种在庭园中作为矮墙或屏障。

西方人们对杜鹃花也有特殊的爱好。他们认为杜鹃花繁是"鸿运高照，生意兴隆"的好兆头，特别是全红的杜鹃花更是如此。

杜鹃花箴言：当见到满山杜鹃盛开，就是爱神降临的时候。

【故事传说】

相传，古代蜀国和平富庶，人们丰衣足食，无忧无虑。可是这种生活使人们懒惰起来，有时连播种都忘记了。当时的蜀国皇帝非常勤勉，为了不误农时，每到春播时节，他就催促人们赶快播种，把握春光。可是，如此使人们养成了皇帝不来就不播种的习惯。但是皇帝积劳成疾，告别了他的百姓。他的灵魂化为一只小鸟，发出声声啼叫：布谷，布谷。直叫得嘴里流出鲜血，鲜红的血滴洒落在漫山遍野，化成一朵朵美丽的鲜花。人们被感动了，他们把那小鸟叫作杜鹃鸟，把那鲜血化成的花叫作杜鹃花。

【观赏价值】

杜鹃花花色丰富，当春季满山杜鹃开放时，烂漫如锦，像彩霞绕林，显示出大自然的绚烂瑰丽，被人们誉为"花中西施"。五彩缤纷的杜鹃花，唤起了人们对生活热烈美好的感情，它也象征着国家的繁荣富强和人民的幸福生活。

【经济价值】

杜鹃的叶、花可入药或提取芳香油，有的花可食用，树皮和叶可提制栲胶，木材可做工艺品等。高山杜鹃根系发达，是很好的水土保持植物。

百合杜鹃

双喜杜鹃

榆叶梅

—— 花繁叶茂争相艳

学　名：*Amygdalus triloba*（Lindl.）Ricker
别　名：榆梅、小桃红、榆叶鸾枝
科　属：蔷薇科，桃属

榆叶梅原产我国北方地区。榆叶梅性喜阳光，不耐荫，耐寒，在零下35℃下能安全越冬，耐碱、耐旱、耐瘠薄。对土壤要求不严，以中性至微碱性、肥沃土壤为佳。根系发达，耐旱力强。不耐水湿，抗病力强。生于低至中海拔的坡地或沟旁，乔、灌木林下或林缘。抗病力较强。榆叶梅是园林绿地中重要的春季花木，可与其他早春花木配置也可于向阳山坡片植。

榆叶梅花姿

榆叶梅花丛

榆叶梅为落叶灌木稀小乔木。枝条开展，具多数短小枝，小枝细、灰色，一年生枝灰褐色。单叶互生，叶阔椭圆形至倒卵形，先端锐尖或3浅裂，边缘有粗重锯齿，表面粗糙无毛，背面有疏生短柔毛。冬芽短小，长2～3毫米。花1～2朵簇生于叶腋，花单瓣至重瓣，粉红色，先叶开放或花叶同放，花期3～4月。核果近球形，红色，有毛。果熟期7月。

养 榆叶梅的繁殖

【播种繁殖】

榆叶梅播种繁殖容易，发芽率高，春播或秋播都可，播种方法可采取撒播和条播，但以条播最好。秋播种子事先不须进行催芽处理，可将干净提纯的种子直接播种，但秋播种子当年不发芽，需在苗圃地中越冬。在播种前应用0.5%的高锰酸钾溶液浸种2～3小时，或用3%的浓度浸种40分钟，取出密封半小时，再用清水冲洗数次后播种，然后及时灌水越冬。幼苗生长迅速，第二年即能开花。

【压条繁殖】

选取健壮的枝条，在顶梢以下15～30厘米处把树皮剥掉一圈，剥后的伤口宽度在1厘米左右，深度以刚刚把表皮剥掉为限。剪取一块长10～20厘米、宽5～8厘米的薄膜，上面放些淋湿的园土，像裹伤口一样把环剥的部位包扎起来，薄膜的上下两端扎紧，中间鼓起。4～6周后生根。生根后，把枝条连根系一起剪下，就成了一棵新的植株。

【嫁接繁殖】

嫁接繁殖以秋季芽接为主，也可春季枝接，可用杏、山桃、毛桃或实生苗作砧木。芽接在8月底到9月中旬，接芽需粗壮、肥实，无干尖和病虫害。嫁接后，接芽在7天左右没有萎蔫，说明已经成活，20天左右即可将塑料带拆除。枝接春季3月中、上旬，取一年生重瓣榆叶梅的枝条作接穗，长8厘米左右，需保留3～4个芽，然后将接穗垂直插入砧木的切口处，为了保湿可立即在周边培土，20天左右即可成活，1个月后将土轻轻扒开，拆去塑料带。

盛景榆叶梅

榆叶梅花苞

榆叶梅的养护管理

【肥水管理】

榆叶梅成花容易，开花繁茂，开花时消耗大量养分，此时应及时对其进行追肥，这次追肥关系到植株花后的生长和花芽的分化，应本着及时、适量原则来施肥，肥可以用氮、磷、钾复合肥。施肥时应注意宜浅不宜深，施肥后应注意及时浇水。夏季多施有机肥。

【光照温度】

榆叶梅在秋、冬、春三季给予充足的阳光。室内养护尽量放在有明亮光线的地方，室内养护1个月左右，再搬到室外有遮阴（冬季有保温条件）的地方养护1个月左右，如此交替调换。榆叶梅喜欢温暖气候，但夏季高温、闷热的环境不利于它的生长。

【修剪整形】

　　榆叶梅修剪，早春时应重点将交叉枝、内膛枝、枯死枝、过密枝、病虫枝、背上直立枝剪掉，还可对一些过长的开花枝和主枝延长枝进行短截，防止花位上移，影响观赏效果。在花凋谢后应及时将残花剪除，以免其结果，消耗养分，这一点常因人力所限被忽视，其实剪除残花是十分必要而且对植株生长非常有利的。

【病虫害防治】

　　榆叶梅黑斑病可用80%代森锌可湿性颗粒700倍液，每7天喷施1次，连续喷3～4次可有效控制病情。叶斑病可及时喷洒75%甲基托布津可湿性粉剂900～1400倍液。蓑蛾可在幼虫发生期喷洒杀灭菊酯2000倍液。蚜虫用敌敌畏乳油900倍液或高搏（70%吡虫啉）分散粒剂14000～19000倍液喷洒1次。

【观赏价值】

　　榆叶梅枝叶茂密，花繁色艳，是我国北方园林、街道、路边等重要的绿化观花树种。榆叶梅其叶像榆树，其花像梅花，所以得名"榆叶梅"。榆叶梅有较强的抗盐碱能力，适宜种植在公园的草地、路边或庭园中的角落、水池等地。如果将榆叶梅种植在常绿树周围或种植于假山等地，其视觉效果更理想。

炫美榆叶梅

榆叶梅花海

【药用价值】

　　榆叶梅种子有理气润燥、滑肠、下气、利水的功效。榆叶梅枝条可以治疗黄疸、小便不利等病症。

银　柳

—— 沙漠飘香生命强

学　名：*Salix argyracea* E. L. Wolf
别　名：银芽柳、桂香柳、棉花柳
科　属：杨柳科，柳属

银柳嫩芽

银柳花姿

　　银柳性喜潮湿，好肥，耐寒，喜阳光。适生于疏松、肥沃、排水良好的壤土。银柳芽饱满肥大呈银白色，是一种优良的观芽植物，同时也是优良切花材料。

　　银柳为落叶丛生灌木，基部抽枝，新枝有绒毛。叶互生，披针形或长椭圆形，边缘有细锯齿，先端渐尖，叶背面有毛，深绿色。花芽肥大，苞片紫红色，冬季先花后叶，苞片脱落即露出银白色未开放花序，形似毛笔，花期3～4月，果熟期4～5月。

 银柳的繁殖

【播种繁殖】

播种多在春季。春播种子要先冬藏，未经冬藏的种子，播前可用50～60℃温水浸泡2～3天，捞出后与马粪混合放在向阳处保湿催芽，待30%～40%种子裂嘴后即可播种。秋播的种子不必催芽处理。播后覆土，6月上旬间苗，苗距7厘米，每亩保苗3万～4万株。当年生苗高50～60厘米，可出圃造林。

【扦插繁殖】

银柳可于早春剪取枝条扦插繁殖，亦可于梅雨季节用嫩枝扦插，极易生根成活。嫩枝扦插时，在春末至早秋植株生长旺盛时，选用当年生粗壮枝条作为插穗。把枝条剪下后，选取壮实的部位，剪成5～15厘米长的一段，每段要带3个以上的叶节。硬枝扦插时，在早春气温回升后，选取去年的健壮枝条作插穗。每段插穗通常保留3～4个节，扦插基质用田园土，保持湿润。生根后的扦插苗可定植。

【压条繁殖】

选取健壮的枝条，在顶梢以下15～30厘米处把树皮剥掉一圈，剥后的伤口宽度在1厘米左右，深度以刚刚把表皮剥掉为限。剪取一块长10～20厘米、宽5～8厘米的薄膜，上面放些淋湿的园土，像裹伤口一样把环剥的部位包扎起来，薄膜的上下两端扎紧，中间鼓起。4～6周后生根。生根后，把枝条连根丝一起剪卜，就成了一棵新的植株。

银柳花丛

银柳美化

银柳的养护管理

【肥水管理】

施肥：翻耕前施入加5倍水稀释的人畜粪作基肥，生长期结合中耕除草施以5倍水的腐熟人粪尿，叶面喷施0.2%的磷酸二氢钾。剪取花枝后也要施肥，夏季要及时灌溉。入秋后，施1次磷钾肥，以促进花芽饱满。

浇水：春季每4～5天浇水1次，夏季干旱、高温时应及时灌水，雨季时注意排涝。每年春季花凋谢后，自地平面向上5～10厘米处重剪，以促其萌生更多的新枝。

【光照温度】

银柳对热量条件要求较高，温度高于5℃时才开始萌动，10℃以上时生长进入旺季，16℃以上时进入花期。果实则主要在平均气温20℃以上的盛夏高温期内形成。

【病虫害防治】

银柳易受红蜘蛛危害，可用0.2～0.3波美度石硫合剂，每半月喷1次进行防治。发生病害喷50%代森锌300～500倍液，或退菌特500～800倍液，或75%百菌清600～800倍液，每隔15天1次，全年共喷3～4次。

【观赏价值】

银柳植株低矮，生长速度快。晚夏，满树花朵馥郁芳香，因开花香味与江南桂花相似，生命力又非常顽强，故有"飘香沙漠的桂花"之美称。银柳是一种优良的观芽植物，适宜植于庭院路边。银柳也是优良切花材料，观芽期长，是家庭室内装饰的理想材料。银柳是很好的造林、绿化、薪

银柳没芽

盛景银柳

炭、防风、固沙树种，已成为西北地区主要造林树种之一。还能为园林提供罕见的银白色景观。

【药用价值】

银柳树皮味酸、微苦，性凉。有清热凉血、收敛止痛的功效。用于慢性气管炎、胃痛、肠炎，外用治烧烫伤、止血。果实味酸、微甘，性凉。有健脾止泻的功效。可用于消化不良。

令箭荷花
—— 轻盈艳丽幽郁香

学　名：*Nopalxochia ackermannii* Kunth
别　名：红孔雀、孔雀仙人掌
科　属：仙人掌科，令箭荷花属

令箭荷花花姿

黄色令箭荷花

令箭荷花原产墨西哥。令箭荷花喜光照充足、通风良好、温暖和湿润的环境，在炎热、高温、干燥的条件下要适当遮阴，夏季温度不得高于25℃，冬季需充足的阳光，比较干燥的土壤，温度要保持在10℃左右。怕雨水。要求疏松、肥沃和排水良好、微酸性的腐叶土壤，具有一定抗旱能力。令箭荷花花色艳丽，枝茎清秀，是装饰厅堂及居室的优良盆栽植物。

令箭荷花为多年生肉质灌木状多浆植物，高可达40～80厘米。老茎基部常木质化，基部主干细圆呈叶柄状，上部主干及分枝多扁平似令箭状，深绿色，边缘有粗波状齿，齿间有短刺。全株呈鲜绿色，嫩枝边缘为紫红色。扁平茎上有明显突起中脉。单花生于茎先端两侧，花大呈喇叭状，花被张开并翻卷，花色有白、黄、紫、紫红、粉红、大红等。果实为椭圆形，红色浆果，种子黑色。花期春夏季，白天开放，单花开放1～2天。

养　令箭荷花的繁殖

【扦插繁殖】

令箭荷花扦插繁殖全年均可进行，以6～7月扦插成活率最高。扦插方法简单易行，将剪下的叶状枝剪成长7～8厘米的插穗，放置阴处晾晒2～3天至剪口干燥、不流汁液，然后扦插于素沙插床上，扦插深度为插穗长度的1/4～1/3，插后要遮阳，2～3天后进行第一次喷水，保持湿润，温度控制在20℃左右，1个月左右即可生根，半个月后移植。移植所用的土壤应是疏松、肥沃、排水良好、含腐殖质的沙壤土。

【嫁接繁殖】

令箭荷花嫁接以嫩枝为接穗，砧木可选仙人掌，在砧木上用刀切开个楔形口，再取6～8厘米长的健康令箭荷花茎片作接穗，在接穗两面各削一刀，露出茎髓，使之成楔形，随即插入砧木切口内，用麻皮绑扎好，保持18～22℃，放置于荫凉处养护。大约10天，嫁接部分即可长合，除去麻皮，进行正常养护，当年或次年即可开花。

白色令箭荷花

红色令箭荷花

令箭荷花的养护管理

【肥水管理】

令箭荷花每2年换盆1次，以春季为好，盆土以配有有机质的沙壤土为宜。注意浇水以"见干见湿"为原则。令箭荷花每月追施人粪尿加水10倍1次，腐熟后取其清液施用。有时植株生长非常茂盛，但却不开花。主要原因是由于放置地过分荫蔽或肥水过多，引起植株徒长所致。需节制肥水，注意避免施过量的氮肥，适当多见些阳光，孕蕾期间增施5%的磷酸二氢钾，有利现蕾开花。

【光照温度】

生长期要保证植株的正常日照，一般每日要在5～8小时。夏季适当遮阴，以免叶片灼伤。令箭荷花最适宜的生长温度为20～25℃，形成花芽的最适宜温度为10～15℃，冬季气温不能低于5℃。

【病虫害防治】

茎腐病、褐斑病可用50%多菌灵可湿性粉剂1000倍液喷洒，根结线虫用80%二溴氯丙烷乳油1000倍液释液浇灌防治。在高温、不通风时，易受蚜虫、介壳虫和红蜘蛛危害，可用50%杀螟松乳油1000倍液喷杀。

【观赏价值】

令箭荷花花色品种繁多，以其娇丽轻盈的姿态、艳丽的色彩和幽郁的香气，深受人们喜爱。令箭荷花以盆栽观赏为主，在温室中多采用不同品种搭配，可提高观赏效果。它在盛夏时开花，用来点缀客厅、书房的窗前、阳台、门廊，为色彩、姿态、香气俱佳的室内优良盆花。

粉色令箭荷花

双色令箭荷花

观赏凤梨
—— 叶绚丽泽莲座花

学　名：*Ornativa pineapple*
别　名：艳凤梨、斑叶凤梨、菠萝花、凤梨花
科属：凤梨科，凤梨属

观赏凤梨原产中、南美洲的热带、亚热带地区。观赏凤梨喜温暖、湿润环境，栽培宜选择阳光充足、空旷、通风场所。要求疏松肥沃、排水良好的沙壤土。冬季温度不得低于12℃。观赏凤梨叶色鲜艳美观，既可观叶，又可观果，是优良的室内盆栽植物。

观赏凤梨为多年生常绿草本，株高40～120厘米，冠幅80厘米。叶簇生，线状，长1米左右，质地硬，拱曲，亮绿色，叶缘有锐齿。穗状花序顶生，聚成卵圆形，花序顶端有一丛20～30枚叶形苞片，苞片红色，边缘有红色小锯齿，果实橙红色，很有观赏价值，是插花的新材料。

观赏凤梨花姿

观赏凤梨花丛

【播种繁殖】

播种繁殖宜在无菌条件下进行。采下已成熟而未开裂的果实后用净水冲洗15分钟，用75%酒精擦洗果皮，再用10%过氧化氢灭菌12分钟，之后用无菌水冲洗3～4次，切开果实，取出种子，将种子播于固体培养基中，1个月左右即可发芽，发芽率可达80%以上。当植株的真叶长到5片左右时，可出瓶移植于穴盘中。

【分株繁殖】

观赏凤梨分生能力强，极易从植株基部长出蘖芽，因此常用分株繁殖。在春季挖出母株，将母株基部的蘖芽切下分栽，还可用花序顶端的叶状苞片扦插于沙床中，待生根后移栽。

观赏凤梨的养护管理

【肥水管理】

夏秋生长旺季每1～3天向叶中心凹槽内淋水1次，每天叶面喷雾1～2次。保持凹槽内有水，叶面湿润，土壤稍干。冬季应少喷水，保持盆土潮润，叶面干燥。生长季节适量追施浓度为0.5%的尿素溶液和浓度为0.5%的硫酸钾溶液，使叶色鲜艳，如施氮肥较多或过于荫蔽，易使叶色变绿或褪为黄白色。

粉色观赏凤梨

黄色观赏凤梨

【光照温度】

夏季可采用遮光法和蒸腾法降温，使环境温度保持在30℃以下。5月在温室棚膜上方20～30厘米处加透光率为50%～70%的遮阳网，既能降温又能防止凤梨叶片灼伤。盆栽时，应置于室内光线较强处。观赏凤梨的最适温度为15～20℃，冬季不低于10℃，湿度要保持在在70%以上。

【花期控制】

观赏凤梨自然花期以春末夏初为主，为使凤梨能在元旦春节开花，可人工控制花期。用50～100毫克/千克的乙烯利水溶液灌入凤梨已排干水的凹槽内。7天后倒出，换清洁水倒入凹槽内，处理后2～4个月即可开花。

【病虫害防治】

观赏凤梨生长期常有叶枯病和褐斑病危害，发病时可用25%多菌灵1000倍液喷洒防治。由于叶筒长期储存水，根、叶易腐烂，故要注意往叶筒内加水时用干净水，时间长了再用百菌清可湿性粉剂500倍液清洗根、叶部，防止腐烂。

盆栽观赏凤梨

盛景观赏凤梨

赞

【观赏价值】

观赏凤梨革质叶片的色泽绚丽多彩，开出的花朵更是千姿百态。其花其叶都仿佛涂了一层蜡质，柔中带硬而富有光泽，它以其特有的莲座状株型、鲜艳的穗状花序，较长的花期逐渐成为年宵花市场上的"宠儿"，是一种十分美丽既可观花又能赏叶的室内盆栽花卉。作为客厅摆设，既热情又含蓄，很耐观赏。观赏凤梨在市场上的品种很多，主要有丹尼斯、吉利红星、莺歌、火炬、松果等。

初夏 开花篇

牡 丹

—— 富丽端庄增国色

学 名：*Paeonia suffruticosa*
别 名：富贵花、花王、洛阳花、木芍药、谷雨花
科 属：毛茛科，芍药属

牡丹原产于我国西北秦岭一带，多自然分布在海拔1000米左右的中低山上，是暖温带、温带地区的适生花卉。最适生长温度18～25℃，较耐寒而不耐热，通常可耐零下20℃的低温，但温度超过32℃便对牡丹有不利影响。喜光，但不喜欢西晒太阳。花期稍耐半阴，适合肥沃、疏松、排水良好的土壤，土壤pH值以中性或者带酸性为适。

牡丹可分三类，即单瓣类、重瓣类、重台类。

单瓣牡丹花

重瓣牡丹花

重台牡丹花

牡丹属于毛茛科落叶小灌木。一般茎高1～2米，高者可达3米。肉质直根系，无横生侧根。枝条基部丛生，茎枝粗壮且脆，节距和叶痕明显。二回三出羽状复叶，顶生小叶常先端3裂，表面无光泽，绿色、无毛，背面有白粉，近无毛。花单生枝顶，大形，径10～30厘米。现栽培品种多为重瓣花，花色丰富，有黄、白、红、粉、紫、绿等色。花期4～5月。蓇葖果，种子黑色。果熟期8月中旬至9月上旬。

养 牡丹的繁殖

【分株繁殖】

牡丹分株一般在9月下旬到10月上旬，这期间的地温非常适合牡丹新根系的形成。选3～5年生母株从地里挖出，晾晒1～2天，在容易分离处劈开，每株留有3～5个蘖芽。分株后盆栽，经5～6年又可分株。分株苗上部的老枝栽前应在根颈上部3～5厘米处剪去，如果分株苗没有萌蘖芽或萌蘖芽太少、瘦弱，剪除部位以下应留有2～3个潜伏芽。剪去老枝的目的主要是避免老枝的叶、花对根内养分的消耗，促进分蘖及增强分株苗的生长势。

【嫁接繁殖】

嫁接繁殖多用于扩大种源以及生长较慢的品种繁殖，具有成本低、速度快的特点。嫁接在立秋前后进行，嫁接砧木可选用牡丹根、牡丹实生苗或芍药根，根砧粗2～3厘米、长15～20厘米且带须根。嫁接前2天，稍微晾晒变软后即可进行嫁接。接穗选生长健壮、无病虫害的一年生粗壮枝条，接穗长8～10厘米，带有健壮的顶芽和侧芽。接穗要随剪随接，不可存放过久。嫁接方法常用劈接法，将接穗下端削成两个等长的长2～3厘米的削面，再将根砧顶部切平，中间用嫁接刀劈开，深度2～3厘米，将削好的接穗从上而下插入砧木裂口使二者形成层对齐，用麻皮绑好，接后插入土

花二乔牡丹

姚黄牡丹

中6～10厘米，上部覆土高出接穗10厘米以上，以利防寒越冬。

【播种繁殖】

种子繁殖适于单瓣或半重瓣品种，主要用于选育优良新品种及培育砧木，但需5～7年方能开花。种子于9月上旬成熟，采种后立即播种，播前用浓硫酸浸种2～3分钟，或用95%酒精浸种30分钟处理，也可用50℃温水浸种24小时，软化种皮促进萌芽。入冬前可萌发长出胚根，来年萌芽出土，秋季即可移栽。

牡丹的养护管理

【肥水管理】

牡丹浇水不宜过多，尤怕积水，但在春季天旱时要注意适时浇水，夏季天热时也要定期浇水，雨季少浇水，并注意排水。新栽牡丹切忌施肥，半年后施肥。春季萌动后开始施肥，第一次施肥是开花前的促花肥；花谢后要追施促芽肥，入秋后再追施1次肥，有利于根系生长和积累明年生长的能量，前2次施肥为速效肥，第三次为长效型的基肥。牡丹根系可深达1米，因此夏秋应结合施肥浇水，中耕除草松土，有利于通气，减少病虫滋生。

【整形修剪】

刚移植的牡丹，第二年现蕾时，每株保留一朵花，其余花蕾全部摘除。花谢后要进行修剪整形，如不需要结实，应及时去除残花，减少养分消耗。每株保留5～7个充实饱满、分布均匀的枝条，每个枝条保留2个侧外芽。春季及时剔除根颈部长出的蘖芽，使养分集中于主枝上促进开花。花后要剪掉残花，不让它结花籽。秋冬季，对于干枯的枝叶以及细弱和无花枝都应该剪除。盆栽时，还可以按照自己的喜爱及需要修整成不同的形状。

豆绿牡丹

醉玉牡丹

【病虫害防治】

牡丹的病虫害较多，夏季雨多时易生叶斑病、紫纹羽病、茎腐病等，应及时喷50%的多菌灵可湿性粉剂500～1000倍液防治，同时更换新土剪去患病部分，重病株挖除烧毁。牡丹根很甜，易受蛴螬、天牛、蚂蚁、介壳虫、地老虎等伤害，地下害虫可用呋喃丹防治，地上害虫可用敌敌畏、氧化乐果等防治。

咏

【诗词歌赋】

《牡丹》陈景章

富丽端庄增国色，清纯典雅蕴天香。

【花语寓意】

① 花型宽厚，被称为百花之王，有圆满，浓情，富贵，雍容华贵之意。

② 生命，期待，淡淡的爱，用心付出。

③ 高洁，端庄秀雅，仪态万千，国色天香，守信的人。

【故事传说】

武则天与牡丹

在一个隆冬大雪飘舞的日子，武则天在长安游后苑时，曾命百花同时开放，以助她的酒兴。下旨曰："明早游上苑，火速报春知，花须连夜发，莫待晓风吹。"谁都知道，各种花不仅开花的季节不同，就是开花的时刻也不一致。紫罗兰在春天盛开，玫瑰花在夏天怒放，菊花争艳在深秋，梅花斗俏在严冬；蔷薇、芍药开在早上，夜来香、昙花开在夜间。所以，要使百花服从人的意志，在同一时刻一齐开放，是难以办到的。但是百花慑于武后的权势，都违时开放了，唯牡丹仍干枝枯叶，傲然挺立。武后大怒，便把牡丹贬至洛阳。牡丹一到了洛阳，立即昂首怒放，花繁色艳，锦绣成堆。这更气坏了武后，下令用火烧死牡丹，不料，牡丹经火一烧，反而开得更是红若烟云、亭亭玉立，十分壮观。表现了牡丹不畏权势、英勇不屈的性格。

【观赏价值】

古人曰："唯有牡丹真国色。"

牡丹观赏部位主要是花朵，其花雍容华贵、富丽堂皇，素有"国色天香""花中之王"的美称。

牡丹花色丰富，花大而美，色香俱佳，是我国传统名花之一。多植于公园、庭院、花坛、草地中心及建筑物旁，也可盆栽或作切花用。

魏紫牡丹

金阁牡丹

盛景牡丹花丛

【药用价值】

牡丹乃珍贵花卉，除花供观赏之外，花瓣还可以食用。明代《二如亭群芳谱》记载："牡丹花煎法与玉兰同，可食，可蜜浸"，"花瓣择洗净拖面，麻油煎食至美"，我国不少地方有用牡丹鲜花瓣做牡丹羹，或配菜添色制作名菜的。牡丹花瓣还可蒸酒，制成的牡丹露酒口味香醇。

牡丹也可药用。牡丹根可加工制成中药——丹皮，是常用凉血祛瘀中药，是栽培牡丹的另一重要价值。牡丹花含黄芪苷，也可入药，用于调经活血。现代研究表明，牡丹皮有抗菌、抗炎、抗过敏、抗肿瘤、止血、祛瘀血、清热解毒、镇静、镇痛、解痉等活性，还能促进单核细胞吞噬功能，提高机体特异性免疫功能，增加免疫器官重量。应用时应注意，血虚有寒，孕妇及月经过多者慎用。

福禄考
——花海迎客享安稳

学　名：*Phlox drummondii* Hook.

别　名：洋梅花、桔梗石竹、小洋花、草夹竹桃等

科　属：花荵科，福禄考属

福禄考原产于北美洲，现世界各国广为栽培，我国主要栽培在东北地区。福禄考性喜阳光充足而凉爽的环境。不耐旱，忌涝，忌酷暑，忌碱性土壤，喜疏松、排水良好的中性或微酸性肥沃土壤。发芽适温为15～20℃。种子的发芽率较低，生活力可保持1～2年。

福禄考为一年生至多年生草本植物，株高15～45厘米，茎直立，多分枝，呈丛状生长，有腺毛。叶阔卵形、矩圆形至披针形，被绒毛，基生叶对生，茎生叶互生。顶生聚伞花序，花冠高脚碟状，具有

单色福禄考

复色福禄考

三色福禄考

较细的花筒，直径2～2.5厘米，5浅裂，原种为红色，现有白、蓝、紫、粉、斑纹等单色，还有复色品种。花瓣有圆瓣种、须瓣种、星状瓣种及放射状瓣种，还有矮生种和大花种。花期6～9月，盛花期6月末至8月初。蒴果圆球形，成熟时3裂，种子椭圆形，浅褐色，千粒重约2.0克。福禄考株形低矮，花期整齐，花色鲜艳，适合做春夏花坛材料和盆栽。

福禄考的繁殖

【分株繁殖】

分株繁殖方法操作简便，成活迅速，但不适合大量繁殖。以早春或秋季进行最为适宜。利用宿根福禄考根蘖分生能力强，在生长过程中易萌发根蘖的特性，将母株周围的萌蘖株挖出栽植。萌蘖株尽量带完整根系，以提高成活率。

【压条繁殖】

压条繁殖通常可在在春、夏、秋季三季进行。

① 堆土压条：将其基部培土成馒头状，使其生根后分离栽植即可。

② 普通压条：将接近地面的一、二年生枝条，使下部弯曲埋入土中，枝条上端露出地面，压条时，预先将埋进土里的部分枝条的外皮划破（利于生根），30天左右生根后，即可与母株分离栽植。

【扦插繁殖】

福禄考的扦插繁殖可用根插、叶插和茎插。

① 根插：在春、秋季进行，结合分株栽植，将部分根截成3厘米左右长的小段，平埋于素沙中，在15～20℃条件下，保持素沙湿润，30天左右即可生长出新芽。

② 叶插：在夏季取带有腋芽的叶片（叶片保留1/2左右），带2厘米长茎，插于干净无菌素沙中，注意遮阴，并保持土壤湿润，30天左右可生根。

③ 茎插：在春、夏、秋季进行，一般在花后进行。茎插适用于大批量生产，结合整枝打头，取生长充实的枝条，截取3～5厘米长的插条，插入干净无菌素沙中，株行距为2～3厘米，保持土壤湿润即可，30天左右可生根。夏季注意喷1～2次800～1000倍50%的多菌灵溶液，防止插条腐烂。

【播种繁殖】

福禄考播种春播、秋播均可。

春播：于2～3月进行，在温室或温床中播种，温度保持在15～20℃，温度过高不易发芽。其种子在正常条件下发芽也较慢，且不整齐，一般经2～3周可发芽出苗，6～7月即可开花。福禄考种子发芽厌光，因此播种后应注意严密覆土。然后用塑料薄膜拱棚式覆盖，经7～10日即能发芽成苗。

秋播：于9月上、中旬播种福禄考，播种后要轻轻覆一层薄土或者将种子混沙播种，播后保持土壤湿润。秋播必须注意小苗的越冬，若晚上温度突然降低时，可用草席覆盖保温，以免小苗受冻，秋播苗翌年5月即可开花。

福禄考花丛

红色福禄考

福禄考的养护管理

【定植管理】

在种苗3~4片真叶期进行分苗移植。幼苗初期节间短，略显莲座状。如果播种过密，分苗不及时，会造成幼苗徒长，茎细弱，节间伸长，这样的苗移植后不易成活或株形差，生长势弱，因而应适当控制浇水并充分见光，及时分苗。移植后株行距为（20~25）厘米×（20~25）厘米，因其株丛小，分支细弱，应用时株行距不宜过大，否则不能覆盖底面，影响观赏效果。盆栽每盆宜栽3~4株。

【肥水管理】

福禄考不喜肥，因此不宜过多施肥，生长期间追施1~2次5倍水的腐熟人畜粪尿液即可。生育期或开花期间，每隔20~30天均需用氮、磷、钾肥料追肥1次。平时要保证水分的供应但不能积水，雨季注意排水防涝。福禄考植株矮生，枝叶被毛，因此浇水、施肥应避免沾污叶面，以防枝叶腐烂。

【光照温度】

福禄考宜生长在阳光充足、气候凉爽的环境条件下，这样也无需用矮壮素来控制株形。阳光不足，会导致花色不鲜艳。当环境条件不理想，喷洒1~2次矮壮素可以防止徒长。福禄考忌酷暑，因此夏季中午要适当遮阴。

【病虫害防治】

褐斑病发病初期可以使用下列药物喷施防治：69%安克锰锌1500倍溶液，或58%瑞毒霉锰锌1000倍溶液中，或64%杀毒矾1500倍溶液，或50%百菌清烟剂熏防，用量1000克/亩。细菌性斑点病可用硫酸链霉素2000~2500倍液全株喷施防治。

【花语寓意】

福禄考的花语：欢迎、大方。

受到福禄考祝福的人：代表你为人老成，不善于传达爱的信息，即使当你的心中燃烧起爱情的火时，你还是那样安详，从不愿表露出来，你应坦率地去迎接那心灵的撞击，创造出一个新的自己。你不喜欢卷入纠纷，喜欢安静平稳的生活，此时你已经过人生的磨难达观大方。

福禄考花海

粉色福禄考

【观赏价值】

福禄考植株矮小、姿态优雅，花朵繁茂，色彩艳丽，花朵虽然不大，但可组成大的花序，在植株上方呈现出一片美丽的色彩，景色壮观，具有很理想的观赏效果。福禄考花期长，可作花坛、花境及岩石园的植物材料，亦可作盆栽供室内装饰观赏。植株较高的品种可作切花。

紫罗兰

—— 优雅神秘耐寻味

学　名：*Matthiola incana*
别　名：草桂花、四逃克、草紫罗兰
科　属：十字花科，紫罗兰属

紫罗兰原产地中海沿岸，目前我国南部地区有广泛栽培。紫罗兰喜温和凉爽的气候，忌酷热和严寒。喜通风良好的环境，冬季喜温和气候，但也能耐短暂的零下5℃的低温。生长适温白天15～18℃，夜间10℃左右，对土壤要求不严，但在深厚、排水良好、中性偏碱的土壤中生长较好，忌酸性土壤。紫罗兰不耐阴，怕渍水，在梅雨天气炎热而通风不良时则易受病虫危害，施肥不宜过多，否则对开花不利，光照和通风如果不充分，易患病虫害。

单瓣紫罗兰

重瓣紫罗兰

紫罗兰种类上有单瓣和重瓣之分。

紫罗兰为亚灌木状二年生草本植物，茎基部木质化，直立，有时有分枝，株高30～60厘米，全株被灰色星状柔毛。单叶互生，叶片宽大，呈长椭圆形或倒披针形，先端圆钝，全缘。总状花序顶生或腋生，花梗粗壮，花紫红色、淡红、淡黄等，有芳香，花期4～5月。角果圆柱形。单瓣花能结籽，重瓣花不结籽，种子有翅。

紫罗兰的繁殖

【播种繁殖】

紫罗兰一般早春温室播种，夏、秋季开花，或秋季播种，早春在温室开花。采种宜选单瓣花者为母本，因其重瓣花缺少雌蕊，不能结籽。从盆栽母本中采种者，其第二代单瓣率较高。播种不宜过密，否则小苗易患猝倒病。播前盆土要保持湿润，播后要盖一层薄细土，不宜播后直接浇水，在半月内若盆土干燥变干发白，可用喷壶喷洒或采用"盆浸法"（将播种盆浸于水中，让水从盆底进入润土）来保持盆土湿润。播种后注意遮阴，15天左右即可出苗。

紫罗兰幼苗

注意秋播的时间不能太晚，否则将影响植株的生长、越冬、开花的数量及质量。若作为一年生栽培，在夏季比较凉爽的地区，一年四季均可进行播种。

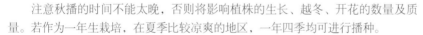
紫罗兰的养护管理

【定植管理】

幼苗于真叶展开前，可按6厘米×8厘米的株行距分栽于苗床，分苗的时候注意保护根系，要带土球，否则根系受损很难成活。定植前，应在定植土中施放些干的猪、鸡粪作基肥。定植后浇足定根水，遮阴但注意通风。初霜到来之前，地栽的要带土团掘起，囤入向阳畦或上花盆置室内越冬。秋季播种的紫罗兰，在冬季正是花芽分化的时候，要注意保持一定的温度，通过增加光照或者人工补光等方法给植株增温补光，以使植株如期开放，但不要突然让植株处在比较热的暖气旁边。

【肥水管理】

施肥：生长期追肥2～3次，为避免徒长，应少施氮肥，以磷、钾肥为主，见花后立即停止施肥。对高大品种，花后宜剪去花枝，再追施稀薄液肥1～2次，能促使植株再发侧枝。施肥可与浇清水交替进行。

浇水：刚上盆的植株宜移至阴凉通风处，成活后再移至阳光充足处，隔天浇水1次。生长期应保持盆土有规律地湿润，但避免浇水过多，否则易导致根部病害。浇水最好从盆下渗入，这样可保持盆土表面较长一段时间干燥，可有效减少地种蝇和黑蝇等虫害的威胁。

【病虫害防治】

预防猝倒病、立枯病要对育苗床进行消毒，及时拔出病苗。可喷洒75%百菌清可湿性粉剂800～1000倍液或64%杀毒矾可湿性粉剂500倍液防治。防治霜霉病发生可以喷施58%瑞毒霉·锰锌可湿性粉剂600倍液或64%杀毒矾可湿性粉剂500倍液或40%乙磷铝可湿性粉剂250～300倍液防治。蚜虫可以喷施乐果或氧化乐果乳油防治。根结线虫病可用3%呋喃丹防治。

【花语寓意】

紫罗兰花语：永恒的美；质朴，美德，盛夏的清凉。

白色紫罗兰：让我们抓住幸福的机会吧。

蓝色紫罗兰：警戒，忠诚，我将永远忠诚。

紫色紫罗兰：在梦境中爱上你，对我而言你永远那么美。

紫罗兰是金牛座的幸运花。

赞

【观赏价值】

紫罗兰花朵茂盛，花色鲜艳，花序大，芳香，花期长，为众多爱花者所喜爱，适宜于盆栽观赏，也适宜于布置花坛、台阶、花境，整株花朵可作为花束。

紫罗兰可作为冬、春两季的切花，因其耐寒性较强，加温等方面的费用少，所需劳动力也少，栽培价值较高，从定植到收获的周期短，故得以广泛应用。通常12月至翌年2月上市的是室内栽培的无分枝系，3月下旬至4月上市的多是露地栽培的分枝系。一般来说，无分枝系价值较高，而重瓣的比单瓣的价格要高2～3倍。

盛景紫罗兰

紫罗兰花海

【药用价值】

紫罗兰可防紫外线照射，对支气管炎有调理之效，还可以润喉，以及解决因蛀牙引起的口腔异味。

紫罗兰可泡茶，与玫瑰花、金盏花、薄荷、迷迭香等搭配有排毒养颜、保护上呼吸道、缓解疲劳等功效。

紫罗兰能够清热解毒、美白祛斑、除皱、滋润皮肤、清除口腔异味、增强光泽，因此可以用作美容面膜。

紫罗兰祛痘面膜做法：将新鲜的紫罗兰花冲洗干净，然后浸入到清水中煮沸15分钟，经过滤冷却后可以敷脸，可侧重敷到痘痘处，睡觉前进行效果更好。

虾衣花

—— 朵朵虾衣美如画

学　名：*Callispidia guttata*

别　名：麒麟吐珠、虾衣草、虾夷花、虾黄花、狐尾木

科　属：爵床科，麒麟吐珠属

识

虾衣花花姿

炫美虾衣花

虾衣花原产墨西哥，现在世界各地皆有栽培。虾衣花性喜温暖湿润、光照充足、通风良好环境，稍耐阴，忌阳光曝晒，具有一定耐寒性，宜富含腐殖质的沙壤土。生长最低温度在5～10℃，适宜生长温度18～28℃。

虾衣花为常绿亚灌木，株高1～2

米、全株具毛。茎柔弱，多分枝，圆形，细弱，茎节部膨大，嫩茎节基红紫色。单叶对生，卵圆形或椭圆形，先端尖，基部楔形，全缘，有毛。顶生穗状花序，长6～15厘米，侧垂，苞片多数而重叠，具棕色、红色、黄绿色、黄色的宿存苞片，形色如同虾衣，是主要观赏部位。花冠细长，超出苞片之外，白色，唇形，下唇3浅裂，具3条紫色斑纹，上唇稍2裂，花萼白色，具稀疏柔毛。花期长，四季开花不断，以4、5月最盛。蒴果。果期全年。

养 虾衣花的繁殖

【扦插繁殖】

虾衣花蒴果不易成熟，种子难得，很少用播种繁殖，常用扦插繁殖。只要温度适宜，全年均可进行扦插繁殖，一般在6月花后，结合修剪进行。选取当年生健壮的2～3个节间的穗条作插穗，截为长10厘米左右，插入洁净河沙中，老枝或嫩枝扦插均可，在同等温度条件下，嫩枝生根较快。黄沙、蛭石或珍珠岩均可作为扦插基质，嫩枝扦插要对基质严格消毒。在20～25℃条件下，约半个月后生根，插穗生根后，及时移栽上盆并适当遮阴，待新叶长出后，移向阳光充足的地方。次年即可开花。

【压条繁殖】

选取健壮的枝条，从顶梢以下15～30厘米处把树皮剥掉一圈，剥后的伤口宽度在1厘米左右，深度以刚刚把表皮剥掉为限。剪取一块长10～20厘米、宽5～8厘米的薄膜，上面放些淋湿的园土，像裹伤口一样把环剥的部位包扎起来，薄膜的上下两端扎紧，中间鼓起。约四到六周后生根。生根后，把枝条连根系一起剪下，就成了一棵新的植株。

粉色虾衣花

虾衣花花丛

虾衣花的养护管理

【肥水管理】

生长期每2周施1次加5倍水的腐熟人畜粪尿液或加20倍水稀释的腐熟饼肥上清液，并合理增施5%磷酸二氢钾，以控制植株徒长。花期之后，应及时修剪，剪除花序，避免养分损耗，并促发新枝。

【光照温度】

盆土用园土6份、腐叶土2份和沙土2份的比例配制。将盆摆放于稍阴、通风良好的地方。盛夏忌阳光曝晒。为使植株饱满，可多次摘心。10月移入温室栽培。室温保持15℃，冬季可继续开花。

【病虫害防治】

虾衣花温室栽培中应注意防治介壳虫、红蜘蛛危害。红蜘蛛防治可用柑橘皮加水10倍左右浸泡24小时，过滤之后用滤液喷洒植株。介壳虫防治可用白酒对水，比例为1∶2，治虫时，浇透盆土的表层。

黄色虾衣花

红色虾衣花

赞

【观赏价值】

虾衣花常年开花，苞片宿存，重叠成串，似龙虾，十分奇特有趣，适宜盆栽，放在室内高架上四季观赏，是室内盆栽的佳品，可以装饰窗台、书房、阳台，也可植于庭院的路边、墙垣边、花坛、林缘等处或制作盆景。

鸢尾

—— 多彩蝴蝶翩翩飞

学　名：*Iris tectorum* Maxim.
别　名：蓝蝴蝶、铁扁担、蝴蝶花、扁竹花等
科　属：鸢尾科，鸢尾属

鸢尾花姿

鸢尾花丛

鸢尾原产于我国，云南、四川、江苏、浙江一带均有分布。多生长在海拔800～1800米的灌木林缘。耐寒性强，露地栽培时，地上茎叶在冬季不完全枯萎。对土壤选择性不强，但以排水良好、适度湿润、含石灰质的弱碱性壤土为宜。喜阳光充足，但阴处也能生长。耐干燥。其花芽分化在秋季8～9月间完成。春季根茎先端的顶芽生长开花，在顶芽两侧常发生数个侧芽，侧芽在春季生长后，形成新根茎，并在秋季重新分化花芽。花芽开花后则顶芽死亡，侧芽继续形成花芽。

鸢尾为多年生宿根草本花卉。地下根状茎粗短而多节、坚硬，浅黄色。株高30～60厘米。叶剑形，质薄，长30～50厘米，宽2.5～3.0厘米，中脉不明显，浅绿色，交互排列成两列。花茎从叶丛中抽出，高30～50厘米，与叶近等长，具1～2分枝，每枝着花1～3朵。花蝶形，蓝紫色。花期4月下旬至6月上旬。果熟期7～8月，蒴果，长圆形。

养　鸢尾的繁殖

【播种繁殖】

播种繁殖，种子随采随播，播后翌年春季发芽，2～3年开花，仅用于培育新品种。栽植前施入腐熟的堆肥，生长期追施加5倍水的稀薄腐熟人畜粪尿液2～3次，要经常进行中耕除草、浇水管理。花后及时剪除花茎，以免消耗养分。

【分株繁殖】

分株繁殖根据株形不同而异，或分根茎或分株丛。当根状茎伸长长大时，就可进行分株，可每隔2～4年进行1次，于春秋两季或花后进行。分割根茎时，应使每段带2～3个芽为好，割后用草木灰涂抹伤口，稍阴干后扦插于湿沙中。在20℃条件下促使不定芽发生，形成新植株，分株丛也是将植株挖出，3～5芽一丛，分成数丛重新栽植。一般春秋分株均可，暖地以秋季分为佳，不要太迟，以免影响秋季地下生长。而寒冷地区则以春季分为佳，以防冻害。

白色鸢尾花

紫色鸢尾花

鸢尾的养护管理

【定植管理】

鸢尾类花卉栽培都比较容易，无需特殊管理。3～4年分株繁殖1次，在早春发芽前将已繁殖的根茎栽植于露地，适当施以基肥，定植株行距为（25～30）厘米×（25～30）厘米，种植时切勿过深，以根茎不露土为宜。

【肥水管理】

一般来说，种植鸢尾前不施基肥，施基肥会提高土壤中盐分的浓度，而延缓鸢尾的根系生长。开

花前及花谢后可各施1次追肥，促进生长旺盛。生长期注意浇水，当地下器官休眠时可暂停浇水，雨季注意排水，防止积水发生软腐病。

【光照温度】

植株生长时，特别在温带地区，当光照不足时，温室温度必须下调以防止花朵枯萎。一般控制在10～13℃，尽量保证植株生长，如果在生长阶段叶片显得过多，那么得考虑修剪掉部分叶片。白天持续的高温可用遮阴网遮光，它不仅能减少直接的太阳辐射，而且还能提高湿度。

【病虫害防治】

鸢尾易得锈病、软腐病、叶斑病，发生蚀夜蛾、蜗牛、地老虎等危害，要及时防治。锈病发病初期可用25%的粉锈宁400倍液防治；软腐病可用1：1：100的波尔多液防治；蚀夜蛾可用90%敌百虫1200倍液灌根防治。

【花语】

鸢尾花语：长久思念。

蓝紫色鸢尾：好消息，使者，想念你。

深宝蓝色鸢尾：神圣。

明黄色小鸢尾：协力抵挡，同心。

白色鸢尾：纯真。

黄色鸢尾：友谊永固，热情开朗。

紫色鸢尾：爱意与吉祥。

蓝色鸢尾：赞赏对方素雅大方或暗中仰慕，也有人认为是代表着宿命中的游离和破碎的激情，精致的美丽，可是易碎且易逝。

欧洲人认为鸢尾象征光明和自由。在古代埃及，鸢尾花是力量与雄辩的象征。

【起源】

"鸢尾"之名来源于希腊语，意思是彩虹。它表明天上彩虹的颜色尽可在这个属的花朵颜色中看到。人们甚至在古代就已熟悉鸢尾了，比如古埃及的金字塔群中就有鸢尾形象的记录，其历史可追溯到公元前1500年。

黄色鸢尾花

蓝色鸢尾花

【观赏价值】

鸢尾花形大而奇，宛若翩翩彩蝶，叶片青翠碧绿，观赏价值高，是庭园中的重要花卉之一，也是优美的盆花、切花和花坛用花。尤其适宜小溪边或小路旁自然式栽培。国外有用此花做成香水的习俗。

【药用价值】

鸢尾味辛、苦，性寒。有活血祛瘀、祛风利湿、解毒、消积的功效。可用于治疗跌打损伤、风湿疼痛、咽喉肿痛、食积腹胀、疟疾，外用治痛疖肿毒、外伤出血等。

外用：取适量鲜根状茎捣烂外敷，或干品研末敷患处。

注意：鸢尾全株有一定的毒性，尤其是根部，使用不当会引起呕吐、

炫丽鸢尾园地

腹泻、皮肤瘙痒、体温忽上忽下等症状，故作为药物使用时的一定要遵从医嘱。

自古中医著作就对鸢尾的用途多有记载：

①《神农本草经》：主破癥瘕积聚，去水，下三虫。

②《名医别录》：疗头眩。

③《中国药植图鉴》：敷肿毒。

荷包牡丹

—— 铃铛串串似荷包

学　名：*Dicentra Spectabilis*（L.）Lem.

别　名：兔儿牡丹、铃儿草、荷包花

科　属：罂粟科，荷包牡丹属

荷包牡丹花姿

荷包牡丹花丛

荷包牡丹原产于我国北部，日本及俄罗斯的西伯利亚也有分布。性耐寒而不耐夏季高温，喜冷凉，在高温干旱的条件下生长不良，花后至7月间茎叶枯黄进入休眠状态；喜湿润和富含腐殖质土壤，在沙土及黏土中生长不良。生长期间喜侧方遮阴，忌阳光直射，耐半阴，开花后期宜有适当遮阳。在阳光直射或干旱条件下，会使开花不良，过早枯萎休眠。

荷包牡丹为多年生宿根草本花卉。具地下肉质根状茎，高30～60厘米。叶对生，三回羽状复叶，叶形、叶色略似牡丹，得名"荷包牡丹"，具白粉，有长柄，全裂。总状花序顶生呈拱形伸展，花朵着生于一侧并下垂，花多种颜色，花瓣4枚，外侧2枚基部膨大呈囊状，形似荷包。内2瓣狭长，近白色。花期4～6月，蒴果细长圆形，6月成熟时二裂，种子黑色，球形，具冠状物。

养 荷包牡丹的繁殖

【播种繁殖】

将当年种子湿沙层积处理，第二年春季进行播种。荷包牡丹种子细小，播后覆土以不见种子为度，或混沙播种不覆土。播后要保持表土湿润，出现干燥后及时喷水。三年生的播种苗可开花。

【扦插繁殖】

扦插方法可获得更多的新株，扦插宜在5～9月。选取当年生长的健壮嫩枝，剪成长10厘米左右，将伤口在草木灰中蘸一下，插在素沙土中，深度为5～6厘米。插后用喷壶洒1次透水，放在阴凉湿润的地方，节制浇水，保持适当湿度，20多天后即可生根。

【分株繁殖】

分株繁殖以春季新芽开始萌动时进行最好，也可秋季9～10月间进行。分株时先带土球挖出老植株，去除老残根，根据芽子的多少切割成几块，每块带3～5个芽，分别栽植，注意栽植穴内施入一些基肥，茎段的栽植深度应与原来相同，3年左右分株1次。

白色荷包牡丹

蓝色荷包牡丹

荷包牡丹的养护管理

【肥水管理】

施肥：荷包牡丹施肥比较简便。栽植前要深翻床土，并施入腐熟的有机肥，生长期追施1～2次加5倍水稀释的腐熟人畜粪尿液或加20倍水稀释的腐熟饼肥上清液，均可使花叶繁茂。花蕾显色后停止施肥，休眠期不施肥。

浇水：春、秋季和夏初生长期的晴天，每日或隔日浇1次水，阴天3～5天浇1次水。经常保持土壤半干，对其生长有利；过湿易烂根，过干生长不良、叶黄。盛夏和冬季休眠期，盆土要相对干一些，微润即可。霜降前浇1次透水，有利于防寒。冬季浇封冻水后，覆盖稻草或树叶保温。

粉色荷包牡丹

【光照温度】

荷包牡丹可进行促成栽培，秋季落叶后，将植株挖出，栽植于盆中，放在空气比较湿润、温度在12～15℃的环境条件下，约2个月可开花，花后再放置于冷室内，早春重新栽于露地。

【整形修剪】

夏季高温，茎叶枯黄进入休眠期，可将枯枝剪去；为改善荷包牡丹的通风透光条件，使养分集中，秋、冬季落叶后，也要进行整形修剪。生长期剪去过密的枝条，如并生枝、交叉枝、内向枝及病虫害枝等，使植株保持美丽的造型。

【病虫害防治】

介壳虫，用40%氧化乐果乳油1000倍液喷杀；有时发生叶斑病，可用65%代森锌可湿性粉剂600倍液喷洒防治。

【美丽传说】

古时，洛阳城东南的汝州有个叫庙下的小镇。这里有个风俗：男女青年一旦订亲，女方要亲手送给男方一个绣着鸳鸯的荷包。若是订的娃娃亲，也得由女方家中的嫂嫂或邻里过门的大姐们代绣一个送上，作为终身的信物。

镇上住着一位叫玉女的美丽姑娘，心灵手巧，天生聪慧，绣花织布技艺精湛。姑娘钟情一个男子。可惜，小伙在塞外充军已经两载，杳无音信，更不曾得到荷包。玉女日盼夜想，便每月绣一个荷包，并挂在窗前的牡丹枝上以表思念之情。久而久之，荷包形成了串，变成了人们所说的"荷包牡丹"了。

【观赏价值】

荷包牡丹叶丛美丽，花朵玲珑，形似荷包，色彩绚丽，是盆栽和切花的好材料。荷包牡丹耐阴力强，可成片配植在林下或林缘，也适宜于布置花境、花坛和在树丛、草地边缘湿润处丛植，是不可多得的观花花卉。

【药用价值】

荷包牡丹全草可入药，有镇痛、解痉、利尿、调经、散血、和血、除风、消疮毒等功效。

百　合

—— 富贵庄严百年合

学　名：*Lilium brownii var. viridulum*
别　名：山蒜头
科　属：百合科，百合属

百合花姿

红色警报百合

百合喜冷凉湿润气候，极耐寒，喜阳光充足，但大多数不耐烈日曝晒。要求肥沃、腐殖质丰富、排水良好的微酸性沙壤土及半阴环境。百合秋季种植秋凉后萌发新芽，但新芽不出土，翌春回暖后方可破土而出，并迅速生长和开花。花期5～10月，百合开花后，地上部分枯萎，鳞茎进入休眠，休眠期一般较短，解除休眠需2～10℃低温即可。

百合为多年生鳞茎类球根草本花卉，地上茎直立不分枝或少数上部有分枝，高0.5～1.5米，茎绿色，光滑或有棉毛。叶披针形，螺旋状着生于茎上，全缘，无柄或具短柄，少数种类叶对生。地下具鳞茎，鳞茎扁球形，由20～30瓣重叠累生在一起，外无皮膜。总状花序，花单生或簇生，花大，漏斗状或喇叭状或杯状等。花直立、平展或下垂，花被片6片，2轮。花色有橙、淡绿、白、粉、橘红、洋红及紫色。花期5～10月。

百合的繁殖

【扦插繁殖】

茎插：可在花后将茎切成小段，每段带3～4个叶片，平铺湿沙中，露出叶片，经3～4周便自叶腋处发生小鳞茎，小鳞茎经1～3年培养，便可作为种球栽植。

鳞片扦插：可将鳞茎的鳞片剥下，经消毒后，晾干，再按株行距4厘米×4厘米，扦插于基质中，保持温度20～24℃，经1月左右可形成小鳞茎。

【分株繁殖】

百合分球法是将茎轴旁不断形成并逐渐扩大的小球，与母球分离，另行栽植。为使百合多产生小鳞茎，可适当深栽或在开花前后摘除一部分花蕾，均有利于小鳞茎的产生。

【播种繁殖】

秋季采收种子，储藏到翌年春天播种。播后20～30天发芽，幼苗期要适当遮阳。入秋时，地下部分已形成小鳞茎，即可挖出分栽。播种实生苗因种类的不同，有的3年开花，也有的需培养多年才能开花。此法时间长，种性易变，主要用于培育新品种，家庭不宜采用。

粉珍珠百合

雅荷百合

百合的养护管理

【定植管理】

百合9～11月定植，种植宜较深，一般18～25厘米，种植前1个月定植地先施用堆肥和草木灰。栽好后，于种植穴上覆盖枯草落叶，并用枯枝压盖。

【肥水管理】

百合对氮、钾肥需要较大，生长期应每隔10～15天施1次，而对磷肥要限制供给，因为磷肥偏多会引起叶子枯黄。生长期应适当灌溉，追施2～3次加5倍水的腐熟稀薄人畜粪尿液，并适量配合施用磷肥和钾肥，如堆肥、饼肥和草木灰等最宜，注意切勿将肥水浇在叶片上，应离茎基稍远。花期可增施1～2次磷肥。为使鳞茎充实，开花后应及时剪去残花，以减少养分消耗。浇水只需保持盆土潮润，但生长旺季和天气干旱时需适当勤浇，并常在花盆周围洒水，以提高空气湿度。

【光照温度】

百合具有抗寒、喜光、耐肥、畏湿的特性，适宜生长的温度为12～18℃。在冬天即使气温降至3～5℃亦不会冷死。如果缺乏阳光，长期遮阴就会影响正常开花。

【病虫害防治】

百合的病虫害较多，也较严重，如危害鳞茎的有蛴螬、马陆幼虫、病毒病和腐烂病等，茎叶上也有叶斑病等。要定期喷洒波尔多液，适当进行轮作，并进行土壤、鳞茎和盆土消毒，还应用无病鳞茎作种植材料。

咏

【花语寓意】

百合花语：顺利，心想事成，祝福，高贵。

香水百合：纯洁，婚礼的祝福，高贵。

白百合花语：纯洁，庄严，心心相印。

红百合花语：永远爱你。

黄百合花语：早日康复。

粉百合花语：纯洁，可爱。

百合象征夫妻恩爱，百年好合，一直是婚礼上的常用花。

紫精灵百合

美少女百合

赞

【观赏价值】

百合花姿雅致，叶片青翠娟秀，茎干亭亭玉立，是名贵的切花新秀。百合类品种繁多，姿态美丽，花大有芳香，可作切花，也可布置花坛或花境。

【药用价值】

百合味甘，微苦，性微寒。可养阴润肺，清心安神。主治痰中带血、热病后期、余热未清、失眠多梦、精神恍惚、痈肿、湿疮等症。可煎汤或入丸、散。注意：风寒咳嗽及中寒便溏者忌服。

马龙百合

盛景百合

【食用价值】

百合鲜食、干用均可。百合是我国传统出口特产。中医认为鲜百合具有养心安神、润肺止咳的功效，对病后虚弱的人非常有益。百合除含有蛋白质、脂肪，及钙、磷、铁、B族维生素、维生素C等营养素外，还含有一些特殊的成分，如秋水仙碱等多种生物碱。这些成分综合作用于人体，不仅具有良好的营养滋补之功，而且还对秋季气候干燥而引起的多种季节性疾病有一定的防治作用。

① 百合蒸：用鲜百合瓣与蜂蜜拌和，蒸熟后嚼食可治肺热咳嗽。

② 百合茶：百合10克，白糖（牛奶，蜂蜜）适量，加200毫升开水即可饮用。

③ 百合煎：取百合粉30克，麦冬9克，桑叶12克，杏仁9克，蜜炙枇杷叶10克，加水煮，有养阴解

表、润肺止咳的功效。另取鲜百合与莲子心共煎水，每日频频饮其汁，可治口舌生疮。

【美容功效】

百合可用作美白面膜。具体方法：清洁脸部皮肤，用热毛巾敷脸5分钟后，百合粉10克左右加纯净水或适量蜂蜜、牛奶、调和搅拌均匀涂于脸部，保持20分钟后用清水洗净，使肌肤白嫩光滑。

水塔花

—— 花娇叶翠层层塔

学　名：*Billbergia pyramidalis* Lindl.
别　名：红笔凤梨、火焰凤梨、红藻凤梨、比尔见亚、水槽凤梨
科　属：凤梨科，水塔花属

水塔花花姿

娇艳水塔花

水塔花原产巴西等美洲热带地区。水塔花性喜高温、湿润和半阴环境，略耐寒。对土质要求不高，适宜富含腐殖质、疏松、肥沃、排水良好的微酸性沙质壤土，忌钙质土。生长适温为20～28℃。水塔花花序鲜红，与蓝绿色的叶对比强烈，常用作盆栽观赏，是优良的花叶兼赏花卉。

水塔花为多年生常绿草本植物，株高50～60厘米，茎极短。叶丛紧密排列，叶基部相互抱合，呈莲座状，中心呈筒状，形成储水筒，叶筒内可以盛水而不漏，状似水塔，故得名"水塔花"。叶阔披针形，急尖，硬革质，鲜绿色，表面有厚角质层和吸收鳞片。叶缘上部具棕色小齿，蓝绿色，革质。穗状花序直立，花茎自叶丛中央抽出，高出叶丛，苞片粉红色，披针形，花冠朱红色，花瓣外卷，边缘带紫色，有花10余朵。花期4～5月。浆果。

水塔花的繁殖

【分割吸芽】

早春将水塔花老植株基部的吸芽割下，切口要平整，以利于愈合发根，插入沙或蛭石中，保持25℃温度，遮阴、保湿，约1个月即可生根。

【分株繁殖】

分株法是把母株从花盆内取出，抖掉多余的盆土，把盘结在一起的根系尽可能地分开，用锋利的小刀把它剖开成两株或两株以上，分出来的每一株都要带有相当的根系，并对其叶片进行适当地修剪，以利于成活。分割的小株在百菌清1500倍液中浸泡5分钟后取出晾干，即可上盆。也可在上盆后马上用百菌清灌根。

水塔花的养护管理

【肥水管理】

幼苗上盆后每3周追施1次加15倍水的腐熟人畜粪尿液肥，夏季置荫棚下，定期向叶面洒水，深秋入温室养护，冬季减少浇水。2～3年换1次盆。最值得注意的是，浇肥或浇水时，要把肥水浇到莲座状叶筒中。夏季在早晨或傍晚温度低时浇灌，还要经常给植株喷雾。

【光照温度】

喜欢高温高湿环境，因此对越冬的温度要求很严，当低于3～6℃就不能安全越冬；在夏季，当温度高达35℃以上时也能忍受，但生长会暂

黄色水塔花

时受到阻碍。最适宜的生长温度为18～30℃。夏季要遮光50%，在春、秋、冬三季，由于温度不是很高，可以适当给予它直射阳光的照射，以利于它进行光合作用和形成花芽、开花。

【病虫害防治】

水塔花生长期常有叶枯病和褐斑病危害，发病时可用25%多菌灵1000倍液喷洒防治。发生红蜘蛛时可喷洒哒螨灵或氧化乐果防治。发生蜗牛危害可用甲硫威、蜗牛散或二者各一半混用防治。

【观赏价值】

花色艳丽，叶片青翠而有光泽，丛生成莲座状，叶丛中心筒内可盛水而不漏，好似水塔，国庆前后从嫩绿的叶筒中抽出柱状的鲜红花序，是良好的盆栽花卉。盛开的水塔花是点缀阳台、厅室的佳品。也适宜庭院、假山、池畔等场所摆设。

月季
—— 多姿多彩无间断

学　名：*Rosa chinensis* Jacq.
别　名：月月红、斗雪红、长春花
科　属：蔷薇科，蔷薇属

月季为高度杂交种，在我国、西欧、东欧等地有种质资源，现在世界各地广为栽培。月季喜阳光充足、通风良好的环境，耐寒、耐修剪。冬季气温低于5℃时，进入休眠状态；夏季温度持续30℃以上时，也进入半休眠。适宜疏松、肥沃、排水良好的微酸性土壤。

月季为常绿或落叶有刺灌木及呈藤本状花卉，枝干上部青绿色，下部灰褐色，新枝紫红色，茎部长有弯曲的尖刺。叶互生，奇数羽状复叶，小叶3～9枚，椭圆形，边缘有锯齿，托叶与叶柄合生。花顶生、单生或数朵丛生呈伞房花序，花有单瓣或重瓣，花色丰富，除具粉红、大红、紫红、黄、白等纯色外，还有复色及可产生变换的色彩，通常有芳香。

月季花丛

月季的繁殖

【播种繁殖】

春季播种，可穴播，也可沟播，通常在4月上中旬即可发芽出苗。移植时间分春植和秋植两种，一般在秋末落叶后或初春树液流动前进行。

【扦插繁殖】

只要温度能达到15℃以上，一年四季均可进行扦插，但以冬季或秋季的硬枝扦插为宜，夏季的绿枝扦插要注意水的管理和温度的控制，否则不易生根。冬季扦插一般在温室或大棚内进行，如露地扦插要注意增加保湿措施。

【嫁接繁殖】

嫁接常用野蔷薇作砧木，分芽接和枝接两种。芽接成活率较高，一般于8～9月进行，嫁接部位

蓝丝带月季

法国香水月季

要尽量靠近地面。具体方法：在砧木茎枝的一侧用芽接刀于皮部做T形切口，然后从月季的当年生长发育良好的枝条中部选取接芽；将接芽插入T形切口后，用塑料带扎缚，并适当遮阴，这样经过2周左右即可愈合，可获得大量植株。

【压条繁殖】

一般在夏季进行，方法是把月季枝条从母体上弯下来压入土中，在入土枝条的中部，把下部半圈树皮剥掉，露出枝端，等这根枝条生出不定根并长出新叶以后，再与母体切断。

月季的养护管理

【栽培管理】

月季适应性强，对土质、环境要求不严，故栽培月季比较容易，只要掌握好肥水、修剪，满足其对光照的需要就能多开花，开好花。一般要求土壤肥沃，排水、透气良好，保肥力强，用普通培养土即可。经过一两年生长后，需要换1次盆，补充营养。

【肥水管理】

施肥：月季在开花前要加强肥水的管理，多浇水，勤施肥。在花蕾初现时，停止施肥。月季花后应适当追施肥料，及时补充养分。用肥以充分腐熟的有机肥料为主，掌握"淡肥勤施"的原则。

浇水：月季最怕干旱缺水，发现盆土发白时，应及时浇水。春、秋季在晴天应每天中午浇1次水，夏季每天早晚各浇1次水。开花期间浇水更应充足，但不能盆土积水。冬季无论落叶不落叶都要控制浇水，不能浇水过多，以免因盆土过湿降低了土壤温度并且影响通气。

【光照温度】

月季是强阳性花卉，夏季放置在室外培养，摆放地要有充足的光照，盆与盆之间要有适当的间距，不能摆放过挤，以利整个植株都能接受到光照，并且利于通风。通风不良，易发生病虫害，导致落叶，枯萎，甚至死亡。

【整形修剪】

因月季开花次数多，养分消耗大，每次花后都要进行修剪，以免消耗养料。花后修剪时要选留健壮芽，不要留得过高，留外芽，能使新枝向外延伸，均匀分布。过冬时的修剪保留健壮枝条，将弱枝全部剪掉，对过老的植株要进行更新，选留基部萌发的壮芽培养1年后，逐渐把老枝替换掉。春天嫁接的月季容易萌发脚芽，应及时剪除，以免消耗养料，保持接穗月季的正常生长。

【病虫害防治】

月季黑斑病可用80%代森锌可湿性粉剂500倍液防治；白粉病可用25%粉锈宁可湿性粉剂1500倍液防治；蚜虫可用50%杀螟松1000倍液或50%抗蚜威3000倍液防治。

彩云月季

热带晚霞月季

咏

【诗词歌赋】

《月季》陈景章

秀荣四季花姿俏，誉满五洲色彩鲜。

【花语寓意】

红月季花语：纯洁的爱，热恋或热情可嘉，贞节等。人们多把它作为爱情的信物，爱的代名词，是情人节首选花卉，红月季的蓓蕾还表示可爱。

白月季花语：尊敬和崇高。在日本，白玫瑰（月

季）象征父爱，是父亲节的主要用花。

黄色月季：道歉（但在法国人看来是妒忌或不忠诚）。

绿白色月季：纯真、俭朴或赤子之心。

橙黄色月季：富有青春气息、美丽。

粉红月季：示初恋。

黑色月季：有个性和创意。

蓝紫色月季：珍贵、珍稀。

双色月季：矛盾或兴趣较多。

三色月季：博学多才、深情。

【故事传说】

很久以前，神农山下有一高姓人家，家有一女名叫玉兰，年方十八，温柔沉静，很多公子王孙前来求亲，玉兰都不同意。因为她有一老母，终年咳嗽、咯血，多方用药，全然无效。于是，玉兰背着父母，张榜求医："治好吾母病者，小女愿以身相许。"一位名叫长春的青年揭榜献方。玉兰母服其药后，果然痊愈。玉兰不负约定，与长春结为秦晋之好。洞房花烛夜，玉兰询问什么神方如此灵验，长春回答说："月季，清咳良剂。此乃祖传秘方：冰糖与月季花合炖，乃清咳止血神汤，专治妇人病。"玉兰点头记在心里。

【观赏价值】

月季花由春季一直开到初冬，因此有"花落花开无间断，春来春去不相关"的词句来形容其花期长，并因其色彩丰富，花形多姿，被誉为"花中皇后"。月季花在园林绿化中，有着不可或缺的地位，在我国南北园林中，是使用数量最多的花卉之一。月季可作为园林中布置花坛、花境、庭院的花材，也可制作月季盆景，作切花、花篮、花束等。

红双喜月季

摩纳哥公主月季

【环保价值】

月季可以做成延绵不断的花篱、花屏、花墙，用于机关、学校、居民小区、城区广场等地方，不仅能净化空气、美化环境，还能大幅降低周围地区的噪声污染，缓解火热夏季城市的热岛效应。

【药用价值】

月季花可提取香料。根、叶、花均可入药，具有活血消肿、消炎解毒功效，而且是一味妇科良药。由于月季花的祛瘀、行气、止痛作用明显，故常被用于治疗月经不调、痛经等病症。

女性用月季花瓣泡水当茶饮，或加入其他保健茶中冲饮，还可活血美容，使人青春长驻。

月季花还可食用，如月季花粥、月季花汤、酥炸月季花等都是用月季花制作的美食。

栀子花
——花白叶翠香气浓

学　名：*Gardenia jasminoides* Ellis

别　名：栀子花、碗栀、黄栀子、白蟾花、玉荷花

科　属：茜草科，栀子属

栀子花原产我国长江流域以南各地。栀子花喜温暖，好阳光，但又要求避免强烈阳光的直晒。耐半阴、怕积水。喜空气湿度高、通气良好的环境。喜疏松、湿润、肥沃、排水良好的酸性土壤。耐寒

栀子花花姿

栀子花花丛

性差，温度过低叶片受冻而脱落。萌芽力强，耐修剪。

常见栽培观赏变种有大栀子花、卵叶栀子花、狭中栀子花、斑叶栀子花。

栀子花属常绿灌木，高1～3米，枝干丛生，嫩枝常被短毛，枝圆柱形，灰色，小枝绿色。叶对生或3叶轮生，有短柄，革质，稀为纸质，通常椭圆状倒卵形或矩圆状倒卵形，顶端渐尖、基部楔形或短尖，两面常无毛，上面亮绿，下面色较暗；侧脉8～15对，在下面凸起；托叶膜质，全缘，具光泽。花大，白色，具浓香，单生枝顶；萼筒倒圆锥形或卵形，有纵棱，裂片披针形或线状披针形；花冠高脚碟状，喉部有疏柔毛。果实卵形至椭圆形，橙黄色，顶端有宿存萼片。种子近圆形而稍有棱角，花期4～5月，果期11月。

养 栀子花的繁殖

【播种繁殖】

栀子花可春播或秋播，春播在雨水前后下种，秋播在秋分前后，播时将种子拌上火灰均匀地播在播种沟内，然后用细土或火土覆盖平播种沟，盖草淋水，经常保持土壤湿润，以利出苗。出苗后要注意及时去掉盖草，在幼苗期应经常除草，注意不要伤幼苗的根，育苗1年后即可移栽。

【扦插繁殖】

栀子的枝条很容易生根，南方常于3～10月，北方则常在5～6月间扦插，剪取健壮成熟枝条，插于沙床上，只要经常保持湿润，极易生根成活。水插效果远胜于土插，成活率接近100%。4～7月进行，剪下插穗仅保留顶端的2个叶片和顶芽插在盛有清水的容器中，经常换水，以免切口腐烂，3周后即开始生根。

【压条繁殖】

压条在4月清明前后或梅雨季节进行，一般在2～3年生母株上选取1年生健壮枝条，将其拉到地面，刻伤枝条上的入土部位，如能在刻伤部位蘸上200毫克/千克粉剂萘乙酸，再盖上土压实，则更容易生根。如有三叉枝，则可在叉口处，一次可得三苗。约3周生根，当年6～7月即可切离母树，分栽培养。

栀子花花苞

栀子花盆栽

栀子花的养护管理

【肥水管理】

夏季要多浇水，增加湿度。空气湿度如低于70%，就会直接影响花芽分化和花蕾的成长，但过湿又会引起根烂枝枯，叶黄脱落的现象。除正常浇水外，应经常用清水喷洒叶面及附近地面，适当增加空气湿度。开花前多施薄肥，促进花朵肥大。宜施沤熟的豆饼、麻酱渣、花生麸等肥料，发酵腐熟后可呈酸性，切忌浓肥、生肥，冬眠期不施肥。

【光照温度】

栀子花切忌烈日暴晒，但往往有的人误认为栀子花要求全阴，以致在栽培上造成失误。实际上在注意保持阴凉环境的同时，要保持全日60%的光照，才能满足其生长的需求。栀子花生长适温为18～22℃，越冬期5～10℃，低于零下10℃则易受冻。

【整形修剪】

栀子花于4月孕蕾形成花芽，所以4～5月间除剪去个别冗杂的枝叶外注重保蕾。花后及时剪除残花，促使抽生新梢，新梢长至2～3个节时，进行第一次摘心，并适当抹去部分腋芽。8月对二茬枝进行摘心，培养树冠，就能得到有优美树形的植株。

【病虫害防治】

叶斑病可用70%甲基托布津可湿性粉剂1000倍液，或25%多菌灵250～300倍液，或75%百菌清700～800倍液防治。虫害有刺蛾、介壳虫和粉虱危害，可用2.5%敌杀死乳油3000倍液喷杀刺蛾，用40%氧化乐果乳油1500倍液喷杀介壳虫和粉虱。

【花语寓意】

栀子花花语：坚强、永恒的爱、一生的守候、喜悦。

【诗词歌赋】

《栀子》唐 杜甫

栀子比众木，人间诚未多。

于身色有用，与道气相和。

红取风霜实，青看雨露柯。

无情移得汝，贵在映江波。

《和令狐相公咏栀子花》唐 刘禹锡

蜀国花已尽，越桃今已开。

色疑琼树倚，香似玉京来。

且赏同心处，那忧别叶催。

佳人如拟咏，何必待寒梅。

《栀子花》宋 杨万里

树恰人来短，花将雪样年。

孤姿妍外净，幽馥暑中寒。

有朵篸瓶子，无风忽鼻端。

如何山谷老，只为赋山矾。

黄色栀子花

栀子花怒放

【观赏价值】

栀子花四季常青，叶色亮绿，枝叶繁茂，花色洁白，香气浓郁，又有一定耐阴和抗有毒气体的能力，为良好的绿化、美化、香化的材料，是庭院栽植的优良树种，可成片丛植为花篱，或于疏林下、林缘、路旁及山旁散植，也可盆栽或制作盆景。还可用于阳台及街道和厂矿绿化。

【药用价值】

栀子花、果实、叶和根可入药，一般泡茶或煎汤服。栀子有清热利尿、凉血解毒、降血压等功效。其中栀子果入药，主治热病高烧、心烦不眠、实火牙痛、口舌生疮、吐血、眼结膜炎、疮疡肿毒、黄疸型传染性肝炎、蚕豆病、尿血，外用治外伤出血、扭挫伤。根入药主治传染性肝炎、跌打损伤、风火牙痛。栀子花苦寒，含有纤维素，能血分而清邪热，宽肠通便，预防痔疮的发作和直肠癌瘤的发生。

栀子花花海

炫丽栀子花

栀子花含乙酸苄酯、乙酸芳樟酯、乙酯苏合香酯等成分可生产栀子花浸膏，浸膏可广泛用于化妆品香料和食品香料。采用水蒸气蒸馏法可生产栀子花油，栀子花油可配制多种花香型香水、香皂、化妆品香精。此外可用减压分馏方法将栀子花油中的乙酸苄酯及乙酸芳樟酯单独分离出来作为日用化妆品常用主香剂或协调剂，也常用于口香糖的香精。

石榴

—— 赏花赏叶果味美

学　名：*Punica granatum* Linn.
别　名：安石榴、山力叶、丹若、榭榴
科　属：石榴科，石榴属

识

石榴花果

石榴结果

石榴原产中亚亚热带地区。石榴喜光线充足、喜温暖，温度在10℃以上才能萌芽。石榴较耐寒，冬季休眠时可耐短期低温。石榴耐旱，不耐阴，怕水涝，适宜疏松、排水良好的沙质土壤。生长季节需水较多。石榴树龄可高达百年。石榴适宜在园林绿地中栽植，是观花、观果极佳的景观植物。

石榴为落叶灌木或小乔木。树皮粗糙，灰褐色，有瘤状突起。分枝多，嫩枝有棱，小枝柔韧。单叶对生，有短柄，长椭圆形或长倒卵形，先端圆钝或微尖，有光泽，质厚，全缘，新叶红色。花两性，有钟状花和筒状花，有短柄，一般一朵至数朵着生在当年新枝的顶端。花有单瓣重瓣之分，花色多为大红，也有粉红、黄、白及红白相间色，花瓣皱缩。花期5～9月。浆果球形，外种皮肉质，呈鲜红、淡红或白色，顶部有宿存花萼，果多汁甜酸味，可食用，果熟期9～10月。

养　石榴的繁殖

【扦插繁殖】

石榴扦插繁殖较为简便，应用最为广泛。扦插在温度适宜的条件下四季均可进行。扦插冬春用硬枝，夏秋用嫩枝。剪截半木质化枝条15～16厘米长作插穗，保留顶部小叶，插穗切口上部要平滑，下部剪成斜面，随剪随插，以保证成活率。插床上的扦插基质要用消毒过的沙壤土，插后注意遮阴保湿。温度在20℃左右，30天可以生根。

【压条繁殖】

春、秋季均可进行，不必刻伤，芽萌动前用根部分蘖枝压入土中，经夏季生根后割离母株，秋季即可成苗。露地栽培应选择光照充足、排水良好的场所。生长过程中，每月施肥1次。需勤除根蘖苗和剪除死枝、病枝、密枝和徒长枝，以利通风透光。盆栽，宜浅栽，需控制浇水，宜干不宜湿。生长期需摘心，控制营养生长，促进花芽形成。

石榴的养护管理

【肥水管理】

施肥：结合早春翻盆换土，施入100～150克骨粉或豆饼渣、鸡鸭粪等肥料作基肥。早春施稀薄饼肥水1～2次，开花前施以充分腐熟的稀薄蹄角片水或麻酱渣水1～2次，孕蕾期用0.2%磷酸二氢钾液喷施叶面1次，花谢坐果期和长果期，每月追施磷钾肥料1～2次。

浇水：春、秋季隔1天浇水1次，夏天早晚各浇水1次，冬天控制浇水，1周左右浇水1次。

修剪：每年冬春之间，进行1次疏枝和修剪，生长期间，适当作摘心修剪并不断剪去根干上的萌蘖。

石榴盆栽

石榴盆景

【光照温度】

生长期要求全日照，并且光照越充足，花越多越鲜艳。背风、向阳、干燥的环境有利于花芽形成和开花。光照不足时，会只长叶不开花，影响观赏效果。适宜生长温度15～20℃，冬季温度不宜低于−18℃，否则会受到冻害。

【修剪整形】

由于石榴枝条细密杂乱，因此需通过修剪来达到株形美观的效果。采用疏剪、短截，剪除干枯枝、徒长枝、交叉枝、病弱枝、密生枝。夏季及时摘心，疏花疏果，达到通风透光、株形优美、花繁叶茂、硕果累累的效果。

【病虫害防治】

石榴易受蚜虫、介壳虫和桃蛀螟等侵害。桃蛀螟可用30倍的敌百虫液浸浸药棉球塞入花萼深处，当幼虫通过花萼时，即被毒死。蚜虫可用香烟蒂浸泡肥皂水喷洒。发生介壳虫，量少时可用手指或小刷除去，数量多时，可喷乐果防治。

【花语寓意】

石榴花花语：成熟的美丽。

我国人视石榴为吉祥物，借石榴多籽，来祝愿子孙繁衍，家族兴旺昌盛。民间婚嫁之时，常于新房案头或他处置放切开果皮、露出浆果的石榴，亦有以石榴相赠祝吉者。

【花名由来】

石榴原产波斯（今伊朗）一带，公元前二世纪时传入我国。"何年安石国，万里贡榴花。迢递河源边，因依汉使搓。"据晋·张华《博物志》载："汉张骞出使西域，得涂林安石国榴种以归，故名安石榴。"

【观赏价值】

石榴花开于初夏。绿叶荫荫之中，燃起一片火红，灿若烟霞，绚烂之极。赏过了花，再过两三个月，红红的果实又挂满了枝头，恰若"果实星悬，光若玻础，如珊珊之映绿水。"正是"丹葩结秀，华（花）实并丽。"石榴花大色艳，花期长，从麦收前后一直开到10月，石榴果实色泽艳丽。由于其既能赏花，又可食果，因而深受人们喜爱，用石榴制作的盆景更是备受青睐。

炫丽石榴

盛景石榴

【药用价值】

石榴可谓全身是宝，果皮、根、花皆可入药。其果皮中含有苹果酸、鞣质、生物碱等成分，据有关实验表明，石榴皮有明显的抑菌和收敛功能，能使肠黏膜收敛，分泌物减少，有效地治疗腹泻、痢疾等症，对痢疾杆菌、大肠杆菌有较好的抑制作用。另外，石榴的果皮中含有碱性物质，有驱虫功效；

石榴花则有止血功能，且石榴花泡水洗眼，还有明目的效果。

常用验方如下。

① 治脾虚腹泻：酸石榴皮15～30克，加红糖适量，水煎服。

② 治中耳炎：石榴花，瓦上焙干，加冰片少许，研细，吹耳内。

③ 治肾结石：石榴树根、金钱草各一两，煎服。

④ 治赤痢、尿血、鼻出血：酸石榴皮，水煎或加红糖服。

【保健价值】

（1）延缓衰老、预防心血管疾病M石榴中含有高水平抗氧化剂，可用以抵抗人体炎症和氧自由基的破坏作用，达到延缓衰老、预防动脉粥样硬化和减缓癌变进程的效果，甚至比红葡萄酒的效果更佳。石榴还具有保护人们心脏、调整心脏运动频率、软化血管、补血养气的功效。

（2）消炎抗菌作用　石榴对痢疾杆菌等有明显的抑制作用，对各种皮肤真菌、口腔炎症也有不同程度的抑制作用。

紫藤

—— 紫穗垂缀茎蜿蜒

学　名：*Wisteria sinensis*（Sims）Sweet

别　名：藤萝、黄环、朱藤、藤花

科　属：豆科，紫藤属

识

紫藤花姿

紫藤花丛

紫藤原产我国华东地区以及山西、河南、广西、贵州、云南等地。紫藤为暖带及温带植物，性喜光，稍耐阴，较耐寒，耐旱。对土壤和气候适应性很强，能耐水湿及贫薄土壤，喜土层深厚、肥沃、排水良好、疏松的土壤，适宜在向阳避风的地方栽培。对二氧化硫、氯气、氯化氢等有害气体的抗性较强。

紫藤是一种大型木质落叶攀援藤本植物，茎灰褐色，粗壮右旋，干皮不裂，缠绕性，嫩枝被白色柔毛。奇数羽状复叶互生，卵状长椭圆形，先端渐尖，嫩叶有毛，老叶无毛，全缘，基部钝圆或楔形或歪斜。总状花序侧生，下垂，花大，花序轴被白色柔毛，花紫色或深紫色，苞片披针形，花梗细，花萼杯状，有香味，花期4～5月。荚果长条形或倒披针形，悬垂枝上不脱落，长10～15厘米，表面密生银灰色短绒毛，种子褐色，具光泽，圆形、扁平。花期4月中旬到5月上旬，果熟期9～10月。

养 紫藤的繁殖

【播种繁殖】

紫藤播种繁殖一般是将种子脱粒后干藏，翌春3月播种，播前用热水浸种，待开水温度降至30℃左右时，捞出种子并在冷水中淘洗片刻，然后保湿堆放一昼夜后便可播种。或将种子用湿沙储藏，播前用清水浸泡1～2天。

【扦插繁殖】

扦插在2～3月，选用健壮的3～4年生硬枝进行扦插，剪成15厘米左右长的插穗，插入事先准备好的苗

炫美紫藤

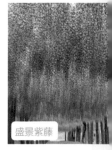
盛景紫藤

床，扦插深度为插穗长度的2/3。插后喷水，加强养护，保持苗床湿润，成活率很高，当年株高可达20～50厘米，2年后可出圃。

紫藤的养护管理

【肥水管理】

移植宜在春初或冬末，移植时应带宿土，多带侧根，早春萌芽前施有机氮肥、过磷酸钙、草木灰等1～2次，生长期可追肥2～3次，开花前入以磷钾为主的追肥。春季萌动后至开花期间，可灌水1～2次，夏季高温时2～3天浇水1次，霜降后少浇水。盆栽时应加强修剪和摘心。

【修剪整形】

紫藤春季长出嫩芽时，要适当摘去密芽。当新枝长到20厘米以上时，可剪去过长部分。在平时，要注意随时剪去徒长枝、病枝和弱枝。在休眠期，也要进行修剪。9月紫藤老叶易老化下垂，影响美观，可摘去老叶，促其萌发新叶。萌发的新叶嫩绿娇翠，能推迟落叶期，延长观赏期。

【病虫害防治】

紫藤受刺蛾幼虫危害期及时喷洒1000～1500倍50%辛硫磷乳剂，或1000倍50%杀螟松乳剂。发生软腐病时会使植株整株死亡，可采用50%的多菌灵可湿性粉性1000倍液或50%的甲基托布津可湿性粉剂800倍防治。

【观赏价值】

紫藤枝叶茂密，花大而美，且有芳香，先叶开花，紫穗垂缀、稀疏嫩叶，十分优美，别有情趣，是优良的棚架绿化材料，适栽于湖畔、池边、假山、石坊等处，具独特风格，也可作地被或盆栽，并可制成桩景。紫藤为长寿树种，民间极喜种植。成年的植株茎蔓蜿蜒屈曲，开花繁多，在庭院中用其攀绕棚架，制成花廊，或用其攀绕枯木，有枯木逢生之意。还可做成姿态优美的悬崖式盆景，置于高几架、书柜顶上，繁花满树，老桩横斜，别有韵致。

玫红藤

佳人紫藤

【药用价值】

紫藤以茎皮、花及种子入药。味甘、苦，性温，有小毒。紫藤花可以提炼芳香油，并可以解毒、止吐泻。紫藤皮可以杀虫、止痛，可以治风痹痛、蛲虫病等。

注意：紫藤的豆荚、种子和茎皮有小毒，人食用豆荚和种子发生呕吐、腹痛、腹泻以致脱水。儿童食入二粒种子即可引起严重中毒。

常用验方如下。

①体虚：根30克，炖猪肉吃。

②驱除蛲虫：根10～15克，水煎服。

③筋骨疼痛：紫藤子50克炒熟，泡烧酒250克。每次服25克，每日早、晚各1次。

④风温痹痛：紫藤根和锦鸡儿根各15克，水煎服。

【环保价值】

紫藤对二氧化硫和氯化氢等有害气体有较强的抗性，对空气中的灰尘有吸附能力，在绿化中已得到广泛应用，尤其在立体绿化中发挥着举足轻重的作用。它不仅可达到绿化、美化效果，同时也发挥着增氧、降温、减尘、减少噪声等作用。

倒挂金钟

—— 铃铛串串显妖媚

学　名：*Fuchsia hybrida* Voss.
别　名：吊钟海棠、吊钟花、灯笼海棠、灯笼花等
科　属：柳叶菜科，倒挂金钟属

倒挂金钟花姿

倒挂金钟花簇

倒挂金钟原产秘鲁、智利、墨西哥等中南美洲凉爽的山岳地带。倒挂金钟喜冬暖夏凉，喜空气湿润，不耐烈日曝晒，怕炎热，不耐水湿，忌雨淋。生长期要求15℃左右的气温，低于5℃易受冻害，高于30℃时生长恶化，处于半休眠状态。要求含腐殖质丰富、排水良好的肥沃沙质壤土。

倒挂金钟为常绿灌木状多年生草本植物，高可达1米，茎浅褐色，光滑无毛，小枝弱且下垂。单叶对生或三叶轮生，卵状，叶缘有疏锯齿。花两性，单生于嫩枝先端的叶腋处，花梗较长，作下垂状开放，萼筒圆锥状，4片向四周裂开翻卷，质厚，花萼颜色为红、粉、白、紫等色。花瓣也有红、粉、紫等色，雄蕊8枚伸出于花瓣之外。花期4~7月。

倒挂金钟的繁殖

【播种繁殖】

倒挂金钟易结实的种类，可用播种繁殖。播种繁殖需辅助人工授粉，果实成熟后，春、秋季在温室盆播，约15天发芽，翌年开花。

【扦插繁殖】

倒挂金钟扦插繁殖全年均可，一般于1~2月及10月扦插生根较快。采集一年生生长充实的顶端嫩枝扦插，剪取5~8厘米，每枝留3~4节，留顶部叶片，其余叶片去掉以减少蒸腾，插于沙床中，放置于阴凉处，控制温度为15~20℃，注意保持湿度，插后10~12天即可生根，生根后及时上盆，否则根易腐烂。

倒挂金钟的养护管理

【肥水管理】

盆土配制可按园土、腐叶土、河沙为4：4：2的比例调配。因倒挂金钟生长快，开花次数多，故在生长期间要掌握薄肥勤施，约每隔10天施1次稀薄饼肥或复合肥料，开花期间也应每月施1次磷、钾为主的液肥，但高温季节停止施肥。施肥前盆土要偏干；施肥后用细孔喷头喷水1次，以免叶片沾上肥水而腐烂。浇水要见干即浇，浇透，切忌积水。由于倒挂金钟怕炎热，因此盛夏应经常用水喷洒叶面及周围地面，降温增湿。

倒挂金钟花苞

双色倒挂金钟

【光照温度】

为了保持倒挂金钟株型丰满，在生长期应经常变换位置，使植株受光均匀，以免偏向一方，破坏株型。但在开花期间应少搬动，不然会引起落蕾落花。倒挂金钟生长的温度为10~28℃，夏天的温度不能超过30℃。冬天要求阳光充足，培养温度不能低于5℃，否则就会引起冻害，必须采取保温措施。另外，无论冬天或夏天都要注意通风。

【整形修剪】

倒挂金钟生长过程中不易分枝，为使植株丰满，可多次摘心促进植株分枝，同时不断抹去下部长势较弱的侧芽，使生长旺盛，开花繁多。倒挂金钟在生长期中趋光性强，应经常转盆以防植株形态长偏。

【病虫害防治】

倒挂金钟有白粉虱、蚜虫、介壳虫危害，注意保持空气流通，并及时喷25%的氧化乐果乳油1000倍液防治。用20%萎锈灵乳油400倍液喷洒防治锈病，用10%抗菌剂401 1000倍液施入土壤防治枯萎病。

【花语寓意】

倒挂金钟花语：相信爱情、热烈的心。

【观赏价值】

倒挂金钟花朵朵成束，好似铃铛吊挂，花色多样，晶莹醒目。花期正值元旦、春节，长期以来作为吉祥的象征，为广东一带传统的年花，每到节日为大型插花所不可缺少的材料。倒挂金钟花形奇特，花色鲜艳，极为雅致，适合室内盆栽观赏，用于装饰阳台、窗台、会场、书房等，也可吊挂于防盗网、廊架等处观赏。

粉白色倒挂金钟

紫红色倒挂金钟

【药用价值】

倒挂金钟还是一种传统中药材，味辛、酸，性微寒，归肝、心包经，具有活血散瘀、行血去瘀、凉血祛风的功效。主治月经不调、经闭症瘕、产后乳肿、皮肤瘙痒、痤疮等病症。

纯天然倒挂金钟生于高山森林中，2年开花1次，具有减肥消斑、美容养颜、去火、平肝明目等功效。

倒挂金钟对肾亏、肾虚引起的腰腿酸痛、四肢痉挛、坐卧难支、尿频尿浊有明显的治疗作用。将灯笼花与绿茶加在一起冲泡，以适宜的水温泡开，一杯透明的茶水里有嫩叶与灯笼载沉载浮，极为赏心悦目。

大岩桐
——娇美雅致花连绵

学　名：*Sinningia speciosa* Benth
别　名：落雪泥，六雪泥
科　属：苦苣苔科，苦苣苔属

大岩桐原产巴西，现在栽植的大多是经过多次杂交育种的园艺品种。性喜温暖、高湿和荫蔽的环境，忌阳光直射，不耐寒。通风不宜过多，喜轻松、肥沃、排水良好又有保水能力的腐殖质土壤。要求冬季休眠期保持干燥温度。

大岩桐为多年生肉质草本植物，具肥大扁球形块茎，全株有粗毛，株高12～25厘米，地上茎极短。叶大而肥厚，色翠绿，叶对生，长椭圆形，

大岩桐花姿

大岩桐花丛

叶背稍带红色，边缘有钝锯齿。花梗较长，自茎中央或叶腋间抽生出来，一梗一花，花朵大而鲜艳美丽，花冠阔钟形，呈丝绒状，花冠浅五裂，花色有白、粉、墨红、紫、红、青色等。

养 大岩桐的繁殖

【播种繁殖】

大岩桐播种繁殖，以春、秋两季为宜。春季播种植株小而花少，不及秋播植株生长好、开花多。大岩桐种子细小，为避免播种过密，可把种子与沙子掺和后均匀撒播于装有培养土的浅盆中，培养土可以用马粪土或腐叶土3份、沙子2份配制，混合过筛装盆平整。播后覆以薄土，或不覆土，轻轻镇压即可。覆盖玻璃或塑料袋，用浸盆法浸水。发芽温度控制在18～25℃，1～2周出苗，发芽后除去玻璃或塑料袋，注意避免强光直射，经常往地面洒水，增加空气湿度，适当通风，以利幼苗生长。

【扦插繁殖】

扦插繁殖用叶插于春季进行，是在少量繁殖或需保留原品种时采用的方法。选取生长健壮叶片，连叶柄一起剪下，将叶片剪去一部分，叶柄基部修平，斜插于温室沙床中，保持25℃高温高湿并适当遮阴，不久，叶柄基部即生根成活，但后期生长缓慢。除叶插外，还可采用球茎栽植后其上发生的新芽扦插，也可成活。当球茎发新芽后，除留1～2个壮芽以外，其余均应抹去（抹去的芽可作扦插用）。

紫白双色大岩桐

粉白双色大岩桐

【分球繁殖】

选经过休眠的2～3年生老球茎，于秋季或12月至翌年3月先埋于土中浇透水并保持室温22℃进行催芽。当芽长到0.5厘米左右时，将球掘起，用利刀将球茎切成2块至4块，每块上须带有一个芽，切口涂草木灰防止腐烂。每块栽植一盆，即形成一个新植株。

大岩桐的养护管理

【肥水管理】

施肥：大岩桐喜肥，栽植时应施腐熟的堆肥或厩肥。栽植深度以稍露球茎为宜，不宜过深，过深则生长不良或腐烂。生长期每2周追施加5倍水的腐熟人畜粪尿液1次或加20倍水的腐熟饼肥上清液1次，勿使肥水洒到叶面上，以免灼伤叶片。

浇水：生长期必须保持空气湿润，经常用水喷洒周围地面，施肥后必须喷水清洗。浇水应适量，土壤过湿，根系、球茎易腐烂。

【光照温度】

生长适温为18～23℃，高温期注意通风、降温，花盛开时停止施肥，花蕾抽出时温度不可过高，否则花梗细弱。休眠期温度可保持在10～12℃。将其置于阳光下，在不引起叶片灼伤的情况下，充分满足其对光照的需求，可促株型矮壮，节间密实，开花更多。过分追求光照，而不考虑光照强度，叶片会出现生理性黄化，远不如遮阴环境下叶片碧绿光润，生机盎然。

炫丽大岩桐

大岩桐花束

【病虫害防治】

大岩桐生长期间，常有尺蠖吃叶中嫩芽，危害严重，应立即捉除，并喷90%敌百虫1000倍液防治。高温多湿时，大岩桐易受霉菌危害，应把凋枯的植株清除，将盆放在通风良好的半阴处。

【花语寓意】

　　大岩桐花语：欲望、华丽之美，代表欣欣向荣的追求精神，拥有典雅端庄的气质。

【观赏价值】

　　大岩桐花大而美丽，开花自春至秋不断，是家庭室内盆栽、花坛节日点缀的有名观赏花卉。

石莲花

—— 莲花雅致永不凋

学　名：*Graptopelaum paraguayense*
别　名：莲花掌、宝石花、石莲掌
科　属：景天科，石莲花属

　　石莲花原产墨西哥，现世界各地均有栽培。性喜温暖环境，喜充足光照，耐干旱，怕涝。适宜疏松、排水良好的泥炭土或腐叶土加粗沙混合壤土。石莲花常用作盆栽观赏，亦适于布置春季花坛，在温带地区是布置岩石园的好材料。

　　石莲花为多年生肉质草本植物，茎短粗，多分枝，丛生，圆柱形，节间短，柔软，肉质，茎有苞片且带白霜。叶片直立，肥厚，排列紧密成

石莲花花姿

石莲花盛景

莲座状，倒卵形，先端尖，无毛，灰绿色，表面被白粉，略带紫色晕，平滑有光泽，似玉石。花梗自叶丛中抽出，总状聚伞花序顶生，着花8～24朵，花萼5，粉绿色，花瓣5，粉红色，花期4～6月。

养 石莲花的繁殖

【扦插繁殖】

　　石莲花的繁殖主要采取叶片插法，一般在春、秋季把完整的成熟叶片平铺在湿润的沙土上，叶面朝上，叶背朝下，不用覆土，再放置在阴凉处，10天左右叶片基部即可长出小叶丛和新根。或从老株上剪取萌蘖的新株扦插都极易成活。在20～24℃和湿润的条件下，约半月即可生根萌芽。

【分株繁殖】

　　石莲花分株繁殖即把根颈处萌发的小苗掰下，

石莲花美姿

炫丽石莲花

直接栽于盆中即可。用粗沙和壤土等份混合作盆土，扦插苗上盆成活后给予充足光照，适当追施0.3%尿素澄清液肥，每2～3年换盆1次，换盆时施放占盆土5%的饼肥和0.5%的骨粉作底肥。越冬温度在5℃以上。

石莲花的养护管理

【肥水管理】

施肥：在北方宜温室盆栽。每年3～4月间换盆，加些磷肥。它虽然是耐阴植物，但荫蔽时间过长叶片会稀疏而失去原来风采。生长期每月施肥1次，以保持叶片青翠碧绿。但施肥过多，也会引起茎叶徒长。2～3年生的石莲花，植株趋向老化，应培育新苗及时更新。

浇水：生长期以干燥环境为好，不需多浇水。盆土过湿，茎叶易徒长，反使观赏期缩短。特别在冬季低温条件下，水分过多根部易腐烂，变成无根植株。盛夏高温时，也不宜多浇水，可少些喷水，切忌阵雨冲淋。

【光照温度】

石莲花喜温暖干燥和阳光充足的环境，但怕烈日曝晒。长期放荫蔽处的植株易徒长而叶片稀疏。冬季入室保温，室温在5～10℃石莲花处于半休眠状态，应严格控制浇水，温度在10℃以上时可缓慢生长。

【病虫害防治】

石莲花易受根结线虫、锈病、叶斑病、黑象甲等危害。黑象甲可用25%西维因可湿性粉剂500倍液喷杀。根结线虫用3%呋喃丹颗粒剂防治。锈病和叶斑病可用75%百菌清可湿性粉剂800倍液喷洒防治。

【花语寓意】

石莲花花语：顽强、富贵、永恒。

【观赏价值】

石莲花因莲座状叶盘酷似一朵盛开的莲花而得名，被誉为"永不凋谢的花朵"。石莲花株形奇特，肥厚如翠玉，姿态秀丽，宛如玉石雕刻成的莲花座，华丽雅致，四季碧翠，深受大家的喜爱。在热带、亚热带地区可露地配植或点缀在花坛边缘、岩石孔隙间，北方则盆栽观赏，置于桌案、几架、窗台、阳台等处，充满趣味，如同有生命的工艺品，是近年来较流行的小型多肉植物之一。

【药用价值】

石莲花全草药用，味甘、淡、性凉，主入肝、肾二经，有平肝、凉血功效，可治肝病、肝硬化、高血压，可治尿酸和痛风为其特殊之处，另外对于赤白带等妇女症、黑斑、肝斑等都有显著疗效。

石莲花食用方法：直接摘下叶片洗净即可嚼食，也可直接沾梅子粉、果糖或蜂蜜食用，味道如莲雾，具有清热解毒、降血糖、排尿酸、去尿毒的功效，亦可促进新陈代谢、养颜美容。

炫美石莲花

石莲花盆栽

盛夏 开花篇

石 竹
——繁香浓艳引蝶翩

学　名：*Dianthus chinensis*
别　名：中国石竹、洛阳石竹、中国沼竹、洛阳花、石柱花、石竹子花
科　属：石竹科，石竹属

须苞石竹

锦团石竹

石竹原产于我国东北、西北及长江流域，除华南较热地区外，几乎全国各地均有分布。喜阳光充足、凉爽的气候，耐干旱、耐寒，但不耐酷暑，夏季多生长不良或枯萎，栽培时应注意遮阴降温。石竹怕潮湿和黏质土壤，怕水涝，喜排水良好、疏松肥沃的土壤和干燥、通风的栽培环境，尤喜富含石灰质的肥沃土壤，在稍贫瘠的土壤上也可生长开花。石竹花日开夜合，若上午日照，中午遮阴，晚上露夜，则可延长观赏期，并使之不断抽枝开花。

石竹的园艺栽培品种很多，常见的有以下两种：一是须苞石竹，又名五彩石竹、美国石竹、十样锦；二是锦团石竹，又名繁花石竹。

石竹为宿根性不强的多年生草本花卉，通常作一、二年生栽培。株高20～45厘米，茎丛生，直立或基部匍匐，节膨大。叶对生，互抱茎节部，线状宽披针形，灰绿色。花顶生枝端，单生或成对簇生，有时呈圆锥状聚伞花序，花径约3厘米，散发香气，花瓣5枚，有紫、红、粉白等色，喉部有斑纹或疏生须毛，花瓣尖端有不整齐浅齿。花期5～9月，果熟期8～10月，果实为蒴果。蒴果包于宿萼内，成熟时顶端4～5裂。种子灰黑色，扁卵形，边缘有狭翅。

养 石竹的繁殖

【播种繁殖】

播种繁殖时间为9月初。播前1个月整地作床，因为石竹怕涝，故应作高床。温度在20℃左右时种子发芽率高，可达90%以上。播时种子混沙，以使撒播均匀，播后再用细沙土覆盖以不见种子为度。播种后保持床土湿润，5～7天即可发芽，10天后出苗整齐，即可移植，株距为30～40厘米，翌春开花。幼苗期环境温度控制在10～20℃有利于壮苗。温度过高，播种较密时易造成幼苗细弱徒长。

【扦插繁殖】

常夏石竹　　五彩石竹

一些重瓣品种结实率低，可以采用扦插繁殖。石竹虽属多年生花卉，但多年生习性不强，一般栽培2年后，芽丛密而细弱，生长不良。扦插时间为10月至翌年2月下旬到3月进行。扦插是利用生长季茎基部萌生的丛生芽条进行繁殖。在花期刚过时，将丛生芽条中粗壮嫩枝剪下，去掉部分叶片，剪成5～6厘米长小段，插于沙床或露地苗床，插后注意遮阴并保持空气湿度，一般15～20天便能生根，生根后再行移植。

石竹的养护管理

【定植管理】

当播种苗长出1～2片真叶时间苗，长出3～4片真叶时移栽。栽植前施足底肥，深耕细耙，平整打畦。于11月初定植，使其冬前发棵。定植时株行距20厘米×40厘米。移栽后浇水，喷施新高脂膜，提高成活率。

【肥水管理】

定植后每隔10天施用加5倍水稀释的腐熟人畜粪尿液1次，翌年3月施用加3倍水的液肥1次，以后停止施肥。也可在旺盛生长期每隔半月施1次稀薄液肥。但石竹栽培不宜过肥，尤其对氮肥敏感，应控制其施用量。

浇水应掌握不干不浇。秋季播种的石竹，11～12月浇防冻水，翌年春天浇返青水。要想多开花，可进行2～3次摘心，以促其多分枝，必须及时摘除腋芽，减少养分消耗。石竹花修剪后可再次开花。

【病虫害防治】

石竹在幼苗期常因排水不良而患立枯病，因此要注意雨后排涝，并可施用少量草木灰预防立枯病，病株应立即拔除。锈病用50%萎锈灵可湿性粉剂1500倍液喷洒，红蜘蛛用40%氧化乐果乳油1500倍液喷洒。

咏

【花语寓意】

石竹花语：纯洁的爱、才能、大胆、女性美。

丁香石竹：大胆、积极。

五彩石竹：女性美。

香石竹（又名康乃馨）：母亲的爱，纯洁的爱。

丁香石竹

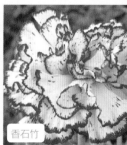
香石竹

赞

【观赏价值】

宋代王安石爱慕石竹之美，又怜惜它不被人们所赏识，写下《石竹花二首》，其中之一"春归幽谷始成丛，地面纷敷浅浅红。车马不临谁见赏，可怜亦能度春风"。

唐代司空曙在《云阳寺石竹花》写道："一自幽山别，相逢此寺中。高低俱出叶，深浅不分丛。野蝶难争白，庭榴暗让红。谁怜芳最久，春露到秋风。"作者以悠闲的心情描绘出石竹的形态，以蝶、榴相比显示出对石竹的重视。

石竹花海

石竹及其他石竹类花卉，植株低矮，多为丛生状，并且花朵繁密，花色艳丽，适宜作花坛镶边材料、自然花境或作节日用花。也可栽植花径、岩石园作点缀或盆栽作切花栽培。

【经济价值】

石竹全草含皂苷、挥发油，可以全草或根入药，具有清热利尿、散瘀消肿、破血通经的功效。《本草备要》说："降心火，利小肠，逐膀胱邪热，为治淋要药。"

石竹能吸收二氧化硫和氯气，因此多加种植能起到净化空气的作用。

矢车菊

—— 幸福优雅美矢车

学　名：*Centaurea cyanus* L.
别　名：蓝芙蓉、翠兰、香矢车菊、荔枝菊
科　属：菊科，矢车菊属

矢车菊花丛

矢车菊花姿

矢车菊原产于欧洲东南部、北美、中亚及西伯利亚等远东地区，在我国新疆、山东、青海、甘肃、陕西、河北、江苏、湖北、湖南、广东及西藏等多地也有栽培。矢车菊喜冷凉气候，耐寒力强，忌炎热和阴湿，在高温酷暑季节生长不良。矢车菊适应性强，喜肥沃和排水良好的沙质土壤，也能在稍贫瘠的土壤上生长。喜光，须栽在阳光充足的地方。不耐涝，在阴湿地种植生长不良，常因阴湿烂根而导致死亡。

矢车菊为一年生草本花卉。株高40~70厘米，茎分枝多，细长。全株被白色棉毛，株形抱合而上。叶互生，具深裂或羽裂；下部基生叶为披针形，全缘。头状花序单生于枝顶，径3~5厘米，有长柄，花序边缘为漏斗状小花，6裂。花色有蓝、紫、红、粉、白等色，以蓝色最为常见。花向外伸展，中央筒状花细小。矢车菊花期6~7月，花期长，但群体花期不长。瘦果长卵形，土黄色，下部有一缺刻。

矢车菊的繁殖

【播种繁殖】

矢车菊春、秋播均可，以秋播最好。9月初播于露地苗床，适当覆盖或设风障保护越冬，初夏开花。春播宜早，于土壤解冻后进行。矢车菊为直根系，不耐移植，可露地直播，苗期适当间苗，6月即可开花，夏季炎热时枯死，花期短而生长差。矢车菊如果过分成熟，种子易散落，但种子成熟期较整齐，也可整个植株割下，一次性采种。整地后又可在栽培矢车菊的地块栽植其他夏秋开花的花卉。

为了延长矢车菊的观花期，除秋播外，还可采用春播和夏播。如果4~5月播种，当年7~10月便开花。7月用当年成熟的种子播种，一般于9月以后即可开花，露地栽培的可持续到霜降。10月中、下旬将地栽的植株移栽入花盆内入室过冬，或8月在盆内直接播种，入冬前入室。冬季只要室温保持在8~15℃，适量浇水与施少量稀薄复合肥，放置在阳光充足处，也能使矢车菊开花。这种分期分批的播种方法，可以有效地延长矢车菊的观花期。

蓝白色矢车菊

白色矢车菊

矢车菊的养护管理

【定植管理】

选疏松、肥沃土壤作床，播种后覆土约0.2厘米。待幼苗本叶发至6~7枚时移植，盆栽每个直径13~17厘米盆植一株。幼苗定植成活后，摘心1次，促使多分枝，能多开花，反之若分枝过多，必要时应摘去部分侧芽，可获得较大花朵。

【肥水管理】

施肥：矢车菊喜肥，定植前或直播前施入基肥，可不必追肥。也可在旺盛生长季每隔半月左右施1

次腐熟的稀薄饼肥水或三要素稀释液。若是叶片太繁茂时，则应减少氮肥的比例，花茎初现时增施1次0.5%～1%过磷酸钙，使花朵硕大、花色更艳丽。

浇水：原则上每日1次即可，但夏日较干旱时可早、晚各浇1次，以保持盆土湿润并降低盆栽的温度，但忌积水。

【花期管理】

矢车菊能自然发出侧枝，侧枝多则花朵较小，必要时可摘去部分侧芽，只留较少的分枝，则可获得较大的花朵。矢车菊为长日性植物，冬季时日照时间较短，夜间若使用植物灯补充照明，可以使开花提早。

【病虫害防治】

矢车菊易受曲缩病侵害，一旦发现病株，应立即拔除，集中销毁。菌核病可用70%的托布津可湿性粉剂1000倍液喷洒植株中下部。霜霉病可喷洒1∶1∶100波尔多液，或65%代森锌可湿性粉剂500～800倍液，或40%乙磷铝200～300倍液，或25%瑞毒霉800～1000倍液等药剂防治。

蓝色矢车菊

黄色矢车菊

咏

【花语寓意】

矢车菊花语：遇见，细致，优雅和幸福。

【美丽传说】

在一次德国内战中，王后路易斯被迫带着两个王子逃离柏林。半途之中，车子坏了，王后与两个王子下车，在路边看见大片蓝色的矢车菊，两个王子高兴极了，就在矢车菊花丛中玩耍。王后路易斯用矢车菊花编织了一个美丽的花环，给9岁的威廉带上，十分美丽。后来，威廉成了统一德国的第一个皇帝，但他总是忘不了童年逃难时，看到盛开的矢车菊的激情，忘不了母亲给他用矢车菊编成的美丽的花环，他深深地热爱着矢车菊，认为它是吉祥之花。因此，矢车菊被推为德国国花。

紫色矢车菊

矢车菊花海

赞

【观赏价值】

矢车菊矮型株仅高20厘米，可用于花坛、草地镶边或盆花观赏。高型株植株挺拔，花梗长，适于作切花，也可作花径材料或与其他草花配合布置花坛及花境。矢车菊株型飘逸，花态优美，非常自然，也可片植于路旁或草坪内。

【经济价值】

矢车菊可泡茶。取四茶匙矢车菊，用开水冲泡即可。淡紫色的茶汁若添加少许蜂蜜更能增加风味。

矢车菊具有养颜美容、放松心情、帮助消化、使小便顺畅的功用。

矢车菊既是一种观赏植物，同时也是一种良好的蜜源植物。

矢车菊纯露是很温和的天然皮肤清洁剂。

矢车菊全草浸出液可以明目。瘦果含油率28%。

花水可用来保养头发，舒缓风湿疼痛。有助治疗胃痛，防治胃炎、胃肠不适、支气管炎。

凤仙花
——点缀环境染景色

学　名：*Impatiens balsamina* L.
别　名：季季草、小桃红、指甲花、金凤花、急性子、透骨草
科　属：凤仙花科，凤仙花属

凤仙花原产于我国南部，印度和马来群岛也有分布，现在我国中南部地区和世界各地广为栽培。凤仙花性喜温暖湿润、日照充足的环境，忌炎热，生长适温为15～25℃。因为茎部肉质肥厚，在夏季炎热干旱时，易落叶并逐渐凋萎，在阴湿环境下易徒长、倒状，开花不良，因此夏季要求凉爽并适当遮阴。凤仙花不耐寒冷，适生于疏松肥沃、微酸且排水良好的沙质土壤中，也耐稍贫薄。凤仙花适应性较强，移植易成活，生长迅速。

凤仙花品种丰富，其中种植广泛的主要有顶头凤仙（又叫拦头凤仙）、矮生凤仙和龙爪凤仙等。

顶头凤仙

矮生凤仙

龙爪凤仙

凤仙花为一年生草本植物，株高30～80厘米。茎肉质富含水分，节部膨大、粗壮、光滑、直立，茎色常与花色有关，茎部青绿色或红褐色至深褐色。叶互生，披针形，边缘有锯齿，叶柄有腺体。花大、单生或数朵簇生叶腋，花色繁多，有白、粉、雪青、红、紫及杂色等，花瓣大，共5枚。花期6～8月，蒴果肉质、纺锤形、有绒毛，种子圆形、褐色，千粒重10克左右，成熟时易爆裂出，可在蒴果稍发白时采收。采收后的果实应充分翻晾，并及时清除已经开裂的果皮，否则肉质果皮水分很多，易引起霉烂。

凤仙花的繁殖

【播种繁殖】

凤仙花以播种繁殖为主，同时具有自播繁殖能力，对土壤适应性很强。3～9月进行播种，其中以4月播种最为适宜，移栽则不择时间。凤仙花种子大且发芽迅速整齐，生长期在4～9月，种子播入盆中后一般1周左右即发芽长叶，幼苗生长极快，一般不必温室育苗。长到20～30厘米时摘心，定植后，对植株主茎要进行打顶，增强其分枝能力，使株形丰满。

7月中旬开花，花期保持40～50天。如果要保证国庆用花，则应于7月中、下旬播种，10月初即可开花。为了国庆期间用花，除选择较耐热的品种外，也可以于6月播种，7～8月将小苗放在海拔800米左右的山上越夏。

凤仙花发芽

凤仙花小苗

凤仙花初蕾

凤仙花的养护管理

【定植管理】

播种苗高5厘米或长出2～3片叶时就要开始移植，12厘米左右时定植。由于幼苗生长迅速，要及时间苗，保证株行距为（30～40）厘米×（30～40）厘米。栽种凤仙花一般要选择土壤肥沃、土质疏松、土层深厚的地块，防止积水和通风不良，宜选用含有机质丰富、通透性好的培养土，可加入适量的羊粪等做底肥。

【肥水管理】

施肥：在生长期间注意施肥，每隔半月施用加5倍水的腐熟人畜粪尿液1次，或每20～30天施肥1次，各种有机肥料或氮、磷、钾肥料均佳，为控制株高和株形，除前期多施氮肥外，成株后氮肥要控制施用，可增加磷、钾肥，能促进多开花，若生长已茂盛则免施肥也能开花。孕蕾前后施1次磷肥及草木灰。

浇水：播种前应将苗床浇透水，使其保持湿润。生长季节保证水分的供应，每天应浇水1次，尤其夏季高温时浇水要及时并充足，每天应浇水2次，同时也要注意遮阴。夏季阴雨连绵应注意排水。总之不要使盆土干燥或积水。盆土干燥植株极易萎蔫，待表现出萎蔫时再浇水很容易引起植株腐烂。整个生长季节要保持一定的空气湿度，夏季可以向叶面和地面喷水，以增加空气湿度，保持周围环境湿润。

【光照温度】

凤仙花适宜生长温度为16～26℃，花期环境温度应控制在10℃以上。冬季要入温室，防止寒冻。凤仙花喜光，也耐阴，每天要接受至少4小时的散射日光。夏季要进行遮阴，防止温度过高和烈日暴晒。而冬春季节凤仙花需充足的光照，因此不需遮阴。

【摘心促花】

盆栽凤仙花开后可将主茎打顶剪去花蒂，并摘除主茎及分枝基部花朵，不让开花结籽，直至植株长成丛状为止，则所有分枝顶部能同时开花繁盛，增加观赏价值。基部开花随时摘去，这样也可促使各枝顶部陆续开花，但容易变异。花坛用植株为促开花也可作同样处理。

【病虫害防治】

凤仙花栽植过密或遇阴天、夏天通风不良易患白粉病，可用甲基托布津可湿性粉剂1000～1500倍液喷治，并及时拔除销毁病害植株、病叶等。如发生叶斑病，可用50%多菌灵可湿性粉剂500倍液防治。

凤仙花主要虫害是红天蛾，其幼虫会啃食凤仙叶片，可喷洒2.5%的溴氰菊酯4000倍液防治。蚜虫、盲蝽用40%氧化乐果乳油2000倍液喷杀。

【花语寓意】

花型似凤尾，种子成熟后果荚一触即破，因此，其花语为不要碰我。

凤仙花另一种花语为怀念过去。

【诗词歌赋】

凤仙花自古就被文人墨客所推崇，流传了很多赞美、感叹凤仙花的诗词。如唐朝李贺的《宫娃歌》、宋朝晏殊的《金凤花》、元朝杨维桢的《凤仙花》、清代刘灏《凤仙花》等。

【历史传说】

相传很早很早以前，在福建龙溪有个叫凤仙的姑娘，秉性温柔善良，与一个名叫金童的小伙子相爱。一天，县官的儿子路过此地，见凤仙漂亮可爱，前来调戏，被凤仙臭骂一顿。凤仙知道闯了大祸，于是决定与金童一起投奔外地。凤仙带着父亲，金童带着母亲连夜启程远走他乡逃难。途中金童的母亲患病，闭经腹痛，荒山野岭又无处求医访药，四人只好停步歇息。

县官命手下前来捉拿凤仙，眼看就要追上，无奈之中凤仙、金童拜别父母，纵身跳入万丈深渊，以示忠贞。两位老人强忍悲痛，将凤仙、金童二人合葬。晚上凤仙和金童托梦给父母，告之山涧开放的花儿能治母亲的病。次日醒来，果见山涧满是红花、白花，红似朝霞，白似纯银。老人采花煎汤，服后果真药到病除病愈。后来，人们就把这种花命名为凤仙花以示纪念。

【观赏价值】

　　凤仙花在我国各地庭园广泛栽培，为常见的观赏花卉。凤仙花如鹤顶、似彩凤，姿态优美，妩媚悦人。凤仙花因其花色、品种极为丰富，可作花坛、花境材料或盆栽、丛植，也可用作空隙地绿化，还可作切花水养。

粉色凤仙花

红色凤仙花

紫色凤仙花

【药用价值】

　　凤仙花是著名中药。花入药，可活血消胀，治跌打损伤、瘰疬痈疽，疔疮。花外搽可治手足癣，又能除狐臭；种子煎膏外搽，可治麻木酸痛。

　　常用验方如下。

　　① 治妇女经闭腹痛：凤仙花3～5朵，泡茶饮。

　　② 治水肿：凤仙花根每次4～5个，炖猪肉吃。

　　③ 手足癣、灰指甲：鲜凤仙花数朵，外擦。

　　④ 治毒蛇咬伤：鲜凤仙全株150克，捣烂绞汁服，渣敷患处；或用凤仙花加酒捣汁服。

　　⑤ 百日咳、呕血、咯血：鲜凤仙花7～15朵，水煎服。

　　⑥ 治跌打损伤：凤仙茎叶，捣汁，黄酒冲服。

【食用价值】

　　凤仙花嫩叶可焯水后加油盐凉拌食用，也可在煮肉、炖鱼时，放入数粒凤仙花种子，肉易烂、骨易酥，别具风味。

【美容价值】

　　凤仙花颜色艳丽，用它来染指甲既能治疗灰指甲、甲沟炎，又是纯天然、对指甲无任何伤害的染色方法。叶子也可以拿来染色，用它来染指甲在我国也有很长的历史。凤仙花其本身带有天然红棕色素，也可用于染发，是一种纯天然、对身体没有任何伤害的植物染发法，染出来的效果还是时尚的红棕色。

鸡冠花

—— 鸡冠火红映挚爱

学　名：*Celosia cristata* L.

别　名：红鸡冠、鸡公花、鸡髻花、老来红、鸡冠海棠

科　属：苋科，青葙属

识

　　鸡冠花原产非洲、美洲热带和印度，现我国各地区均有栽培。鸡冠花喜阳光充足、温暖、干燥的

气候，怕涝耐旱，不耐寒，一旦霜期来临，则植株受冻枯死。忌连作，直根系，不耐移植。生长迅速，能自播繁衍，鸡冠花为异花授粉植物，品种间极易天然杂交。喜肥，不耐贫瘠。适宜于在土地肥沃、排水良好的沙质壤土中种植。一般庭院土壤都能种植，是当前发展庭院经济的一种新途径。

球状花型

羽状花型

矛状花型

鸡冠花为一年生草本植物，株高40～90厘米，茎直立粗壮，光滑无毛，上部扁平，有棱状纵沟。单叶互生，呈长椭圆形至卵状披针形，全缘，绿色或带红色。基部渐窄而成叶柄。茎顶或分支末端生扁平穗状花序，肉质、扁平而肥厚，如鸡冠，故名鸡冠花，上端宽，有皱褶，密生线状鳞片，下端渐窄，常残留扁平的茎。花色有紫、橙、白、红、黄等色，中部以下密生多数小花，每花宿存的苞片及花被片均呈膜质。花期夏、秋季直至霜降。种子扁圆形、黑色、有光泽、轻且柔韧。

养 鸡冠花的繁殖

【播种繁殖】

鸡冠花由于品种不同，播种期有差异。高大品种因生长期长，宜3月播种于温床，如播种过晚常因秋季寒冷而结实不佳，花期也短。一般品种可于4～5月播于露地苗床。播种采用室内盆播或箱播，施足基肥，种子较小，播后覆土不应过厚，不露出种子为宜，压实浇透水。白天温度保持在21℃以上，夜间17℃以上，10～15天可出苗，出苗后适当间苗，当幼苗生出数片真叶时，带土移栽。种子发芽及幼苗的生长均要求较高的温度和充足的光照。在北方寒冷地区，播种过早常因光线不足、水分过多、温度较低等原因，生长不良，甚至腐烂死亡，从而达不到提早育苗的目的。

鸡冠花花姿

鸡冠花花丛

鸡冠花的养护管理

【定植管理】

幼苗长出真叶或苗高5～6厘米时，进行移植，也可待苗稍大些，4～6片真叶时直接上钵。在潮湿、低温季节移苗时，栽植过深容易出现根茎腐烂现象，还要适当控制浇水。7月初将幼苗带土团定植于露地，株行距为（25～35）厘米×（25～35）厘米，保持土壤湿润可使花期长、开花良好。幼苗期一定要除草松土，封垄后适当打去老叶。开花抽穗时，如果天气干旱，要适当浇水，雨季低洼处严防积水。抽穗后可将下部叶腋间的花芽抹除，以利养分集中于顶部主穗生长。

【肥水管理】

施肥：鸡冠花喜肥，基肥要充足，生长期每隔半月施用加10倍水的腐熟人畜粪尿液1次，注意避免沾污叶片，影响美观。等到"鸡冠"形成后，用氮、磷、钾肥料混合液每半月追肥1次。留种用的应隔离种植，避免杂交。

浇水：鸡冠花怕涝，但在生长旺期耗水量大，应注意保持土壤肥沃湿润且排水良好，雨季注意排涝。开花后控制浇水，天气干旱时适当浇水。

【病虫害防治】

鸡冠花易遭受蚜虫虫害和立枯病害。蚜虫可用1：1000的乐果稀释液喷杀，或用90%敌百虫800倍液喷杀。如排水不良则易感染立枯病，可用波尔多液连喷2～3次，每隔10天1次，并及时拔除病株，进行土壤消毒。

【花语寓意】

鸡冠花花语：真挚的爱情；爱打扮、趾高气扬；爱美、矫情；不死；我引颈等待。

因为鸡冠花经风傲霜，花姿不减，花色不褪，被视为永不褪色的恋情或不变的爱的象征。在欧美，第一次赠给恋人的花就是火红的鸡冠花，寓意真挚的爱情。

【诗词歌赋】

古人吟咏叹赏鸡冠花的诗词很多。如唐代罗邺诗云："一枝浓艳对秋光，露滴风摇倚砌旁。晓景乍看何处似，谢家新染紫罗裳"；宋代钱熙："亭亭高出竹篱间，露滴风吹血未干。学得京城梳洗样，染罗包却绿云鬟"；清代张邵："斗风有胄红缨乱，啼月无声翠羽垂"；明代解缙："鸡冠本是胭脂染，今日如何浅淡妆？只为五更贪报晓，至今戴却满头霜。"

在这类隐喻性描写中，糅进了对君子处世不随波逐流的人格品质的赞美，从而大大丰富了鸡冠花的品赏内涵。

【由来传说】

明代还有一个有趣的传说。一天，皇上想试试翰林学士解缙的文才，于是让他以鸡冠花为题作诗一首。解缙当然不含糊，脱口便出："鸡冠本是胭脂染，……"哪知话音刚落，皇上忽然从衣袖中取出一朵早就准备好的白鸡冠花，笑着对他说："这是白的。"解缙见了灵机一动，马上改口吟道："今日如何浅淡妆？只为五更贪报晓，至今戴却满头霜。"非常巧妙地把刚开了头吟咏的红鸡冠花，换成了白鸡冠花。皇上和在场的人无不佩服解缙的机敏和才情。

鸡冠花花海

紫色鸡冠花

【观赏价值】

鸡冠花的品种多，因其花序红色、扁平状，形似鸡冠而得名，享有"花中之禽"的美誉。株型有高、中、矮三种；花序形状有鸡冠状、绒球状、火炬状、羽毛状等；花色有鲜红色、橙黄色、暗红色、紫色等；叶色有深红色、翠绿色、红绿色等，是夏秋季节花坛、花境、花带的常用花，也可做切花、干花和盆栽，切花瓶插能保持10天以上。

【园林应用】

鸡冠花对二氧化硫、氯化氢具良好的抗性，可起到绿化、美化和净化环境的多重作用，称得上是一种抗污染环境的大众观赏花卉，适宜作厂矿绿化使用。

【药用价值】

鸡冠花味甘、性凉，有收敛止血、止带、止痢的功用，可用于治疗吐血、痔血、崩漏、便血、赤白带下、久痢不止。

【食用价值】

鸡冠花营养全面，风味独特，堪称食苑中的一朵奇葩。花玉鸡、红油鸡冠花、鸡冠花蒸肉、鸡冠花豆糕、鸡冠花籽糍粑等美食，各具特色，又都鲜美可口，令人回味。

半支莲
—— 多彩花朵生命强

学　名：*Portulaca grandiflora*
别　名：太阳花、龙须牡丹、洋马齿苋
科　属：马齿苋科，马齿苋属

识

半支莲属强阳性植物，喜欢温暖、阳光充足和稍干燥的环境。不耐寒，不耐阴湿，忌酷热。对土壤要求不严，耐贫瘠，栽培以土层深厚、疏松、肥沃、排水良好的沙质壤土或腐殖质壤土为好。土壤黏重和低洼易积水的地块不宜种。其常野生于丘陵和平坦地区的田边或溪沟旁。

白色半支莲

半支莲花姿

半支莲为一年生肉质草本花卉。株高10～20厘米，茎肉质圆形，匍匐状或斜伸，多数带紫红色，多分枝。单叶互生或散生，叶片肉质圆柱形，绿色。花一至数朵簇生于枝顶，花径2.5～4.0厘米，基部有8～9枚轮生的叶状苞片。单瓣、半重瓣或重瓣，花色鲜艳丰富，有红、黄、紫、白等色以及一些中间色。其花朵于阳光充足的上午逐渐开放，午后至傍晚陆续凋谢，故而又称午时花、太阳花。花、果期6～9月，蒴果圆形，盖裂，种子细小，具银灰色金属光泽。

养 半支莲的繁殖

【播种繁殖】

半支莲种子细小，要求播种地表土细平，播种前用60℃的水浸种24小时，捞出稍晾，按1∶100的比例与细沙土（过细筛）混合均匀，再均匀撒入畦内。如此撒播种子发芽整齐，播种不宜过密，播后不覆土或稍覆土，以土表不露种子为宜，上盖草苫或农膜。播种在4～5月进行，播于露地苗床，7～8天后即可出苗。苗出全后揭去覆盖物，随即喷1次水，以后隔3～4天喷浇1次水。苗高5厘米时向大田移栽，于5月中、下旬定植，行株距各20厘米，每穴1株。半支莲也可自播。

【扦插繁殖】

半支莲扦插繁殖极易成活，春、夏、秋三季均能扦插育苗，插入稍湿润的土壤中，盆栽或花坛均可直接插枝。夏秋扦插，土壤不可太潮湿，否则易腐烂。7～8月生长期剪取嫩枝扦插，1周左右即可生根成活，故得名"死不了"。

半支莲的养护管理

【肥水管理】

施肥：每隔半月可施用加5倍水的腐熟人畜粪尿液1次，进入花期要注重追施磷钾肥，每20～30天追肥1次。施后覆土并培土，以利保温防寒。大苗期的半支莲生长迅速，开花旺盛。

浇水：半支莲较耐旱，怕积水，天旱时适当补充水分。苗期要经常保持土壤湿润，不能缺水。遇干旱季节应及时灌溉。雨季及每次灌大水后，要及时疏沟排水，防止积水淹苗。蒴果成熟后遇晴天易盖裂使种子散落，应在花瓣干枯易落时采摘。

【病虫害防治】

半支莲病虫害较少。白锈病用等量式波尔多液喷洒，虫害用10%除虫精乳油2500倍液喷杀。若苗期发现猝倒病或腐烂病，应控制浇水，使其充分见光，及时分苗，并在患处施以百菌清药土防治。

 咏

【故事传说】

半支莲又名韩信草。相传，汉朝开国元勋大将军韩信幼年丧父，青年丧母，家境贫寒，靠卖鱼苦苦度日。一天，韩信在集市卖鱼时，被几个无赖打了一顿，卧床不起。邻居赵大妈送饭照料，并从田地里弄来一种草药，给他煎汤服用，没过几天，他就恢复了健康。后来，韩信入伍从军，成为战功显赫的将军，他非常爱护士兵，每次战斗结束后，他一面看望伤员，一面派人采集赵大妈给他治伤的草药，分到各营寨，用大锅熬汤让伤兵喝，轻伤者三五天就好，重伤者十天半月痊愈，战士们都非常感激韩信。

赞

【观赏价值】

半支莲适应性强，株形矮小，生长健壮，花色丰富，花朵娇美，是布置花坛、花台、花境、岩石园的常用植物，也可盆栽观赏，又是很好的阳台花卉。

【药用价值】

半支莲有清热解毒、活血化瘀、消肿止痛、抑菌、解痉祛痰、抗癌之功效，在大量医药名著上广有记载。如《南京民间药草》中记载半支莲破血通经。《泉州本草》中记载半支莲通络，清热解毒，祛风散血，行气利水，破瘀止痛。内服主治血淋、吐血、衄血，外用治毒蛇咬伤、痈疽、疔疮、无名肿毒。

常用验方如下。

① 治肝炎：鲜半支莲25克，红枣5个，水煎服。

② 治胃气痛：干半支莲50克，猪肚或鸡一只。水酒各半炖熟，分3次服。

③ 治咽喉炎、扁桃体炎：半支莲、鹿茸草、一枝黄花各15克，水煎服。

④ 治跌打损伤：半支莲捣烂，同酒糟煮热敷。

⑤ 治痢疾：鲜半支莲150～200克，捣烂绞汁服，或干全草50克，水煎服。

万寿菊
——长长久久菊花开

学　名：*Tagetes erecta* L.
别　名：臭芙蓉、蜂窝菊、臭菊花、黄芙蓉
科　属：菊科，万寿菊属

 识

万寿菊花姿

万寿菊花丛

万寿菊原产于墨西哥，现在我国各地均有栽培。性强健，生长迅速，喜阳光温暖，耐干旱，对土壤、水肥要求不严，以肥沃、排水良好的沙质壤土为好。耐移植，不耐寒，怕霜冻。栽培容易，病虫害较少。在多湿、酷暑季节里开花、生长不良。

万寿菊为一年生草本花卉。植株有矮、中、高三种。茎直立粗壮、光滑，有细棱线，基部常产生不定根，多分枝。叶互生或对生，羽状全裂，边缘有锯齿，叶缘背面有明显油腺点，有特殊浓烈臭味。头状花序单生于枝顶，花黄色或白色、橙黄色，花的直径6～10厘米。花型变化多，有平瓣形和长爪状瓣形等，以重瓣为主。花期6～9月，果熟期7～9月，瘦果黑色，种子长披针形，有膜质冠毛。目前深受欢迎的是矮生杂交种，株高25～35厘米，株形紧密，观赏价值较高，但采种后，后代易发生变化。

万寿菊的繁殖

【播种繁殖】

万寿菊以播种繁殖为主，也可扦插繁殖。播种于4月下旬至5月上旬进行，播于露地苗床。种子发芽力强，发芽整齐而迅速，在湿润土壤中2～3天即可发芽，1周内出苗整齐。为了控制植株高度可夏播，60天左右即可开花。

【扦插繁殖】

扦插在5～6月进行，插后2周生根，约1个月即可开花。夏季也可露地扦插，略予遮阴，极易成活。管理较简单，从定植到开花前每20天施肥1次；摘心促使分枝。

万寿菊的养护管理

【定植管理】

万寿菊栽培简单，移植易成活，生长迅速。当播种苗有5～7枚真叶时进行定植，株距最少应在30厘米，对早播者应于花前设立支架，以防倒伏，为增加分枝，可在生长期内进行摘心。万寿菊花期长，极少发生病虫害，幼苗茁壮，但后期易倒伏，因此要注意通风，并在生长后期适当控制水肥，抑制徒长。万寿菊夏季开花所结的种子发芽率比较低，故应采收9月以后开花所结的种子，并应选留新鲜、有光泽的种子为好。

黄色万寿菊

【肥水管理】

施肥：尽管万寿菊对土壤要求不严格，但栽植万寿菊时应以用树叶和草堆沤制的混合肥作基肥；如若盆栽，可在盆土中掺入少量的饼肥。生长期间每隔10天施用加10倍水稀释的腐熟人畜粪尿液1次。也可用氮、磷、钾肥料每月追肥1次，但生长后期应注意控肥，特别是氮肥和磷肥。

浇水：雨季注意排水防涝，水分过大生长不良，易发生植株枯萎、花絮腐烂的现象。

【病虫害防治】

万寿菊的病虫较少，幼苗易感染猝倒病、立枯病，一定注意土壤消毒，发病后立即喷洒1000倍70%甲基托布津可湿性粉剂或75%百菌清可湿性粉剂600倍液加以防治。生长期易受红蜘蛛危害，可喷洒1000倍的敌敌畏液，每周喷1次，连续喷3次即可。

咏

【相关历史】

万寿菊在非洲名为卡基布许，常见它垂吊于土著的茅屋下，以驱赶成群的苍蝇。它也被种在番茄、马铃薯和玫瑰之间，以防长成的花果成了小线虫的大餐，这一切显示，万寿菊应是种有效的杀虫剂。它也被制成油膏，用来杀死伤口中具破坏力的蛆。它的根和种子都有催泻的作用，可以借此来帮助身体排毒。

赞

【观赏价值】

万寿菊花期长，花大色艳，是花坛、花境的良好材料。矮生品种可做盆栽或花丛，高生品种作带状栽植可替代篱垣，也可作背景材料之用。作切花水养持久。

【经济价值】

万寿菊含有丰富的叶黄素。叶黄素是一种广泛存在于蔬菜、花卉、水果和某些藻类生物中的天然色素，它能够延缓老年人因黄斑退化而引起的视力退化和失明症，以及因机体衰老引发的心血管硬化、冠心病等症。

美国从20世纪70年代起就开始从万寿菊中提取叶黄素，最早是加在鸡饲料里，可以提高鸡蛋的营养价值。目前叶黄素广泛用于饲料添加剂、食品添加剂、化妆品、医药、水产品等行业中。国际市场上，1克叶黄素的价格与1克黄金相当。其精加工产品叶黄素软胶囊和叶黄素片剂或水剂，附加值更高。叶黄素也可用作饮料、冰点、糕点和油脂食品等的着色，为黄色着色剂。

【药用价值】

万寿菊有平肝清热、祛风、化痰的功效，可以用于治疗头晕目眩、风火眼痛、小儿惊风、感冒咳嗽、百日咳、乳痈、疖肿。

常用验方如下。

① 治百日咳：万寿菊15朵，煎水兑红糖服。

② 治牙痛、目痛：万寿菊25克，水煎服。外用可取花适量研粉，醋调匀搽患处或鲜根捣烂敷患处。

③ 治气管炎：鲜万寿菊50克，水朝阳15克，紫菀10克，水煎服。

④ 治肥腺炎、乳腺炎：万寿菊、重楼、银花共研末，酸醋调匀外敷患部。

金鱼草

—— 各色金鱼游花海

学　名：*Antirrhinum majus* L.
别　名：龙头花、龙口花、洋彩雀、狮子花
科　属：玄参科，金鱼草属

识

红色金鱼草　　　金鱼草花丛

金鱼草原产于地中海沿岸，非洲北部也有分布，是现今北方地区绿化中常用的一、二年生露地花卉之一。金鱼草性强健，有一定的耐寒性。喜凉爽，一般早霜不致冻死。喜阳光、稍耐半阴，忌酷热，幼苗期生长缓慢，喜肥沃且排水良好的肥沃土壤，若光照不充足，容易导致植株徒长，影响开花，也可在弱碱性土壤上正常生长。

多年生直立草本花卉，常作一、二年生花卉露地栽培。株高20～90厘米，分为高、中、矮三种类型。茎直立，下部叶对生，上部叶互生，叶矩圆状披针形，全缘。总状花序顶生，长达25厘米，花冠唇形筒状，有绒毛，花冠长3～5厘米，花色有白、红、粉、黄等色，也有复色。花期5～7月，蒴果卵球形，孔裂，种子细小，灰褐色。

养　金鱼草的繁殖

【播种繁殖】

金鱼草在南方作秋播二年生花卉，栽培幼苗可在冷床内越冬，春季开花。在北方寒冷地区宜春播。秋播8月末至9月上旬播种，发芽适温20℃左右，播后间苗1次，移植1～2次，翌年6～7月开花。金鱼草种子细小，发芽时喜光，因而采用混沙播种，混沙用的沙粒大小与种子近似，混沙量为能使种子均匀布满播种箱为宜。由于播种覆土薄或不覆土，种子易干燥，除播前将底土浇透水外，还要在播种箱上加塑料膜或无纺布覆盖，以利保湿，出苗后撤去。种子发芽率高，发芽整齐，在18～20℃条件下，5～7天出苗。

【扦插繁殖】

为保持优良性状或在缺少金鱼草种子时，可进行扦插繁殖。一般多于6～7月或9月扦插。插穗可以选用当年播种健壮小苗的腋芽。插穗长度为3～4节，尽量在节间下剪取，去掉下部叶片，保留上部1～2叶。然后用"根太阳"生根剂400倍液和黄泥混合成泥浆，将插穗剪口蘸点泥浆，待泥浆干后插育苗池内，扦插密度为2.5厘米×3.0厘米左右，以插穗的叶片相互碰到而又不重叠为标准，插入的深度控制在有一个节入土即可。插后8天就可移植，管理方便，可节省人力和物力。

金鱼草花海

金鱼草花姿

金鱼草的养护管理

【定植管理】

金鱼草幼苗耐移植，幼苗3～4片真叶时移苗，定植株距，矮型种15～18厘米，中型种25～30厘米，高型种40～50厘米。如果布置花坛，则栽植距离可缩小。移苗时不可栽植过深，否则遇低温、阴雨天，易发生烂根、烂茎现象。高型、中型品种适当摘心，可促生侧枝，增多花穗，但作切花则不摘心而摘侧枝培养独秆。金鱼草较耐寒，在4月中旬移入温床炼苗，5月中旬定植露地。

【肥水管理】

施肥：除栽前施足基肥外，常用腐熟的堆肥、饼肥等含氮、磷、钾丰富的肥料进行追肥。定植后，为了保证植株正常发育，应勤施追肥，一般生长期每10天施用1次加5倍水的腐熟人畜粪尿液。为使茎秆粗壮硬实，后期应酌情增加钾肥施用量。7月中下旬若进行重剪，并施清淡肥液1～2次，国庆节期间可再次开花。夏季高温季节金鱼草开花、生长不良，若在入秋后将残枝稍加修剪，并适当追肥，又可旺盛开花直至霜降。

浇水：定植后要浇1次透水，以后视天气情况而定，防止土壤过干与过湿。平时经常疏松盆土，适量浇水，冬季控制浇水，可使植株生长健康，花多而色艳。雨后要注意排涝。花后可齐地剪去地上部分，浇1次透水，之后需注意肥水管理，夏天适当遮阴降温，这样秋天又能开花。

【光照温度】

光照：阳光充足条件下，金鱼草植株生长整齐，高度一致，开花整齐，花色鲜艳。半阴条件下，植株生长偏高，花序伸长，花色较淡。金鱼草为长日照植物，虽然现在有许多中日性品种，但冬季进行4小时补光，延长光照可以提早开花。

温度：温室栽培温度保持夜温15℃，昼温22～28℃。温度过低，降到2～3℃时植株虽不会受害，但花期延迟，盲花增加，切花品质下降。

【病虫害防治】

危害金鱼草的害虫主要是蚜虫，防治方法是用1∶1000的敌敌畏溶液隔周喷洒1次，连续喷2～3次即可。立枯病、猝倒病是苗期发生的主要病害，用50%克菌丹500倍液或75%的百菌清800倍液喷洒。

白色金鱼草

粉色金鱼草

黄色金鱼草

紫色金鱼草

【花语寓意】

　　金鱼草花语：清纯的心。

　　白色金鱼草：心地善良。

　　红色金鱼草：鸿运当头。

　　粉色金鱼草：龙飞凤舞、吉祥如意。

　　紫色金鱼草：花好月圆。

　　黄色金鱼草：金银满堂。

　　杂色金鱼草：一本万利。

　　金鱼草寓意：有金有余，繁荣昌盛，是一种吉祥的花卉。

赞

【观赏价值】

　　金鱼草花色繁多，美丽鲜艳，夏秋开放，在我国园林中广为栽种。高、中型种可作花丛、花群及切花，中、矮型种可用于布置花坛和盆栽观赏。金鱼草与百日草、矮牵牛、万寿菊、一串红等配置效果尤佳。

　　金鱼草对有害气体抗性强，可栽植在工矿企业等污染地区。

【药用价值】

　　金鱼草全草入药，味苦，性凉。有清热解毒，凉血消肿的功能。外用于跌打扭伤、疮疡肿毒。种子可以榨油。

一枝黄花

—— 点点黄花现美景

学　名：*Solidago decurrens* Lour.

别　名：加拿大一枝黄花

科　属：菊科，一枝黄花属

识

一枝黄花花序

　　一枝黄花原产于北美洲，在欧洲及亚洲各地均有栽培。喜光照充足、背风凉爽、高燥的环境，生性较强健，耐寒，耐旱，对土壤选择性不强，但以疏松肥沃的壤土为好。

　　一枝黄花为多年生宿根草本花卉，株高1～2米，茎直立，光滑，单一或上部具分枝。叶卵形或长圆状披针形，具3行明显叶脉，叶边缘有粗锯齿或浅锯齿，叶背面有毛。头状花序排成总状或总状圆锥形，长1～2厘米，总苞倒圆锥形。花小，黄色，花期6～7月。

养 一枝黄花的繁殖

【分株繁殖】

　　以分株繁殖为主，也可采用播种繁殖，宜春、秋进行。成株宜2～3年分株1次。分株繁殖，于3～4月将母株的根掘起，分成4～6份，即可分栽。播种于4月上旬采用盆播或箱播方法，在室温15～18℃的条件下播种，保持盆土湿润，覆土稍厚，经10～15天出土。

一枝黄花的养护管理

【定植管理】

出苗后，幼苗生长缓慢，及时逐次地撤除覆盖物，约40天左右幼苗长出2～3对真叶时，进行移栽，1个月后定植。定植株行距为（40～50）厘米×（40～50）厘米。

【肥水管理】

定植时施足基肥，可施腐熟的堆肥，也可施饼肥（加水4成使之发酵，而后干燥），施用时埋入盆边的四周，经浇水使其慢慢分解不断供应养分。开花期追施1%尿素1～2次。当年开花结实较少，2年后苗生长逐年旺盛。花期7～8月。一枝黄花为宿根花卉，每年春季出芽前后植株周围施有机肥1次，若做切花生产则在花期前后适当追肥。

一枝黄花美姿

一枝黄花园地

【光照温度】

一枝黄花虽有一定耐寒力，但在北方寒冷的气候条件下，冬季仍有冻死的可能性。因而露地栽培应选择小气候条件较好，向阳、背风的高燥环境，以保证安全越冬。

【病虫害防治】

锈病、疮痂病，叮用50%姜锈灵可湿性粉剂2000倍液喷洒。卷叶蛾危害，用10%除虫精乳油3000倍液喷杀。

【观赏价值】

一枝黄花植株高大，花型优美，可丛植或作花境栽植，也适宜作疏林地被。近年来，一枝黄花作为切花市场看好，可在保护地栽培，商品价值较高，因而切花栽培逐渐增多。

【药用价值】

一枝黄花色黄气清香，性平，味微苦，全草可入药。有疏风解毒、退热行血、消肿止痛的功能。主治毒蛇咬伤、痈、疖等，也可用于风热感冒头痛，上呼吸道感染，急、慢性肾炎，小儿疳积，外用于跌打损伤、黄疸、毒蛇咬伤、疮疡肿毒、鹅掌风等症的治疗。

炫丽一枝黄花

注意：一枝黄花全草含皂苷，家畜误食中毒引起麻痹及运动障碍。孕妇忌服。

常用验方如下。

① 感冒、咽喉肿痛、扁桃体炎：一枝黄花9～30克，水煎服。

② 鹅掌风、灰指甲、脚癣等病症：煎汤浸洗患部。

③ 中暑吐泻：一枝黄花15克，樟叶3片，水煎服。

④ 乳腺炎：一枝黄花、马兰各15克，鲜香附30克，葱头7个，捣烂外敷。

⑤ 头风：一枝黄花9克，水煎服。

萱草

—— 金针黄花解忘忧

学　名：*Hemerocallis fulva*（L.）L.
别　名：黄花菜、金针菜、忘忧草等
科　属：百合科，萱草属

萱草花姿

萱草园地

萱草原产于我国秦岭以南的亚热带地区。生性强健，耐寒，北方可露地越冬；对环境适应性强，喜阳光充足，但也耐半阴；对土壤选择性不强，但以富含腐殖质、深厚肥沃、排水良好的壤土中生长最好。常见栽培的食用萱草（即黄花菜），其干花蕾可食用，在我国南方广泛栽培。

萱草为多年生宿根草本植物。根状茎粗短近肉质。株高约1米。叶基生，片状披针形，长30～45厘米，宽2～2.5厘米。花茎高出叶丛，着花2～4朵，黄色，有芳香，花冠漏斗状，花瓣2轮，每轮3片，盛开时花瓣反卷，花长8～10厘米。花期5～8月，蒴果。

萱草的繁殖

【播种繁殖】

播种繁殖春秋均可，以秋播最为适宜。秋播时，采集种子于9～10月露地播种，翌春发芽。春播时，将前1年秋季沙藏的种子取出播种，播后发芽迅速而整齐。实生繁殖苗2年后开花。

【分株繁殖】

分株繁殖在春季或秋季进行，每3～5年分株1次，分株时每丛带2～3芽，按株行距30厘米×40厘米重新栽植。若春季分株，当年夏季就可开花。

萱草的养护管理

【肥水管理】

栽植前深翻施基肥（有机肥），生长期追施加5倍水的腐熟稀薄人畜粪尿液2～3次或加20倍水的饼肥上清液1～2次，适当灌溉，并注意排水。生育期（生长开始至开花前）如遇干旱应适当灌水，雨涝则注意排水。花后要剪去花梗，以减少养分消耗。冬季，其地上部分枯萎，应及时清理。

【病虫害防治】

萱草常见的病害有叶斑病、叶枯病、锈病、炭疽病和茎枯病等，可用75%的百菌清800倍液喷雾防治。蚜虫用艾美乐3000倍喷雾防治或乐果乳油稀释溶液喷治。

炫丽萱草

红色萱草花

【花语寓意】

萱草的花语：隐藏起来的心情；放下他（她）放下忧愁；遗忘的爱，萱草又名忘忧草，代表"忘却一切不愉快的事"。

【母亲花】

早在康乃馨成为母爱的象征之前，在我国萱草已经成为母亲之花。《诗经疏》称："北堂幽暗，可以种萱"；北堂即代表母亲之意。古时候当游子要远行时，就会先在北堂种萱草，希望减轻母亲对孩子的思念，忘却烦忧。

萱草又名"宜男草"，《风土记》云："妊妇佩其草则生男"，故称此名。古称母亲居室为萱堂，后因以萱为母亲或母亲居处的代称。

【由来传说】

相传，秦末农民起义领袖陈胜起义前家境贫寒，又身染疾病，全身浮肿。一日，有位黄姓妇人蒸些萱草花，送给陈胜。陈胜饥寒交迫，见萱草花香气扑鼻，便狼吞虎咽，并赞不绝口。不久陈胜发现自己身体好了很多，浮肿也逐渐消退。

陈胜称王之后，感激黄母将她请进宫中。陈胜对无数佳肴珍馐毫无食欲，黄母又蒸来萱草花，陈胜难以下咽。黄母说道："饥饿之时，萱草无异与山珍海味，吃腻了鱼肉之后，萱草堪似良药苦口。"陈胜听后羞得跪地而拜。因此，萱草又称"忘忧草"，萱草治病也就流传开来。

【诗词歌赋】

《游子诗》唐 孟郊

萱草生堂阶，游子行天涯；慈母倚堂门，不见萱草花。

《偶书》元 王冕

今朝风日好，堂前萱草花。持杯为母寿，所喜无喧哗。

《萱草》宋 苏东坡

萱草虽微花，孤秀能自拔。亭亭乱叶中，一一芳心插。

《萱草》宋 朱熹

春条拥深翠，夏花明夕阴。北堂罕悴物，独尔淡冲襟。

赞

【观赏价值】

萱草花色艳丽，春季萌发早，栽培简便，绿叶成丛极为美观。园林中多丛植或于花境、路旁、坡地栽植或作切花用。萱草类耐半阴，又可作疏林地被植物。

【食用价值】

萱草花蕾可作蔬菜食用，称"金针菜""黄花菜"，也可做干制品。

萱草花丛

炫美萱草花

【药用价值】

萱草叶味甘，性凉，具有利湿热、宽胸、消食的功效，治胸膈烦热、黄疸、小便赤涩。《本草纲目》载"消食，利湿热。"

萱草根夏秋采挖，除去残茎、须根，洗净泥土，晒干可入药。萱草根味甘，性凉，具有清热利尿、凉血止血的功效，可用于腮腺炎、黄疸、膀胱炎、尿血、小便不利、乳汁缺乏、月经不调、衄血、便血的治疗。外用治乳腺炎，取适量，捣烂敷患处。

注意：萱草根，有些种具有毒性，服用过量可致瞳孔扩大、呼吸抑制，甚至失眠和死亡，因此要在医师指导下使用，以免发生事故。

飞燕草

学　名：*Delphinium grandiflorum* L.
别　名：千鸟草、翠雀花、萝卜花
科　属：毛茛科，飞燕草属

—— 炫丽美燕自由翔

飞燕草花姿

飞燕草花丛

飞燕草原产我国及俄罗斯的西伯利亚和南欧等地，现在我国河北、山西、内蒙古自治区及东北地区均有野生分布，常生于山坡及草地。较耐寒，喜高燥，耐旱，也耐半阴，忌积涝，忌炎热，喜深厚肥沃、排水良好、稍含腐殖质的沙质壤土，需日照充足、通风良好的凉爽环境。生育适温15～25℃。

飞燕草为草本宿根花卉，茎高0.6～1米，高茎者可达1.2米，主根粗壮，梭形或略呈圆锥形。茎直立上部疏生分枝，茎叶疏被柔毛。叶互生，数回掌状深裂至全裂，裂片为线形。茎生叶无柄，基生叶具长柄。总状花序顶生，花径约2.5厘米，萼片花瓣状，花瓣2轮，合生，着花3～15朵。花色有蓝、粉白、紫、红等，花期5～7月。有重瓣园艺品种。

飞燕草的繁殖

【播种繁殖】

播种宜在3～4月或秋季8月中下旬进行。宜直播，不耐移植。发芽适温15℃左右，2周左右萌发。温度过高反而对发芽不利。种子发芽喜黑暗，因此播种后必须覆盖严密细土，厚度约0.5厘米，保持湿度。播种前在土中预埋少量腐熟的堆肥作基肥。发芽缓慢，播后约3周方能发芽整齐，从播种到移苗需45天左右。

【分株繁殖】

在春季发芽前或秋季9月将飞燕草多年生植株挖出，顺根系的自然连接较弱处将其分成数丛，重新栽植。值得注意的是，飞燕草根系较深且主根粗壮，在起挖时应深挖，以防断根。此外，飞燕草萌蘖力不强，不耐移栽。分株繁殖不宜过于频繁，一般成株2年分株1次。

【扦插繁殖】

扦插繁殖可采用花后茎基部新出的芽做插穗，或在春季剪取新枝干扦插，扦插方法同一般扦插繁殖。

白色飞燕草

紫色飞燕草

飞燕草的养护管理

【肥水管理】

成株应在每年秋季及春季增施基肥，以有机肥为主，以保持植株旺盛生长。高大植株生长后期易倒伏或折断，可设支架保护。花前增施2～3次磷、钾肥，并适当浇水。浇水要做到见干见湿，在花期内要适当多浇一点水，避免土壤过分干燥。经一次移植后，在5月中旬播种苗定植露地，当年苗可开花，但开花较少。

【光照温度】

10月中旬定植后保温栽培，12月～翌年2月进行加温补光，可使花期提早至3～5月开放。

【病虫害防治】

　　飞燕草常见有黑斑病、根颈腐烂病危害叶片、花芽和茎，可用50%托布津可湿性粉剂500倍液喷洒防治。虫害有蚜虫和夜蛾危害，用10%除虫精乳油2000倍液喷杀。

【花语寓意】

　　飞燕草花语：清静，轻盈，正义，自由。

　　蓝色飞燕草：抑郁。

　　紫色飞燕草：倾慕，柔顺。

　　白色飞燕草：淡雅。

　　粉红色飞燕草：诗意。

【美丽传说】

　　南欧民间流传一则充满血泪的传说。古代有一族人因受迫害，纷纷逃难，但都不幸遇害。魂魄纷纷化作飞燕，飞回故乡，并伏藏于柔弱的草丛枝条上。后来这些飞燕便化成美丽的花朵，年年开在故土上，渴望能还给它们"正义"和"自由"。

炫丽飞燕草

盛景飞燕草

【观赏价值】

　　飞燕草花形似飞鸟，花序硕大成串，花色鲜艳，矮生种适于盆栽或花坛布置，高秆大花品种还是切花的好材料。

【药用价值】

　　飞燕草全草及种子均可入药。

　　茎叶浸汁可杀虫。种子内服功用类似乌头，可治喘息、水肿。根主治腹痛。

　　常用验方如下。

　　①治疥癣：飞燕草配苦参研末调擦。

　　②治风热牙疼：飞燕草2.5～5克。水煎含漱，不可咽下。

玉簪

—— 仙女美饰洒人间

学　名：*Hosta plantaginea*（Lam.）Aschers.

别　名：玉春棒、白玉簪、玉簪棒、白鹤花、玉泡花

科　属：百合科、玉簪属

　　玉簪原产于我国长江流域及日本，多生于林缘草坡及岩石边。喜阴湿，畏强光直射，耐寒，性强健，萌芽力极强。要求排水良好、富含腐殖质的土壤。玉簪喜欢温暖气候，但夏季高温、闷热，尤其是温度在35℃以上，且空气湿度在80%以上的环境中不利于植株生长，此时要加强空气流通，帮助其降低体内温度，还要向叶面喷雾降温。冬季温度要求很严，温度一定要在10℃以上，在10℃以下会停止生长，在霜冻出现时不能安全越冬。

玉簪花姿

玉簪花丛

玉簪为多年生草本花卉。株高30～50厘米，叶基生，丛生于地下粗壮的根茎上，叶片较大，卵形至心状卵形，翠绿而具光泽，具长柄，具有良好的观赏价值。总状花序从叶丛中抽生，高出叶丛，每花序上着生小花9～10朵，花白色，有芳香，花径2～3.5厘米，花筒细，长5～6厘米。花期7～9月。蒴果三棱状圆柱形，成熟时三裂，种子黑色，有膜质翅。园艺栽培品种还有重瓣变种，但不多见。玉簪属还有其他常见栽培品种，如波叶玉簪叶片具黄白色条纹，花淡紫红色，花期8～9月；还有紫玉簪，花淡紫色或紫色。

养 玉簪的繁殖

【播种繁殖】

秋季种子成熟后采集晾干，可以在9月室内播种，20℃条件下，30天发芽，幼苗春季定植露地。也可以将当年种子干燥冷藏到第二年3～4月播种。播种苗第一年生长缓慢，要精心养护，第二年迅速生长，第三年便开始开花，种植穴内最好施足基肥。因为萌芽多，芽丛紧密，分株繁殖极容易，实际栽培中很少用播种法繁殖。

【分株繁殖】

分株可在春季4～5月或秋季叶片枯黄后进行，将母本植株起出，去掉根际的土壤，每3～5个芽为一丛用刀将其分开，并保留足够的根进行栽植，这样利于成活，不影响翌年开花，栽时可适当在穴内施入基肥。每3～5年分株1次。切口处要涂上木炭粉，防止病菌侵入，然后再栽植，栽植后浇1次透水，以后浇水不宜过多，以免烂根。一般分株栽植后当年便可开花。

炫美玉簪花

玉簪花苞

玉簪的养护管理

【定植管理】

玉簪露地繁育管理较粗放，分株苗栽植株行距为（30～50）厘米×（30～50）厘米，过于密集影响生长。应注意选择适宜的栽培地点，其生长期要求半阴环境，宜栽于林下、林缘或建筑物的背阴侧。

【肥水管理】

生长期每7～10天施1次稀薄液肥。春季发芽期和开花前可施氮肥及少量磷肥作追肥，促进叶绿花茂。生长期雨量少的地区要经常浇水，疏松土壤，以利生长。冬季适当控制浇水，停止施肥。

【光照温度】

玉簪是较好的喜阴植物，露天栽植以不受阳光直射的遮阴处为好。若栽于阳光直射处或过于干旱处，常引起叶尖枯黄。在北方寒冷地区，可在0～5℃的冷房内过冬，翌年春季再换盆、分株。露地栽培可稍加覆盖越冬。室内盆栽可放在明亮的室内观赏，不能放在有直射阳光的地方，否则叶片会出现严重的日灼病。

【病虫害防治】

对于锈病，当嫩叶上出现圆形病斑时，可以喷洒160倍等量式波尔多液进行防治。对于叶斑病，可用75%百菌清800～1000倍液或50%代森锰锌800～1000倍液喷洒防治。对于蜗牛虫害要求土壤湿润、通风良好，同时进行人工捕捉，也可再栽植玉簪的周围或花盆下撒石灰粉或撒施8%灭蜗灵剂，或10%多聚乙醛颗粒剂。

【花语寓意】

玉簪花语：脱俗，冰清玉洁。

【诗词歌赋】

《玉簪》宋 王安石

瑶池仙子宴流霞，醉里遗簪幻作花。万斛浓香山麝馥，随风吹落到君家。

《玉簪》宋 黄庭坚

宴罢瑶池阿母家，嫩琼飞上紫云车。

玉簪堕地无人拾，化作江南第一花。

《玉簪》明 李东阳

昨夜花神出蕊宫，绿云袅袅不禁风。

妆成试照池边影，只恐搔头落水中。

《玉簪》唐 罗隐

雪魄冰姿俗不侵，阿谁移植小窗阴。

若非月姊黄金钏，难买天孙白玉簪。

紫色玉簪花

白色玉簪花

赞

【观赏价值】

玉簪类花卉叶丛生，叶色翠绿，植株耐阴，在园林中可用于树下作地被植物，或植于岩石园或建筑物北侧，是园林中重要的耐阴花卉，可用于林荫路旁、疏林下及建筑物的背阴侧，正是"玉簪香好在，墙角几枝开"。

玉簪花儿冰姿雪魄，又有袅袅绿云般的叶丛相衬，可以三两成丛点缀于花境中，还可盆栽布置室内及廊下或作切花用。

炫丽玉簪花

盛景玉簪

【药用价值】

玉簪花全草可供药用。具有消肿、解毒、止血的功用。花清咽、利尿、通经，亦可供蔬菜或作甜食，但须去掉雄蕊。根、叶有小毒，外用治乳腺炎、中耳炎、疮痈、肿毒、溃疡、烧伤等症。

常用验方如下。

①喉蛾：取根捣汁含漱。

②乳痈初起：玉簪花根擂酒服，以渣敷之。

③治崩漏，白带：玉簪根100克，炖肉吃；或配三白草各25～50克，炖肉吃。

注意：玉簪全株有毒，可损伤牙齿而致牙齿脱落。

天竺葵

学　名：*Pelargonium hortorum* Bailey
别　名：入腊红、洋绣球、日烂红、绣球花
科　属：牻牛儿苗科，天竺葵属

—— 绣球镶嵌百花园

天竺葵花姿

天竺葵花丛

天竺葵原产非洲南部，我国各地均有栽培。性喜阳光，喜温暖、湿润的环境，忌炎热，忌水湿，耐旱不耐寒。适宜肥沃、排水良好、疏松、富含腐殖质的微酸性土壤，在高温、积水条件下生长不利。对二氧化硫等有害气体有一定抗性。适应性较强，能耐0℃低温。北方需在室内越冬，南方需置于荫棚下越夏。

天竺葵为亚灌木状多年生草本，全株有强烈气味，密被细柔毛和腺毛。茎直立、肉质、粗壮，基部稍木质化。单叶互生，稍被柔毛，稍带肉质，圆形或肾形，基部心形、边缘有锯齿并带有一马蹄形的暗红色环纹，稍揉之有鱼腥气味，易识别，掌状脉，叶缘7～9浅裂或波状具钝锯齿。顶生伞形花序，有总苞，花序柄长，有花数朵至数十朵，花萼绿色，花瓣5枚或更多。有红、深红、桃红、玫红、白等色，花期10月至翌年6月。

养　天竺葵的繁殖

【播种繁殖】

单瓣品种可播种繁殖，种子采收后即可播种。可先把采下的种子晾干，储藏在纸袋中备用。种植前可施足基肥，可将发酵的饼肥、骨粉或过磷酸钙等拌入土中，注意饼肥加入量不要超过土壤总量的10%，骨粉或过磷酸钙不要超过1%，否则易造成肥害。在20℃条件下播后半个月就可发芽，经过移植来年春天就可开花。

【扦插繁殖】

天竺葵扦插可春秋两季结合修剪进行，以秋冬扦插为好。插条选生长势强、开花勤、无病虫害的植株顶端嫩梢，去掉基部大叶，晾干使之萎蔫后扦插，注意土壤不可太湿，以免腐烂。在20℃左右时，插后1个月就可生根。

【组织培养】

天竺葵也可用组织培养法繁殖。以MS培养基为基本培养基，加入0.001%吲哚乙酸和激动素促使外植体产生愈伤组织和不定芽，用0.01%吲哚乙酸促进生根。组培法为天竺葵的良种繁育和选育新品种提供了新的途径。

白色天竺葵

紫色天竺葵

天竺葵的养护管理

【肥水管理】

生长期内每隔10天追施加5倍水的腐熟人畜粪尿液1次，夏季每天喷水1～2次，春秋季每天浇水1次。每年换1次盆，一般在9月进行。在换盆前进行修剪，剪后1周内不浇水以免剪口处腐烂。一次性施肥过多会造成天竺葵的脱水，偏施氮肥过多会造成植株疯长、不开花，施肥过量以后勤浇水可以缓解症状。

【光照温度】

光照：充足的阳光有助于天竺葵开花，但是温度过高时不宜阳光直晒。在春秋季节多晒阳光，在夏天的时候，如果温度过高则应避免使天竺葵接受光照。

温度：生长最适宜的温度为10～20℃，也就是春秋季节最适宜。夏天的时候一定要防止阳光的暴晒，把它放在阴凉的地方。在冬季的时候室内温度不要低于0℃，否则就会冻伤。

【修剪整形】

由于它生长迅速，为使植株冠形丰满紧凑，应从小苗开始进行整形修剪。一般苗高10厘米时摘心，促发新枝。待新枝长出后还要摘心1～2次，第一次在3月，主要是疏枝；第二次在5月，剪除已谢花朵及过密枝条；立秋后进行第三次修剪，直到形成满意的株形。花开于枝顶端，每次开花后都要及时摘花修剪，促发新枝不断、开花不绝。

红色天竺葵

粉红天竺葵

【病虫害防治】

主要害虫有毛虫小羽蛾，可用50%辛硫磷800～1000倍液或10%～20%菊酯类1000～2000倍液喷洒杀灭。

【花语寓意】

天竺葵花语：偶然的相遇，幸福就在你身边。

红色天竺葵：你在我的脑海挥之不去。

粉红色天竺葵：很高兴能陪在你身边。

【观赏价值】

天竺葵适应性强、花色丰富、花期又长，适于室内摆放，是优良的观赏植物，常用作盆栽、花坛、花境或用于室内装饰。

【美容价值】

（1）天竺葵洁肤油　天竺葵能平衡皮脂分泌而使皮肤饱满，适合各种皮肤状况。天竺葵对湿疹、带状疱疹、灼伤、癣及冻疮有益，对松垮、毛孔阻塞及油性皮肤效果也很好。此外，天竺葵能促进血液循环，使用后会让苍白的皮肤变得红润有活力，常用于熏香器或以毛巾敷面以刺激淋巴系统，强化循环系统。

（2）天竺葵深层清洁面膜　能深层洁净肌肤、避免毛孔阻塞，还能使松垮的肌肤更紧致。取少许牛奶，加入精油搅拌成泥状。将面膜涂于脸上，避开眼睛及嘴唇，10～15分钟后用温水洗净。

（3）天竺葵精油

① 天竺葵、葡萄柚、薰衣草等精油依照一定比例混合后，滴于枕边，不但有安神舒缓的效果，并能驱离任何会妨碍你入眠的蚊虫，其香味更能带给你一个好梦。

② 取天竺葵精油1滴、薰衣草精油2滴、基础油10毫升，混合成按摩油，睡前用于肩颈、胸口

炫丽天竺葵

天竺葵花海

和四肢等处按摩，对身心健康有很好的作用，可以增强免疫力，还能让睡眠品质更好。

③天竺葵精油添加于脸部保养品中可有效治疗面疱。

注意：天竺葵散发的微粒可能对敏感皮肤产生刺激，应尽量避免使用纯剂在皮肤上。天竺葵能调节荷尔蒙，怀孕期间勿用。

【药用价值】

天竺葵有止血、收缩血管、缓解气喘、促肝排毒、利尿、老化皮肤活化、修复疤痕等功效。可用于改善经前综合征、更年期问题（沮丧、阴道干涩、经血过多）；刺激淋巴系统以避免感染，排除废物；强化循环系统，使循环更加顺畅。天竺葵还是一种芳香的驱虫剂。

常用验方如下。

① 小腿抽筋：将天竺葵精油3滴，薰衣草精油5滴，用牛奶稀释后倒入一桶较深的热水中泡脚即可。

② 改善经前综合征：取天竺葵精油2滴，洋甘菊精油2滴，甜杏仁油10毫升，将精油及甜杏仁油混匀，经前10天每日轻轻按摩下腹部。

③ 夏季驱蚊：天竺葵精油5滴，熏香，可以防止蚊虫叮咬。

④ 平衡油脂分泌：在洁面以后，可以在温热的水盆内滴入2～3滴天竺葵精油，稍微搅动，将毛巾浸湿后敷于面部，可以帮助毛孔打开，深层清洁肌肤，保持水油平衡。

耧斗菜
—— 颜色明快花姿俏

学　名：*Aquilegia viridiflora* Pall.
别　名：猫爪花
科　属：毛茛科、耧斗菜属

耧斗菜原产欧洲及北美，在我国东北、华北及陕西、宁夏、甘肃、青海等地有分布。耧斗菜生性强健，耐寒，北方可露地越冬。耧斗菜喜肥沃、富含腐殖质、湿润、排水良好的壤土及沙壤土。要求空气湿度较高，宜栽于半阴条件下，不喜烈日。

耧斗菜为多年生宿根草本花卉。根肥大，圆柱形，粗达1.5厘米，单一或有少数分枝，外皮黑

耧斗菜花姿

耧斗菜花丛

褐色。株高40～80厘米，具细柔毛。叶基生或茎生，具长柄，三出复叶。花顶生，紫色，花冠漏斗状，花瓣向后延长成距。花径约3厘米，开放时向下垂，但重瓣花花瓣直立。花期5～7月。果期7～8月。果成熟时直立，上端开裂。种子扁圆形，黑色。本种有大花、重瓣、斑叶及白花等变种。

耧斗菜的繁殖

【播种繁殖】

夏末种子采收后，可在晚秋播于露地，或早春3月在室内盆播。为了调整耧斗菜的休眠期，种子采收后也可立即播种。施足底肥，耙细整平，做好苗床，浇足底水，把种子均匀播在苗床上面，用三合土覆盖以不见种子为度。保持畦面湿润，湿度过大会引起烂种，140天出苗。其种子发芽率在50%左右，发芽不整齐。种子发芽适温为15～18℃，温度过高抑制发芽。

【分株繁殖】

优良品种通常采用分株法，分株繁殖在秋季9月间进行，也可在春季4月前后分株。先将母根挖出，

去掉残土，2～3个芽一丛，用手从根系连接薄弱处分开，重新栽植。3年以后植物易衰退，应及时进行分株，促其更新。

耧斗菜的养护管理

【定植管理】

耧斗菜的实生苗经1～2次移植后，于5月间定植于露地。耧斗菜主根较明显，根系分枝不多，栽植时应带土，以免伤根缓苗，株行距为（30～40）厘米×（30～40）厘米。实生苗第二年可以开花结实。

【肥水管理】

植株在开花前应施1次追肥。夏季应注意避烈日，雨季注意排涝。浇足定根水，生长期间保持土壤湿润。生长旺盛期追施少量尿素，每亩用5千克尿素兑水灌浇，促进生长。

【光照温度】

冬季寒冷的北方地区，对有些欧洲品种可稍加覆盖，以保证安全越冬。成株开花3年后易衰老。必须适当进行分株繁殖，使其复壮。

红白双色耧斗菜

黄色耧斗菜

【病虫害防治】

白粉病发病初可选用15%粉锈宁可湿性粉剂1500倍液，或75%百菌清可湿性粉剂600倍液等，每隔7～10天喷1次，连喷2～3次。发病初期也可用2%农抗120水剂或BO-10水剂，每次每亩用约500毫升，加水100升喷雾，每隔10天喷1次，可喷3～4次。

【花语寓意】

耧斗菜花语：必定要得手，坚持要得胜。

【观赏价值】

耧斗菜花色明快，花姿独特，叶形别致，叶色蓝绿，适应性强，喜半阴，是岩石园和疏林下栽植的良好材料，也适宜成片植于草坪上、密林下、洼地、溪边等潮湿处作地被覆盖。也可用于春夏花坛或花境、切花。

【药用价值】

① 活血化瘀，止痛止血。治跌打损伤，拔除异物，外伤出血。

② 去瘀，止血，镇痛。用于下死胎，子宫出血。

紫白双色耧斗菜

粉白双色耧斗菜

大丽花

—— 层叠美艳似牡丹

学　名：*Dahlia pinnata*
别　名：大理花、大丽菊、天竺牡丹、地瓜花
科　属：菊科，大丽花属

大丽花花姿

盛景大丽花

大丽花原产于墨西哥海拔1500米以上的热带高原，现世界各地均有栽培。我国东北地区栽培最盛，南方地区因高温多雨生长不良。大丽花喜阳光充足、干燥、凉爽的环境，既不耐寒，也怕高温酷暑高湿，不耐干旱又忌积水，适合温度为10～30℃。在夏季气候凉爽、昼夜温差大的北方地区，生长发育更好。喜光，但光照不宜过强。喜排水及保水性能好、肥沃、疏松、含腐殖质较丰富的沙壤土。

大丽花为多年生草本花卉。株高为0.4～1.5米。具地下粗大、多汁、肥厚的纺锤形肉质块根。茎光滑柔软多汁，多分枝。羽状复叶对生，小叶卵形，叶缘锯齿粗钝，总柄微带翅状。头状花序，长总梗，顶生。花径大小因品种而异，在5～25厘米之间，舌状花，花瓣大，花色丰富，有黄、红、白、粉、紫、墨等单色及各种复色。花型有单瓣型、芍药型、蟹爪型、球型、蜂窝型等。花期5～10月。瘦果，长椭圆形，黑色。

大丽花的繁殖

【播种繁殖】

大丽花播种繁殖用于培育新品种。大丽花夏季因湿热而结实不良，故多采用秋凉后成熟的种子。重瓣品种不易获得种子，需进行人工辅助授粉。若进行春播，秋天即可开花，其长势较扦插和分根者强健。

【扦插繁殖】

大丽花只要有合适的温度、湿度条件，一年四季均可进行扦插。扦插用全株各部位的顶芽、腋芽、脚芽均可，但以脚芽最好。扦插时间最好在3～4月，保持15～20℃的温度，插后约2周可生根。为提高扦插成活率预先将根丛放温室催芽，在嫩芽长至6～10厘米时，切取扦插。为扩大生产，可进行多次扦插。

【分株繁殖】

分株繁殖在3～4月进行，将储藏的块根取出进行分割，因为大丽花仅根颈部有芽，所以分割的每个块根上必须带有1～2个芽的根颈。用草木灰涂抹分割的块根切口处，防止感染病菌，然后栽植盆内，埋土深度在块根基部上方1～2厘米处，浇透水。分株苗成活率高，苗壮，花期早。

黄金辉大丽花

墨菊大丽花

大丽花的养护管理

【定植管理】

露地栽植于4月上旬晚霜后进行，栽植深度以6～12厘米为宜，栽植株行距一般为（40～60）厘米×（40～60）厘米。

【肥水管理】

　　大丽花喜肥，尤其对大花品种更应注意施肥。基肥不需过多，否则枝高、叶面粗糙，花期延迟且花朵不正。基肥多穴施于植株根系四周，注意切勿与块根接触。大丽花生长期间每7～10天施用加8倍水的腐熟人畜粪尿液1次，最好加施一些草木灰、饼肥和过磷酸钙，但夏天植株处于半休眠状态，一般不施肥。大丽花块根于11月中旬掘取，使其外表充分干燥，埋藏于干沙内，维持5～7℃，相对湿度50%，待翌年早春栽植。

【整形修剪】

　　生长期要注意除蕾和修剪。6月底7月初第一次开花后，选留的基部侧芽以上扭折下垂，留高20～30厘米，待伤口干缩后再剪，以免雨水灌入中空的茎内，引起腐烂。做切花栽培的，主干或主侧枝顶端的花朵，往往花梗粗壮，不适作切花观赏，故应除去顶蕾，使侧蕾或小侧枝的顶蕾开花，用作切花。要注意及时剥去无用的侧蕾。

【病虫害防治】

　　大丽花常见害虫有红蜘蛛、蚜螬、钻心虫等，红蜘蛛用杀螨剂，蚜螬用3%呋喃丹，钻心虫喷洒40%的氧化乐果1000～1500倍液防治。白粉病，可喷150～200倍的波尔多液预防；发病时可喷洒石硫合剂。

红妃大丽花

炫美大丽花

【花语寓意】

　　大丽花花语：大吉大利，背叛，叛徒。在法国代表感激，新鲜，新颖，新意。

【观赏价值】

　　大丽花品种多，花型多，花期长，色彩丰富，应用范围广。一般单瓣品种（俗称小丽花）、矮型品种可布置花坛或花境；花型较大者供盆栽观赏；还可作切花、花篮、花圈等。

【药用价值】

　　大丽花味辛、甘，性平；入肝经。具有活血散瘀的功效，主治跌打损伤。可6～12克煎汤内服，亦可外用。

　　彝药记载：大丽花根甘、微苦，凉。具有清热解毒、消肿的功效，用于治疗头风，脾虚食滞，疟腮，龋齿牙痛，风疹湿疹，皮肤瘙痒等。

新晃大丽花

白雪公主大丽花

八仙花

—— 花大色美显神通

学　名：*Hydrangea macrophylla*
别　名：阴绣球、绣球、斗球、粉团花、紫阳花
科　属：虎耳草科，八仙花属

八仙花美姿

八仙花花丛

　　八仙花原产我国和日本。八仙花喜温暖湿润的气候，忌烈日直晒，喜半阴环境。要求排水良好、富含腐殖质的酸性壤土。土壤酸碱度与花色有关。碱性土壤易使八仙花叶黄化，生长衰弱。八仙花花大色美，花期长，为耐阴花卉。可配植于林缘、林下、建筑物北面等庇荫处，也可盆栽。

　　八仙花为常绿或落叶小灌木，株高可达4米。根肉质。枝条粗壮，节间明显。叶对生，椭圆形至阔卵圆形，先端短而渐尖，淡绿色，边缘有钝锯齿，表面有光泽，叶柄粗壮叶脉明显。花为不孕花，伞房花序顶生，呈球形，花初开时为淡绿色后转变为白色，最后变为粉红色或蓝色，花期6～7月。

养　八仙花的繁殖

【扦插繁殖】

　　扦插繁殖分硬枝扦插和嫩枝扦插。硬枝扦插于3月上旬植株未发芽时切取枝梢2～3节，进行温室盆插。嫩枝扦插于5～6月发芽后到新梢停止生长前进行效果最好，于荫棚下进行，将剪取的嫩枝插于河沙中，保持插床和空气湿润，在20℃左右的条件下，10～20天即可生根，扦插成活后，第二年即可开花。

【分株繁殖】

　　八仙花的分株繁殖宜在早春萌芽前进行。将已生根的枝条与母株分离，直接盆栽，浇水不宜过多，在半阴处养护，待萌发新芽后再转入正常养护。

【压条繁殖】

　　压条繁殖用老枝、嫩枝均可。春天芽萌动时用老枝压条，嫩枝抽出8～10厘米长时即可压条，此时压入土中的是二年生枝条。6月也可进行嫩枝压条。压条前需去枝顶，挖1厘米×（2～3）厘米的沟，不必刻伤，然后将枝条埋入土中，拍实土，浇透水。正常情况下，1个月后可生根。再将子株与母株分离，另行栽植。用老枝压条的子株当年可开花，用嫩枝压条的子株第二年才能开花。

八仙花的养护管理

【肥水管理】

　　生长期内一般半个月施1次稀薄酱渣水，为使土壤经常保持酸性条件，可结合施液肥每100千克肥水中加200克硫酸亚铁，使之变成矾肥水浇灌。孕蕾期间增施1～2次0.5%过磷酸钙，则会使花大色艳。栽培宜选择庇荫处，保持土壤湿润，但也不能浇水过多。雨季排涝，以防烂根。

【光照温度】

蓝色八仙花

红色八仙花

　　盛夏光照过强时，适当遮阴，可延长观花期。花后摘除花茎，促使产生新枝。花色受土壤酸碱度影响，酸性土花呈蓝色，碱性土花为红色。每年春季换盆1次。春季宜重剪，留茎部2～3芽，新芽长到10厘米时，摘心1次，可促使多分枝，开花繁茂。适当

修剪，保持株形优美。

【病虫害防治】

　　八仙花易生萎蔫病、白粉病和叶斑病，用65%代森锌可湿性粉剂600倍液喷洒防治。虫害有蚜虫和盲蝽危害，可用40%氧化乐果乳油1500倍液喷杀。

【花语寓意】

　　八仙花中国花语：希望、健康、有耐力的爱情、骄傲、冷爱、美满、团圆。

　　八仙花英国花语：无情、残忍。

　　八仙花寓意"八仙过海，各显神通"。

【故事传说】

　　相传有一次八仙到瑶池参加王母娘娘的蟠桃会，回来路过东海，惊动了东海龙王。龙王七太子看见八仙中的何仙姑容貌美丽，趁机把何仙姑抢到龙宫中去。其他七位大仙勃然大怒，各自举起手中的法宝，霎时间，海水滚滚沸腾起来。东海龙王的龙宫摇晃得非常厉害，问明情由后，亲手将七太子绑起来，又请何仙姑坐上龙轿，升到海面向众仙请罪。七位神仙见何仙姑平安返回，龙王又亲自押七太子前来请罪，表示愿意化干戈为玉帛。龙王向八仙献花表示歉意。八仙把鲜花带到了神州，那花儿花艳叶美，绚丽多彩，不同凡响，百花园中又增添了靓丽的风景。人们知道这种花儿是八仙带来的，便亲切地叫它"八仙花"。

【观赏价值】

　　八仙花花大色美，是长江流域著名观赏植物。园林中可配置于稀疏的树荫下及林荫道旁，片植于阴向山坡。因对阳光要求不高，故最适宜栽植于阳光较差的小面积庭院中。建筑物入口处对植两株、沿建筑物列植一排、丛植于庭院一角，都很理想。更适于植为花篱、花境。如将整个花球剪下，瓶插室内，也是上等点缀品。将花球悬挂于床帐之内，更觉雅趣。

紫色八仙花

盛景八仙花

【药用价值】

　　八仙花味苦、微辛，性寒，有小毒。主治疟疾，心热惊悸，烦躁。

　　常用验方如下。

　　① 治疟疾：八仙花叶15克，黄常山10克，水煎服。

　　② 治喉烂：八仙根、醋磨汁，以鸡毛涂患处，涎出愈。

　　③ 治肾囊风：八仙花七朵，水煎洗患处。

　　注意：八仙花有毒，正常人吃了，几小时后就会出现腹痛现象。另外的典型中毒症状还包括皮肤疼痛、呕吐、虚弱无力和出汗，还有报告说病人甚至会出现昏迷、抽搐和体内血循环崩溃。庆幸的是，现在已研制出一种八仙花中毒的解毒剂。

米 兰

—— 小小黄花香袭人

学 名：*Aglaia odorata* Lour
别 名：珠兰、米仔兰、树兰、鱼仔兰
科 属：楝科，米仔兰属

识

米兰花姿

米兰花丛

米兰原产我国南部和东南各地以及亚洲东南部。米兰喜阳光充足，也耐半阴，但在半阴处开花少于阳光充足处，香味也欠佳。喜温暖、湿润气候，不耐寒。宜疏松、富含腐殖质的微酸性壤土或沙壤土。长江流域及其以北各地皆盆栽，冬季移入室内越冬，温度需保持10～12℃。米兰树姿秀丽，枝叶茂密，花清雅芳香似兰，叶片葱绿而光亮，深受人们喜爱，是很好的室内盆栽花卉，宜盆栽布置客厅、书房、门廊及阳台等。暖地也可在公园、庭园中栽植。

米兰为常绿灌木或小乔木，多分枝，株高4～7米。嫩枝常被星状锈色鳞片。奇数羽状复叶互生，叶绿而光亮，小叶3～5枚，倒卵形至长椭圆形。圆锥花序腋生，花小而繁密，黄色，形似小米，开花时清香四溢，气味似兰花。新梢开花，盛花期为夏秋季，花期5～12月。浆果，果期7月至翌年3月。

养 米兰的繁殖

【扦插繁殖】

米兰扦插于6～8月剪取一年生、长8～10厘米、成熟的顶端带叶嫩枝，剪去下部叶片，削平切口，插入消过毒的沙质插床上，浇透水后覆盖塑料膜保湿，置半阴处，每天换气1次，保持土面湿润，2个月左右即可生根。生根后1个月上盆。

【高压繁殖】

高压繁殖在5～8月进行，但最好的时间是6月梅雨天气，此时高压成活率高，生根快。一般6月上旬高压的米兰，选1～2年生的健壮枝环状剥皮，套上塑料膜，待切口稍干再在膜中填充苔藓、蛭石或湿土，将上下扎紧，80天左右即可生根，生根后在包裹物的下部剪断，先于庇荫处缓苗，然后上盆即可。采用此法成活率高，成苗开花较快。

米兰的养护管理

【肥水管理】

施肥：盆土用泥炭土2份、沙1份或者用园土、堆肥土各2份，加沙1份混合调制。春季开始生长后每2周施稀释的饼肥水1次，注意控制水量，5月上旬开始，施以1：5的蹄角片水稀释液1～2次，5月下旬施以1份骨粉加10份水的骨粉浸液1～2次，花前十几天施用1000倍的磷酸二氢钾水溶液1次，冬季停止施肥。

米兰翠叶

米兰盆栽

浇水：平时保持盆土湿润，干旱和生长旺盛期每天叶面喷水1～2次。如遇阵雨，雨后要侧盆倒水，以防烂根。夏、秋季每天浇1次清水，冬季控制水分，不干不浇，以水分能够迅速渗透入盆土中，不积在盆土上为宜。

【光照温度】

光照：米兰四季都应放在阳光充足的地方。每天光照在8～12小时以上，会使植株叶色浓绿，枝条生长粗壮，开花的次数多，花色鲜黄，香气也较浓郁。在阳光不足而又荫蔽的环境条件下，会使植株枝叶徒长、瘦弱，开花次数减少，香气清淡。

温度：米兰性喜温暖，温度越高，开出来的花就越香。温度在30℃以上，在充足的阳光照射下，开出来的花气味浓香。30℃以下又处在光照不足的荫蔽处，所开的花香气较淡。养好米兰，温度适宜范围在20～35℃之间，在6月至10月期间开花可达5次之多。

【病虫害防治】

常有叶斑病、炭疽病和煤污病危害，可用70%甲基托布津可湿性粉剂1000倍液喷洒或用500～1000倍液多菌灵喷洗。红蜘蛛和介壳虫危害时，首先通风，可用1000～2000倍液乐果或吡虫啉类杀虫剂喷杀。螨、蚜虫可用蚜螨杀，蚜克死，蚜螨净等药物进行灭杀。

【观赏价值】

米兰开放时节香气袭人，现全国各地都有作盆栽，既可观叶又可赏花。小小黄色花朵，形似鱼子，因此又名为鱼子兰。醇香诱人，为优良的芳香植物，可陈列于客厅、会场、书房和门廊、庭院，清新幽雅，舒人心身。落花季节又可作为常绿植物陈列于门厅外侧及建筑物前。在南方庭院中米兰是极好的风景树。

炫丽米兰

盛景米兰

【药用价值】

米兰味辛、甘，性平。入肺、胃、肝三经。米兰花可以解郁宽中，催生，醒酒，清肺，醒头目，止烦渴。主治胸膈胀满不适，噎膈初起，咳嗽及头昏。米兰的枝叶可治跌打，疽疮。

注意：孕妇忌服。

【经济价值】

米兰可以作为食用花卉，如米兰花茶，也可提取香精。放在居室中还可以吸收空气中的二氧化硫和氯气，起到净化空气的作用。

紫薇
——茎奇叶茂花满堂

学　名：*Lagerstroemia indica* L.
别　名：满堂红、紫金花、痒痒树、百日红、无皮树
科　属：千屈菜科，紫薇属

紫薇原产于亚洲南部及澳大利亚北部，在我国长江流域、华南、西北、华北也有栽培。紫薇性喜光，略耐阴，喜温暖、湿润气候，好生于略有湿气之地。耐旱，怕涝，适宜肥沃、湿润而排水良好的土壤，尤其适宜石灰性土壤。忌涝，忌种在地下水位高的低湿地方。萌蘖性强，幼树生长迅速，中老年树生长缓慢，寿命长。

紫薇为落叶灌木或小乔木，高可达7米。树冠不整齐，树干多扭曲，树皮光滑，灰色或灰褐色，老后表皮片状剥落，小枝纤细，具4棱，略成翅状。单叶对生或互生，椭圆形至倒卵形，纸质，先端钝或

紫薇花姿

紫薇树丛

稍尖，全缘，表面光滑，长2.5～7厘米，宽1.5～4厘米，无柄或叶柄很短。圆锥花序顶生，花萼绿色，光滑无棱，花瓣6，皱缩，基部有长爪，花有红、紫、白色三类型，直径3～4厘米。花期7～9月。蒴果，椭圆状近球形，果熟期9～10月，种子有翅。

养 紫薇的繁殖

【扦插繁殖】

硬枝扦插一般在3月中下旬至4月初枝条发芽前进行。选取粗壮的一年生枝条，剪成15厘米长的插穗，插入疏松、排水良好的沙壤土苗床，扦插深度以露出插穗最上部一个芽即可。嫩枝扦插在7～8月进行，此时新枝生长旺盛，最具活力。选择半木质化的枝条，剪成8～10厘米长的插穗，上端留2～3片叶子。扦插深度为3～4厘米，一般20天左右即可生根，成活率很好。

【分株繁殖】

分株繁殖可在早春3月或秋天将紫薇根际萌发的萌蘖带根掘出与母株分离，适当修剪根系和枝条，另行栽植，浇足水即可成活。小苗可以裸根，大苗应带泥球，抚育中要经常修剪、整形，保持优美树形，促进花枝繁茂。

【压条繁殖】

空中压条繁殖可选1～2年生枝条，用利刀刻伤并环剥树皮宽1.5厘米左右，露出木质部，将生根粉液经稀释涂在刻伤部位上方3厘米左右，待干后用筒状塑料袋套在刻伤处，装满疏松园土，浇水后两头扎紧即可，1个月后检查，如土过干可补水保湿，生根后剪下另植。

【嫁接繁殖】

嫁接时先在砧木顶端靠外围部分纵劈一刀，再取长5～8厘米带2个以上芽的接穗削成楔形后插入砧木劈口，对准形成层。然后用塑料膜将整个穗条枝全部包扎好，露出芽头。嫁接2～3个月后，就可松膜，此时穗头长可达50～80厘米，应及时将枝头剪短，以免遭风折断，并且可培养成粗壮枝，用此方法培育的植株成活率很好。

百日红紫薇

白花紫薇

紫薇的养护管理

【肥水管理】

冬季或早春植株萌动前，可在根部周围沟施10～15千克/株用人粪尿、杂草、落叶和垃圾堆沤腐熟的堆肥；5～8月生长季节，每隔10天追施加5倍水的腐熟人畜粪尿1次，开花前施些磷肥，雨天和夏季高温的中午不要施肥；立秋后每半月追肥1次，立冬后停肥。春季浇水1～2次，开花期间浇水1～2次，霜冻前浇1次防冻水，秋天不宜浇水，夏季注意及时排灌。

【修剪整形】

紫薇耐修剪，发枝力强，新梢生长量大。因此，花后要将残花剪去，可延长花期，对徒长枝、重叠枝、交叉枝、辐射枝以及病枝随时剪除，以免消耗养分。随时注意剪去枯枝、病虫枝。

【病虫害防治】

防治蚜虫可在树木发芽前，喷30～40倍的20号石油乳剂杀卵，或在发生期，喷800～1000倍40%的乐果乳剂杀若虫和成虫。防治刺蛾可喷2000倍液50%辛硫磷等药剂杀幼虫，或于幼虫初孵期摘掉虫叶杀死幼虫。发生紫薇褐斑病时喷洒50%苯菌灵可湿性粉剂1000倍液或75%百菌清可湿性粉剂800倍液。

【花语寓意】

紫薇花语：好运、雄辩。

【诗词歌赋】

《咏紫薇》宋 杨万里

似痴如醉丽还佳，露压风欺分外斜。谁道花无红百日，紫薇长放半年花。

《紫薇花》唐 杜牧

晓迎秋露一枝新，不占园中最上春。桃李无言又何在，向风偏笑艳阳人。

《紫薇花》唐 白居易

丝纶阁下文书静，钟鼓楼中刻漏长。独坐黄昏谁是伴？紫薇花对紫薇郎。

【观赏价值】

紫薇树姿优美，树干光滑洁净，茎干奇特，花色美而艳，是园林绿地常用的观花、观茎、观干、观根树种，也适宜作盆栽及桩景。紫薇开花时正当夏秋少花季节，故有"百日红"之称，又有"盛夏绿遮眼，此花红满堂"的赞语。紫薇作为优秀的观花植物，在园林绿化中被广泛用于公园绿化、庭院绿化、道路绿化、街区城市等，在实际应用中可栽植于建筑物前、院落内、池畔、

紫花紫薇

火箭红紫薇

河边、草坪旁及公园中小径两旁均很相宜，也是做盆景的好材料。紫薇枯峰式盆景，虽桩头朽枯，而枝繁叶茂，色艳而穗繁，如火如荼，令人精神振奋。

【药用价值】

紫薇味微苦、涩，性平。其皮、木、花有活血通经、止痛、消肿、解毒作用。叶治白痢，花治产后血崩不止、小儿烂头胎毒，根治痈肿疮毒，可谓浑身是宝。

常用验方如下。

① 治白痢：紫薇叶，水煎服。

② 治湿疹：紫薇叶，捣烂敷或煎水洗。

【经济价值】

紫薇浑身是宝。紫薇对有害气体二氧化硫、氯气、氟化氢的抗性较强，也具较强的吸滞粉尘能力。种子可制农药，有驱杀害虫的功效。树皮、叶及花也可药用。紫薇的木材坚硬、耐腐，可作农具、家具、建筑等用材。

苏铁

—— 坚毅质朴苍劲美

学　名: *Cycas revoluta*
别　名: 铁树、凤尾松、凤尾蕉、凤尾铁
科　属: 苏铁科、苏铁属

识

苏铁美姿

苏铁花丛

苏铁原产我国、日本、菲律宾、印度尼西亚等地。苏铁性喜温暖、湿润、通风良好的环境，属阳性植物，喜阳光充足的条件，但能耐半阴，不耐严寒，以肥沃、微酸性的沙质土壤为宜。苏铁生长甚慢，寿命约200年。在我国南方热带及亚热带南部树龄10年以上的苏铁几乎每年开花结实，而长江流域及北方各地栽培的苏铁常终生不开花，或偶尔开花结实。苏铁树形古朴，主干坚硬如铁，叶片四季常青，是室内极好的观叶植物。

苏铁是棕榈状常绿乔木。茎干粗壮，圆形，披满暗棕褐色、宿存的、多棱形、螺旋状排列的叶柄痕迹。大型羽状复叶着生于茎顶，小叶线形，初生时内卷，长成后挺直刚硬，先端尖，深绿色，有光泽，可多达100对以上。雌雄花异株，顶生；雄花圆柱形，雌花扁圆形。种子卵形。常见栽培观赏种有刺叶苏铁、云南苏铁、四川苏铁。

养 苏铁的繁殖

【分蘖芽繁殖】

苏铁由于很难得到种子，因此一般采用根基分蘖芽切开繁殖。多在冬季停止生长时进行分蘖芽法繁殖，亦可在早春1～2月至初夏进行。用利刀割下蘖株，割时动作要快，尽量少伤茎皮。待切口稍干后，培入装有含多量粗沙的腐殖质土的插床上，适当遮阳保湿，保温，温度在27～30℃时容易成活。

【切干繁殖】

切干繁殖，是将茎干部切成1～20厘米的段，埋于沙质壤土中，使其主干部周围发生新芽，再行分栽培养。

苏铁的养护管理

【肥水管理】

施肥：盆土应掺拌骨粉等磷肥。夏季应注意每月施1次腐熟的豆饼水液肥即可。

浇水：春夏季节叶片生长旺盛，要多浇水，特别要注意早晚叶面喷水，保持叶片清洁；秋、冬要控制水分，保持土壤见干见湿即可，水分过多容易烂根。盆栽还应适时换盆。换盆时盆底需多垫放些瓦片，以利排水。

苏铁花姿

苏铁盆栽

【光照温度】

盆栽苏铁在室内越冬时，要放在阳光充足的地方养护，如放在阴处，叶子过分伸长，会扰乱树形。冬季要保持室内温度5～7℃，若温度低于0℃就会受冻。

【整形修剪】

苏铁生长缓慢，每年仅长一轮叶丛，在干长到50厘米时，应注意在新叶展开后将下部老叶剪掉，或3～5年进行1次修剪，以保持其姿态优美。花谢后，要及时割掉谢后的雄花，以免影响生长，造成歪干。

【病虫害防治】

苏铁容易得苏铁斑点病，平时注意通风、透气，加强水肥管理，使植株强健，可减少斑点病发生。发病时可喷施50%托布津可湿性粉剂500～1000倍液或75%百菌清可湿性粉剂600倍液防治。发生白斑病、煤污病，可用50%多菌灵可湿性粉剂或70%托布津可湿性粉剂兑水1000倍，在清晨给病株喷雾。

【观赏价值】

苏铁为世界上最古老树种之一。树形古朴优美，茎干坚硬如铁，苍劲质朴，顶生大羽叶，洁净光亮，油绿可爱，四季常青，具有独特的观赏效果。如布置在庭园及大型会场可收庄严肃穆之效，配置于花坛中心，使人有安详之感，作古代建筑的陪衬，则显古老苍劲，作现代建筑的配植，则四季浓绿而赏心怡神。制作盆景可布置在庭院和室内，是珍贵的观叶植物。苏铁老干布满落叶痕迹，斑然如鱼鳞，别具风韵。盆中如配以巧石，则更具雅趣。

苏铁盆景

水养苏铁

昙 花
——月下美人雅媚娇

学　名：*Epiphyllum oxypetalum*（DC.）Haw.
别　名：琼花、月下美人
科　属：仙人掌科，昙花属

昙花原产墨西哥至巴西的热带森林。昙花喜温暖多湿的环境条件，适生于半阴处，不宜在阳光下曝晒，畏寒，冬季要放在室内越冬，越冬温度为10～13℃，生长温度为14～20℃，夏季忌阳光暴晒，应放在见散光的通风良好处。要求肥沃、疏松、排水良好的沙壤土，忌涝，喜淡有机液肥。一般多于温室中养护。昙花多作室内盆栽观赏。

昙花为多年生常绿、肉质、附生类仙人掌植物，灌木状，无刺，无叶，基部老茎常木质化，茎为叶状的变态枝，嫩枝三棱状，扁平，边缘波状不规则圆齿，深绿色，肉质肥厚，中筋木质化，表面具蜡质，有光泽。花单生于变态枝边缘波状齿凹处，花漏斗状，无花梗，花萼红色，花重瓣，白色，花瓣披针形。花期7～8月，夏秋夜晚开花，有异香，4小时左右凋谢，故有"昙花一现"之说。浆果红色，种子黑色。

昙花美姿

月下美人昙花

养 昙花的繁殖

【扦插繁殖】

昙花于5月上旬扦插成活率最高。昙花扦插苗当年就可开花。选生长健壮、稍老的肥厚叶状枝做插条，将叶状枝用剪刀剪下，剪成10厘米左右长的小段，按2～3节一段剪开，再将基部削平，放在通风处晾2～3天，插入素沙土内，保持60%左右的沙床湿度和较高的空气湿度，遮阴，室温保持18～24℃，1个月即可生根，根长2～4厘米时，即可上盆栽植。如用主茎扦插，当年可以见花，用侧茎则需2～3年才开花。

昙花的养护管理

【肥水管理】

昙花培养土以沙土和腐叶土配成。生长期间宜经常施用麻枯水，也可加施少量腐熟的人畜粪尿，若在肥液中加入少量的硫酸亚铁，可使扁平的肉质茎浓绿发亮。浇水掌握见干见湿的原则，避免根系沤烂。开花前后应加强肥水管理，以磷、钾肥为主，追施5%的磷酸二氢钾。

贵妃昙花

暗香昙花

【光照温度】

夏季避免烈日曝晒，应适当遮光。冬季转入温室培养，可直射光照射，但水要少浇并停止追肥。昙花在夜晚开花，为让人们在白天欣赏到昙花开花，可采用"昼夜颠倒"法，当昙花花蕾膨大时，白天把昙花置入暗室不让见光，夜晚用灯光照射，一直处理到开花时，昙花就在白天开放了。

【病虫害防治】

昙花易受红蜘蛛、介壳虫为害。如有发生应及时用低浓度的氧化乐果或哒螨灵药液防治。

咏

【花语寓意】

昙花花语：短暂的美丽、一瞬即永恒。

【故事传说】

昙花背后有一段很凄美的爱情故事。当年有一位花神化身为花，小伙子每天对花悉心照料，花神对其日久生情便表露身份，不久两人便相爱了。不料，天神众怒，把花神化身昙花开了在山下，对小伙子施法让其忘记花神并潜心学佛。只因小伙子每年有一次下山采草的机会，于是花神便一年只在那个时候绽放出最美的瞬间，希望小伙子记起她。可惜，一年又一年，小伙子依然不记得这位花神。昙花一现，只为韦陀，因此昙花又称韦陀花。

赞

【观赏价值】

昙花高雅，洁白，娇媚，高傲地仰着头，绽放开来。整个花朵优美淡雅，香气四溢，光彩照人。开花的时间一般在晚上8点以后，盛开的时间只有2～5小时，非常短促。因此享有"月下美人"之誉。在气温较低时，有时可持续开放到清晨。

紫色昙花

白莲花昙花

【药用价值】

昙花主要用花入药，嫩茎也可入药。嫩茎全年可采，花则在花季夜间采集，嫩茎多用鲜品，花则干品鲜品均可，制干品通常在开花的夜间，待花刚开或快开之时，采下以脱水法烘干备用。

昙花入肺、心经，具有软便去毒，清热疗喘的功效。主治大肠热症，便秘便血，以及肿疮、肺炎、痰中有血丝、哮喘等症。花具有强健的功效，兼治高血压及血脂过高等。

可煮水或炖赤肉服食，也可用鲜品捣制调蜂蜜饮服。炖赤肉通常加米酒与清水各半，或调加生地、淮山及决明子共享。

注意：昙花虽无毒，但不宜单味长服。

【环保价值】

提起昙花大家都会想到"昙花一现"。其实家中摆放一盆昙花，其好处有很多！

① 昙花的气味有杀菌抑菌的能力，能让家里的环境充满健康的气息。

② 昙花可以增加室内的负离子含量。它开花时间虽然很短但是开花的时候美丽高贵，清香四溢。它能够释放出负离子，让室内的空气清新怡人。负离子可以说是空气的维生素，如果居室内的负离子含量减少时，人们便会感觉到憋气和窒息。所以，能增加空气中的负离子浓度的昙花，确实是不可多得的美丽有益的花卉。

③ 一般绿色植物是白天进行光合作用吸收二氧化碳释放氧气，夜晚它们都会变得和人体一样，吸收氧气呼出二氧化碳。然而昙花恰恰是相反的，它会在白天关闭叶片上的气孔，到了晚上，待周围环境气温降低到适当温度后，才开启叶片上的气孔，排出氧气，吸收二氧化碳。所以它可以增加室内夜间氧气含量。

仙人球
—— 针刺艳丽姿形奇

学　名：*Echinopsis tubiflora*
别　名：短刺仙人球、草球、短毛球、短毛丸
科　属：仙人掌科，仙人球属

识

仙人球原产阿根廷及巴西南部的干旱草原。仙人球适应性强，性喜阳光充足，但夏季仍应适当遮阳，耐旱，适宜排水透气良好、富含石灰质的沙壤土。较耐寒，冬季在休眠的情况下如果盆土干燥，可耐0℃低温。仙人球的茎球、针刺艳丽，姿形奇特，适宜盆栽观赏。

仙人球碧球

仙人球美花

仙人球为多年生肉质、多浆植物，植株单生或成丛，幼株球形，老株圆筒形，具棱若干个，球体淡绿色或暗绿色，四周基部常蘖生多数小球，具密生锥状刺，四周具有光泽的黄白棉毛。花着生球体纵棱刺丛中，喇叭状，白、红、黄、橙等多种颜色，具芳香，花期6～7月，傍晚开放，翌晨凋谢。仙人球形状奇特，多姿多彩，花色艳丽，观赏价值极高，是理想的居室观赏植物。

养 仙人球的繁殖

【扦插繁殖】

仙人球在生长季扦插，以4～5月最宜，用仔球插入素沙中，把插穗和基质稍加喷湿。扦插时伤口不沾水，在日光不直射处晾两三天，使伤口愈合，不易腐烂。插后生根前置阴凉处，少浇水，约20天即生根。

【嫁接繁殖】

　　嫁接在3~4月，用量天尺、叶仙人掌等作砧木。盆栽用土以3份园土、3份粗沙、3份草木灰和1份骨粉混合而成。选生长良好的叶仙人掌植株，先剪去尖端，再剥去外皮，剥皮长度为球苗高度的1/3。削去球苗底部，露出球芯。将芯处钻孔（孔径与叶仙人掌砧木粗细相配合），深度为球高的1/3。将球苗接于砧木上。温度控制在20~25℃，成活率高。

仙人球的养护管理

【肥水管理】

　　施肥：生长季节每10~15天可追施充分腐熟的稀薄肥水，冬季不必施肥。家庭培养盆土有机质含量高，可单施化肥保持环境清洁。高温酷暑及低温休眠期禁肥。

　　浇水：刚栽的植株不宜浇水，每天喷水雾2~3次，半个月后少量浇水，1个月后新根已长出时可增加浇水量，坚持间干间湿的原则，夏季每2天喷水1次，冬季应控制水分以保持盆土不过分干燥为宜。温度越低，越要保持盆土干燥。

仙人球盆栽

金琥

【光照温度】

　　光照：仙人球要求阳光充足，但在夏季不能强光暴晒，需要适当遮阴。室内栽培，可用灯光照射，使之健壮生长。随着温度的升高，应放在半阴处，避免阳光直射。夏季除遮阳外，还要注意通风。栽培仙人球时光照不足、过度荫蔽或肥水太多，都将导致不开花。

　　温度：仙人球性喜高温、干燥环境，冬季室温白天要保持在20℃以上，夜间温度不低于10℃。温度过低容易造成根系腐烂。

【病虫害防治】

　　主要病虫害是介壳虫危害，要注意改善通风状况，防治介壳虫可人工剔除或用机油乳剂50倍液喷杀。

咏

【花语寓意】

　　仙人球花语：坚强，将爱情进行到底！

赞

【观赏价值】

　　仙人球的茎、叶、花均有较高观赏价值，传统的仙人球种植在沙壤土中，而通过植物水生诱变技术培育出的水培仙人球，既可以观赏到它那白嫩嫩的根系，又可以看到那游弋于根系间可爱的小鱼，的确赏心悦目。它是水培花卉的艺术精品。

【药用价值】

　　仙人球味甘、淡，性平。主治肺热咳嗽，痰中带血，痛肿，烫火伤。

　　常用验方如下。

　　① 治胃痛：剥去外皮仙人球150克，水煎服，每日1~2次。

　　② 治烫火伤、蛇虫咬伤：仙人球全草，捣汁涂。

　　③ 治手掌生疮毒：仙人球全草，捣烂敷。

玉翁

仙人球盆栽

　　① 天然氧吧：仙人球多在晚上比较凉爽、潮湿时呼吸。呼吸时吸入二氧化碳，释放出氧气。所以，在室内放置金琥这样一个庞然大物，无异于增添了一个空气清新器，能净化室内空气。故又为夜间摆设室内的理想花卉。

　　② 吸尘高手：仙人球是吸附灰尘的高手。在室内放置一个仙人球，特别是水培仙人球，可以起到净化空气的作用。

　　③ 抗辐射：仙人球有吸收电磁辐射的作用。在家庭或办公室中的电器旁摆放这种植物，可有效减少各种电器电子产品产生的电磁辐射污染，使室内空气中的负离子浓度增加。

【食用价值】

　　食用仙人球起源于欧洲法国，后传入我国北部湾沿海地区，经过多年的演变，现已形成了具有独特地方色彩的绿色保健食品——食用仙人球，在广东恩平当地人俗称勒果。

　　食用仙人球肉质鲜嫩、甘淡无毒、无任何副作用，是一种风味独特、名副其实的新型蔬菜。食用仙人球是一种集食用、保健、美容、观赏于一体的无公害绿色食品。

扶　桑

—— 姹紫嫣红花姿美

学　名：*Hibiscus rosa-sinensis* Linn.
别　名：朱槿、佛桑、桑槿、大红花
科　属：锦葵科，木槿属

　　扶桑原产我国南部地区。扶桑是强阳性植物，喜光照充足、温暖湿润环境。不耐寒、不耐旱、不耐阴，温度在12～15℃才能越冬。气温在30℃以上开花繁茂，在2～5℃低温时出现落叶。对土壤适应范围广，但在疏松肥沃、排水良好的中性至微酸性沙质土壤中生长良好。忌积水，萌芽力强，耐修剪。

扶桑花姿

扶桑花丛

　　扶桑为常绿灌木或小乔木。茎直立，盆栽株高一般达1～3米，多分枝。树冠近球形。单叶互生，广卵形或长卵形，先端渐尖，叶缘具粗齿或有缺刻，基部全缘，叶表面有光泽。花朵硕大，单生于叶腋，有下垂的、有直立的，有单瓣的、有重瓣的。单瓣花呈漏斗形，雄蕊及柱头伸出花冠外；重瓣花花冠通常玫瑰红色，非漏斗形，雄蕊及柱头不突出花冠外。花色丰富，有鲜红色、大红、粉红、橙黄、白、桃红等色，直径10厘米左右，花期长。蒴果卵形，光滑。

养　扶桑的繁殖

【扦插繁殖】

　　扶桑主要采用扦插法繁殖，通常5～10月进行，冬季在温室内进行，但以梅雨季节成活率高。选1～2年生1厘米左右粗的健壮枝条，剪成10～15厘米的插穗，只留上部叶片和顶芽，削平基部，插入经水洗消毒的细沙土中，保持较高空气湿度，30～40天后便可生根。用0.3%～0.4%吲哚丁酸处理插条基部1～2秒，可缩短生根期。根长3～4厘米时移栽上盆。

【嫁接繁殖】

　　扶桑嫁接在春、秋季进行。多用于扦插困难或生根较慢的扶桑品种，尤其是扦插成活率低的重瓣品种。枝接或芽接均可，砧木用单瓣花扶桑。嫁接苗当年抽枝开花。

扶桑的养护管理

【肥水管理】

　　4月出房后应放于光线充足的地方，生长期施入加20倍水稀释的腐熟饼肥上清液1～2次，6月起开花，一直到10月，每月追施2%的磷酸二氢钾1～2次，并充分浇水。10月底移入温室管理，控制浇水，停止施肥。

野火扶桑

粉红佳人扶桑

【光照温度】

　　扶桑光照不足，花蕾易脱落，花朵缩小，因此每天日照不能少于8小时，在栽培中要及时补光。扶桑不耐霜冻，在霜降后至立冬前必须移入室内保暖。越冬温度要求不低于5℃，以免遭受冻害；不高于15℃，以免影响休眠。休眠不好翌年生长开花不旺。

【整形修剪】

　　为了保持树型优美，着花量多，根据扶桑发枝萌蘖能力强的特性，可于早春出房前后进行修剪整形，各枝除基部留2～3芽外，上部全部剪截，剪修可促使发新枝，长势将更旺盛，株形也更美观。修剪后，因地上部分消耗减少，要适当节制水肥。

【病虫害防治】

　　叶斑病喷洒500～800倍液的代森锌防治。茎腐病在雨季前后每隔10天左右用200～500倍液托布津防治。介壳虫可喷80%敌敌畏乳剂或马拉硫磷1000倍液防治。蚜虫可用80%敌敌畏乳剂2000倍液防治。

咏

【花语寓意】

　　扶桑花语：纤细美、体贴之美、永保清新之美；新鲜的恋情，微妙的美。

【诗词歌赋】

　　《扶桑》晋 杨方

　　丰翘被长条，绿叶蔽未华。因风吐微音，芳气入紫霞。

　　我心美此木，愿徙著吾家。夕得游其下，朝得弄其花。

　　《咏扶桑》明 桑悦

　　南无艳卉斗猩红，净土门传到此中。欲供如来嫌色重，谓藏宣圣讳枝同。

　　叶深似有慈云拥，蕊坼偏惊慧日烘。赏玩何妨三宿恋，只愁烧破太虚空。

赞

【观赏价值】

　　扶桑花大色艳，花姿优美，花朵朝开暮萎，姹紫嫣红，全年开花，夏秋最盛，是美丽的观赏花木。多栽植于池畔、亭前、道旁和墙边。也适宜盆栽于客厅、入口厅等处摆设和放置阳台上观赏。扶桑也是夏秋布置节日公园、花坛、宾馆、会场等公共场所及家庭养花的优良花木之一。

白色扶桑

黄色扶桑

【药用价值】

　　扶桑味甘，性平，有调经、清肺化痰、凉血、解毒、利尿消肿的功效。扶桑根用于腮腺炎、支气管炎、尿路感染、子宫颈炎、月经不调、肺热咳嗽、急性结膜炎、鼻血等症。叶花外用适量捣烂敷患处可治疗疮痈肿、乳腺炎、淋巴腺炎。新近发现它还有降低血压的作用，茎皮可制绳索和麻袋。

荷　花

学　名：*Nelumbo nucifera*
别　名：莲、芙蕖、水芙蓉、莲花等
科　属：睡莲科，莲属

—— 花大叶奇凌波香

识

荷花原产于亚洲热带及温带，南北美洲也有分布。荷花喜温暖多湿和阳光充足的环境。荷花喜水，水是荷花的命脉，但极怕水淹没荷叶，严重时会造成死亡。荷花对温度要求很严，23～30℃是荷花生长发育的适宜温度。荷花怕大风，如果大风将叶柄吹断，水灌入后将引起整株腐烂死亡。荷花喜光，不耐阴，对土壤要求不严，但以富含腐殖质的肥沃黏土为宜。

荷花花姿

荷花花丛

荷花为多年生水生花卉，无明显的主根，仅在地下茎节间生不定根，其地下粗大的横走根状茎称为藕。荷花叶大，直径可达70厘米，开张多呈圆盾形，全缘，叶面深绿或黄绿色，上面被蜡质白粉，下面白绿色。当水珠滴在荷叶上时，滚来滚去，犹如碧盘玉珠。花单生，两性，花形大，花径可达10～20厘米，花有单瓣、复瓣、重瓣之分，花色有深红、白、粉红、淡绿及复色。花期6～9月。花托形如杯或呈伞形，与果实合称"莲蓬"，内有莲子10枚左右，坚果。

养　荷花的繁殖

【播种繁殖】

荷花播种繁殖多用于培育新品种。8～9月采收成熟的莲子储存起来，早春播种，因莲子外皮厚而坚硬，不易吸水发芽，播种前先将莲子尖端外皮磨破刻伤，即在远离发芽孔的一端用利刀削去一块种皮，而后将刻伤的种子播于装有泥塘土的花盆中，置于水下5厘米深处。在25～30℃条件下，1周后发芽，但发芽后生长十分缓慢，一般要经过3年养护，才能移栽和开花。

【分藕繁殖】

荷花以分藕繁殖最为常用。春季气温稳定回升时，挖出种藕每2～3节切成一段分栽，种植后成为一个新的植株。过早，温度低，种藕易冻烂；过迟，顶芽已萌发，易折断钱叶，影响成活。选择种藕时以带有顶芽的梢部为宜，此部位生长最为旺盛。

【池塘繁殖】

荷花池塘栽藕前先放干池水，翻耕池土，放入基肥，耙平后灌水。于春季4月上旬清明前后栽种。种藕最好在栽种前挖取，随挖随栽，并选取根茎先端的3个节作种藕，栽种时平铺或斜插，然后覆土10～15厘米。栽后不必马上灌水，待3～5天泥面龟裂后再灌水10～15厘米深，夏季高温期，加水深至50～80厘米，生藕期间水不宜深。

荷花盆栽

荷花花苞

荷花的养护管理

【肥水管理】

施肥：荷花的肥料以磷钾肥为主，辅以氮肥。如土壤较肥，则全年可不必施肥。腐熟的饼肥、鸡鸭鹅粪是最理想的肥料，小盆中施25克即可，大盆中最多只能施50～100克，切不可多施，并要充分与泥土拌和。

浇水：荷花是水生植物，生长期内时刻都离不开水。生长前期，水层要控制在3厘米左右，水太深不利于提高土温。如用自来水，最好另缸盛放，晒一两天再用。夏天是荷花的生长高峰期，盆内切不可缺水。入冬以后，盆土也要保持湿润以防种藕缺水干枯。

【病虫害防治】

荷花腐烂病发病初期喷洒50%多菌灵500～600倍液进行防治。黑斑病发病初期用50%托布津或50%多菌灵或75%百菌清500～800倍液喷杀。蚜虫在大量发生时在池塘或缸盆中撒3%呋喃丹颗粒剂杀灭。斜纹夜蛾用50%辛硫磷1000倍液喷杀防治。黄刺蛾在6～7月为害荷叶和花蕾柄可用90%敌百虫1500～2000倍液加青虫菌800倍液喷杀。

咏

【咏荷名篇】

《爱莲说》宋 周敦颐

水陆草木之花，可爱者甚蕃。晋陶渊明独爱菊。自李唐来，世人盛爱牡丹。予独爱莲之出淤泥而不染，濯清涟而不妖，中通外直，不蔓不枝，香远益清，亭亭净植，可远观而不可亵玩焉。

予谓菊，花之隐逸者也；牡丹，花之富贵者也；莲，花之君子者也。噫！菊之爱，陶后鲜有闻；莲之爱，同予者何人？牡丹之爱，宜乎众矣。

《小池》宋 杨万里

泉眼无声惜细流，树阴照水爱晴柔。

小荷才露尖尖角，早有蜻蜓立上头。

《采莲曲》唐 王昌龄

荷叶罗裙一色裁，芙蓉向脸两边开。

乱入池中看不见，闻歌始觉有人来。

《荷花》陈景章

脱俗无华，荷添荷韵荷昂首。

居污不染，花绽花香花袭人。

【故事传说】

荷花相传是王母娘娘身边的一个美貌侍女——玉姬的化身。当初玉姬看见人间双双对对，动了凡心，在河神女儿的陪伴下偷出天宫。西湖秀丽的风光使玉姬流连忘返。王母娘娘知道后用莲花宝座将玉姬打入湖中，并让她"打入淤泥，永世不得再登南天"。从此，天宫中少了一位美貌的侍女，而人间多了一种玉肌水灵的鲜花。

状元红荷花

佛手荷花

赞

【观赏价值】

荷花花大色艳，叶形独特，清香远溢，凌波翠盖，是我国的十大名花之一，观赏价值高。荷花有着极强的适应性，是美化水面、点缀亭榭的良好材料，既可广植湖泊，蔚为壮观，又能盆栽瓶插，别有情趣，自古以来就是宫廷苑囿和私家庭园的珍贵水生花卉，在现代风景园林中愈发受到人们的青睐。

【食用价值】

荷花的地下茎是莲藕，叶是荷叶，果实是莲蓬，

并蒂莲

观音荷花

种子为莲子，都可以食用。在亚洲，花瓣有时用于作点缀，而大的莲叶用于包装食物。莲藕是爆炒或煲汤的原料，是荷花中最常为人食用的部分。莲蓉是莲花的种子压至极烂而成，它可以用来制作、莲蓉糕及莲蓉月饼等美食。莲花的雄蕊可以被晒干制作成草本茶。还有传统的莲子粥、莲房脯、莲子粉、藕片夹肉、荷叶蒸肉、荷叶粥等等举不胜举。可见荷花食文化的丰富多彩。

【药用价值】

莲花有降火气、清心、止血、去除体内多余湿气、散瘀等重要功效。夏季，莲花还是一种有效的驱蚊剂。

莲叶性平，味苦，含丰富的维生素C及荷叶碱。有清暑、醒脾、化瘀、止血、除湿气之用。

莲子含维生素C、蛋白质、铜、锰等矿物质及荷叶碱，极具营养价值，有强身补气、保健肠胃、止泻及祛湿热的效果。

莲藕性寒，可凉血、去暑、散瘀气，对健脾、开胃也很有益处。

莲蓬又名莲房，可去除体内湿气、活血散瘀，亦可降火气让气息回复顺畅、舒适。

莲心味苦，性寒，能治心热。有降热、消暑气的作用，具有清心、安抚烦躁、祛火气的功能。

莲梗可清热解暑、去除体内多余水分并能顺畅体内气血循环。

香 蒲
——叶绿穗奇自然美

学　名：*Typha orientalis* Presl
别　名：东方香蒲、水蜡烛、蒲菜、猫尾草
科　属：香蒲科，香蒲属

香蒲分布于我国东北、华北及华东地区，在欧洲及北美部分地区也有分布。香蒲适应性强，对环境要求不严，性耐寒，喜阳，喜生于肥沃的浅水湖塘或池沼泥土内，适宜水深为1米以下。香蒲叶长如剑，宜水边栽植或盆栽，其花序可做切花或干花。

香蒲是多年生草本挺水植物。其地下具粗壮、匍匐生长的根茎，须根，地上茎直立，细柱状，不分枝，高1.5～2.5米，尖端渐细，叶基部呈鞘状抱茎，

香蒲花姿

香蒲花丛

质厚而轻。花单性，同株。穗状花序呈蜡烛状，浅褐色，其花序上部为雄花序，下部为雌花序，中间间隔3～7厘米裸露的花序轴。小坚果椭圆形至长椭圆形；果皮具长形褐色斑点。种子褐色，微弯。花果期5～7月。

香蒲的繁殖

【分株繁殖】

香蒲常采用分株法繁殖。春季3～4月发芽时将地下根茎挖出，切成数段，每段带有一段根茎或须根，选浅水处，重新栽植于泥中，很易成活。栽后注意浅水养护，避免淹水过深和失水干旱，经常清除杂草，适时追肥。一般栽植3～5年后，由于生长旺盛，根茎生长过密交织在一起，生长势逐渐衰弱，应挖出重新种植。

香蒲的养护管理

【栽培管理】

香蒲是水生宿根作物，生长过程需水较多。对气温反应敏感，秋季蒲株地上部逐渐枯黄，但根状

茎的顶芽转入休眠越冬，待翌年气温适宜时再萌发。整个生育期划分为萌芽、分株和抽薹开花三个时期。萌芽时期要求气温最低为10℃，达到15℃时有利于蒲芽生长，分株时期是指各母株基部密集节上腋芽的萌发与生长，一般每个母株当年可繁殖5～10个分株，抽薹开花与分株不是截然分开的，蒲田在分株时期已有部分蒲株进入抽薹开花。冬季地上部分枯死，地下根茎留存于土里，自然越冬。

小香蒲

香蒲盛景

【病虫害防治】

防治黑斑病要加强栽培管理，及时清除病叶。发病较严重的植株，需更换新土再行栽植，不偏施氮肥。发病时，可喷施75%的百菌清600～800倍液防治。发生褐斑病要清除残叶，减少病源。发病严重的可喷施50%的多菌灵500倍液或用80%的代森锌500～800倍液进行防治。

【故事传说】

香蒲和隋唐英雄李密还有一段渊源。据《唐书李密传》记载：因儿时家贫，李密以帮人放牛维生。有一次，隋炀帝无意间看到了他，觉得他顾盼的眼神很不一般，就给他机会让他读书。而李密读起书来也特别用心，他曾经用香蒲叶编成篮子挂在牛角上，将《汉书》装在篮内，骑在牛背上时就可以一面放牛一面读书。如此苦读后，果然成就不凡。

【观赏价值】

水生植物香蒲叶绿穗奇，常用于点缀园林水池、湖畔，构筑水景，宜做花境、水景背景材料，也可盆栽布置庭院。因为香蒲一般成丛、成片生长在潮湿多水环境，所以，通常以植物配景材料运用在水体景观设计中。香蒲与其它水生植物按照它们的观赏功能和生态功能进行合理搭配设计，能充分创造出一个优美的水生自然群落景观。另外，香蒲与其他一些野生水生植物还可用在模拟大自然的溪涧、喷泉、跌水、瀑布等园林水景造景中，使景观野趣横生、别有韵味。

炫丽香蒲

成熟香蒲

【药用价值】

香蒲花粉在中药上称蒲黄，蒲黄在我国有着悠久的应用历史，具有活血化瘀、止血镇痛、通淋的功效。

【经济价值】

香蒲目前在我国山东等地已形成产业化生产，用它含纤维量高的叶来编制的草袋、草包、草席、坐垫、茶垫、提篮等手工织品出口国外，能产生较好的经济效益。

香蒲全草为良好的造纸原料，含纤维量为35%～60%，出麻率在38.3%以上；用碱煮法可把叶和叶鞘加工成人造棉。脱胶后的纤维可织麻袋和搓绳，其拉力与质量均超过稻草绳。

成熟的雌花序称蒲棒，可蘸油或不蘸油用以照明，雌花序上的毛称蒲绒，几乎为纯纤维，常用作枕絮。

秋季 开花篇

矮牵牛

—— 勤劳牵牛早盛开

学　名：*Petunia hybrida* Vilm
别　名：毽子花、番薯花、矮喇叭、碧冬茄、撞羽朝颜、灵芝牡丹
科　属：茄科，矮牵牛属

矮牵牛花姿

矮牵牛花丛

矮牵牛原产于南美洲阿根廷，现世界各地广泛栽培。矮牵牛耐寒性不强，喜温暖和阳光充足的环境。较耐热和干旱，在35℃下可正常生长。怕雨涝，喜排水良好和疏松肥沃的沙质壤土，土壤过肥或阴凉天气则枝条徒长，易倒伏，影响开花。

矮牵牛为多年生草本植物，常作一二年生花卉栽培。株高30～60厘米，全株被黏毛。上部叶对生，中下部叶互生，叶片全缘，无柄，卵形。茎较细，多分枝，稍丛生。花单生于叶腋或枝顶，花冠漏斗状，先端有波状浅裂，花瓣边缘有平瓣、锯齿状、波状等。花色变化多样，有蓝、白、黄、粉、红、紫等，另外还有星状、双色和脉纹等。花期4～10月。蒴果尖卵形，成熟时开裂。种子细小，粒状，呈褐色。

矮牵牛的繁殖

【播种繁殖】

矮牵牛春、秋播种均可。矮牵牛种子细小、发芽期光照，可提高发芽率。要求播种土保水、透气性良好，播种前将土面刮平并稍压，浇透底水后，将种子与细沙土或细沙充分混匀撒播，播种不要过密，否则分苗不及时，易得猝倒病，不必覆土。注意保持土表湿润，在20℃左右矮牵牛7～10天发芽，出苗整齐。当幼苗长至6～7片真叶时可定植。矮牵牛一般露地定植株距30～40厘米，定植时要带土团，以免伤根太多，难以恢复。秋播苗经移植1次以后，可在温室中越冬，冬季室温不能低于10℃，到翌年春季即可开花，而且花可一直开到10月底。

【扦插繁殖】

由于重瓣及大花的品种常不易结实，可采用扦插方法繁殖。扦插一般取嫩茎或茎基部侧枝，剪成5～7厘米长的茎段做插穗，扦插于湿沙床中，温度为20～25℃，适当避光，保持湿润，15～20天生根，根长5厘米时即可移植，成活率较高。

双色矮牵牛

白色矮牵牛

矮牵牛的养护管理

【肥水管理】

施肥：在生长过程中每隔半月施用加5倍水的腐熟人畜粪尿液1次，或在生长期和开花期每20～25天施用氮磷钾复合液肥1次，并进行整形修剪，促使开花。田间管理还应注意控制植株高度。蒴果成熟后会自行开裂，种子散落，故采种应在清晨，在蒴果尖端发黄或微裂时采下，以防种子散失。

浇水：开花期特别是夏季生长旺期，需充足水分，高温季节应在早、晚浇水，保持盆土湿润。但梅雨季节，雨水多，对矮牵牛生长十分不利，盆土过湿，茎叶容易徒长，花期雨水多，花朵易褪色或腐烂。盆土若长期积水，则烂根死亡。

【光照温度】

光照：矮牵牛属长日照植物，生长期要求阳光充足，在正常光照条件下，从播种至开花需100天左

右。冬季大棚内栽培矮牵牛时，在低温短日照条件下，茎叶生长很茂盛，但着花难，当春季进入长日照下，很快就从茎叶顶端分化花蕾。

温度：适宜生长温度为13～18℃，冬季温度在4～10℃，低于4℃植株生长停止。夏季高温、高湿对结实不利，应尽量避开。

【病虫害防治】

矮牵牛常有花叶病、青枯病等危害。发现病株要立即拔除并用10%抗菌剂401醋酸溶液1000倍液喷洒防治，也可用好生灵等农药的800倍液喷杀。虫害有蚜虫，可用10%二氯苯醚菊酯乳油2000～3000倍液喷杀，也可用万灵800～1000倍液喷杀。

红色矮牵牛

紫色矮牵牛

咏

【花语寓意】

牵牛花花语：爱情永结，平静，虚幻渺茫的恋爱，"暂时的恋情"。在英国寓意"镇静"。

粉牵牛花：纤纤柔情。

牵牛花有个俗名叫"勤娘子"，顾名思义，它是一种很勤劳的花。每当公鸡刚啼过头遍，绕篱萦架的牵牛花枝头，就开放出一朵朵喇叭似的花来。晨曦中人们一边呼吸着清新的空气，一边饱览着点缀于绿叶丛中的鲜花，真是别有一番情趣。

【民间故事】

传说很早以前，有一个村子，村中很多人得一种怪病，腹胀难忍，四肢肿胀，大便干燥并有虫子。很多医生都治不好这种怪病，人们一直生活在痛苦之中。有一个与牛相依为命的牧童，非常聪明。一日，牛突然开口对他说话："远方有一座大山，山中长着许多像喇叭的小花，我带你找到它的种子，就可以治好全村人的病。"牧童听后，带着干粮，牵着牛去寻找远方的大山。历尽千辛万苦，牧童终于找到了像喇叭的小花，并带着花的种子牵着牛顺利回到家乡。得病的村民吃了花的种子，都神奇地治好了病，恢复了健康。大家为了纪念牧童，把这种花的种子叫"牵牛子"并把它种到地下，为更多的百姓治病。

粉色矮牵牛

双色矮牵牛

赞

【观赏价值】

矮牵牛花大而繁盛，色彩丰富，花期长，气候适宜或温室栽培可四季开花，是优良的花槽和花坛花卉。矮牵牛植株既有直立的也有匍匐的，还可用吊钵种植观赏。用它来点缀屋前、屋后、篱笆、墙垣、亭廊和花架，均赏心悦目，可形成美观的花墙和花篱。没有庭院的家庭，也可以在阳台牵以绳索，使其缠绕而上，构成一片花海，实在是美化阳台的最佳植物之一。

【药用价值】

牵牛花有泻水通便、消痰涤饮、杀虫攻积的作用。可用于肾炎水肿，肝硬化腹水，二便不通，痰饮积聚，气逆喘咳，虫积腹痛、蛔虫、绦虫病等症。孕妇及胃弱气虚者忌服。

常用验方如下。

① 治水肿：牵牛子末之，水服，以小便利为度。

② 治一切虫积：牵牛子100克（炒，研为末），槟榔50克，使君子肉50个（微炒）。俱为末。每次服10克，砂糖调下，小儿减半。

③ 治四肢肿满：厚朴（去皮，姜汁制炒）25克，牵牛子250克（炒取末二两）。上药研为细末。每次服10克，煎姜、枣汤调下。

④ 治小儿腹胀、水气流肿、膀胱实热、小便赤涩：牵牛生研5克，青皮汤空心下。一加木香减半，丸服。

千日红

—— 点点花球映夕阳

学　名：*Gomphrena globosa* L.
别　名：火球、杨梅花、千年红
科　属：苋科，千日红属

识

千日红原产亚洲热带地区，是热带和亚热带地区常见花卉，我国长江以南普遍种植。千日红生性强健，对环境要求不严，喜温暖、阳光充足，耐干热，不耐寒，怕霜雪，怕积水，要求肥沃和排水良好的沙壤土。生长适温为20～25℃，在35～40℃范围内也生长良好，冬季温度低于10℃则植株生长不良或受冻害。千日红耐修剪，花后修剪可再萌发新枝，继续开花。

千日红花姿

千日红花丛

千日红为一年生草本植物。株高40～60厘米，茎强健，上部多分枝，节部膨大。叶对生，长圆形，全缘，叶片上被灰白色长毛。头状花序，球形，单生于枝顶，或2～3个花序集生，花序球渐开，渐伸长，呈长圆形，长者可达3厘米以上。花色为紫红色，栽培变种有千日白，花白色；千日粉，花粉色。花期7月至降霜。种子近球形。

养 千日红的繁殖

【播种繁殖】

千日红发芽适温16～23℃，3～4月春播或9～10月秋播，以直播为好。种子布满短密的绒毛，互相粘连，因此出苗迟缓，不易播种且发芽率低。为促使其快出苗，播种前要进行催芽处理。播前可先用温水浸种1天或冷水浸种2天，然后挤出水分，稍干，拌以草木灰或细沙，用量为种子的2～3倍，使其松散便于播种。或用粗沙揉搓将绒毛揉掉后再播，选择阳光充足、地下水位高、排水良好、土质疏松肥沃的沙壤土地块作为苗床为好。播后略覆土，温度控制在20～25℃，10～15天可以出苗。

【扦插繁殖】

在6～7月剪取健壮枝梢，长3～6厘米，即3～4个节为适，将插入土层的节上叶片剪去，以减少叶面水分蒸发。插入沙床，温度控制在20～25℃，插后18～20天可移栽上盆。如果温度低于20℃，发根天数会推迟5～7天。

紫色千日红

红色千日红

千日红的养护管理

【肥水管理】

施肥：待幼苗出齐后间1次苗，让它有一定的生长空间，不会互相遮盖，间苗后用1000倍的尿素液浇施，施完肥后要及时冲洗叶面，以防肥料灼伤幼苗。除在定植时用腐熟鸡粪作为基肥外，生长旺盛阶段还应每隔半个月追施1次富含磷、钾的稀薄液体肥料。花前增施磷肥1次，花后可进行修剪和施肥，促使重新抽枝，可再次开花。

浇水：千日红喜微潮、偏干的土壤环境，较耐旱。因此当小苗重新长出新叶后，要适当控制浇水；当植株花芽分化后适当增加浇水量，以利花朵正常生长。

【光照温度】

光照：千日红喜阳光充足的环境，栽培过程中应保证植株每天不少于4小时的直射阳光。栽培地点不可过于荫蔽，否则植株生长缓慢、花色暗淡。

温度：生长适宜温度为20～25℃，冬季温度低于10℃植株生长不良或受冻害。

【摘心促花】

幼苗需移植或间苗1次，移苗后需遮阴2～3天，保持土壤湿润，否则易倒苗。当苗高15厘米时摘心1次，促发侧枝，多开花。以后，可根据生长情况决定是否进行第2次摘心。整形修剪时应注意对植株找圆整形，以使千日红有较高的观赏价值。当植株成型后，对枝条摘心可有效地控制花期。花朵开放后，保持盆土微潮状态即可，注意不要往花朵上喷水，要停止追施肥料，保持正常光照即可。花后应及时修剪，以便重新抽枝开花。

【病虫害防治】

千日红在夏季高温、多湿时有时发生叶斑病和病毒病危害，可用10%抗菌剂401醋酸溶液1000倍液喷洒防治。此外要避免连作，注意雨季排水。防治立枯病，可于播种前5～6天，用1500倍液的立枯宁处理苗床，也可用1000倍液的立枯宁对病株灌根。

【花语寓意】

千日红花语：不灭的爱。此花语源于千日红不易褪色的特点。

【传说】

相传在美丽的大海边有一对真心相爱的恋人，虽然生活贫寒，但两人相濡以沫。然而有一天海里一条三头海蟒赶散了鱼群，断了渔民们的生计，小伙子和姑娘也无法过上安宁的日子了。于是勇敢的小伙子挺身而出，决定带领渔民们去除掉这个恶魔。

千日红花球

紫色千日红

小伙子走了，姑娘每天拿着镜子坐在窗前焦急地等待着，这样过了几天，镜子里忽然出现了一根红色的桅杆，随后桅杆的颜色渐渐变得越来越深，最终变成了黑色。姑娘猜测恋人已经在与海蟒的搏斗中失去了生命，悲痛欲绝，不久便郁郁而终，渔村的人们把她葬在了海边。第二天，坟上开出了一支又红又大的不知名的鲜花，就在这支花开满100天的时候，小伙子回来了。听到姑娘去世的噩耗，他趴在坟上伤心地大哭起来。

那整整开了100天的花却一瓣一瓣地凋零了。从此以后，人们就将这种不知名的，开过百日才败的花称为"百日红"，又叫"千日红"。

【观赏价值】

千日红花期长，植株低矮，繁花似锦，花色鲜艳，为优良的园林观赏花卉，是花坛、花境的常用材料，且花后不落，色泽不褪，仍保持鲜艳。

千日红也可盆栽，还可做干花。在花序已伸长，下部小花未褪色前，剪取花枝，捆扎成束，倒挂于阴凉处，干后即可做干花材料。

人们平常所见的紫红、白色、粉红的"花朵"实际是小苞片，真正的花很小，埋在苞片中间，很不显眼。干燥后的苞片可以长久不褪色，因此叫千日红。

千日红花姿

千日红花镜

【药用价值】

千日红性平，味甘，可入药。含皂苷和黄酮成分，有止咳祛痰、定喘、平肝明目功效，主治支气管哮喘，百日咳，急、慢性支气管炎，肺结核咯血等症。

常用验方如下。

① 治小便不利：千日红花序5～15克，煎服。

② 治头风痛：千日红花15克，马鞭草35克，水煎服。

③ 治白痢：千日红花序10个，水煎，冲入黄酒少量服。

④ 治气喘：千日红的花头10个，水煎，冲少量黄酒服，连服3次。

⑤ 治小儿夜啼：千日红鲜花序5个，蝉衣3个，菊花3.5克，水煎服。

⑥ 治小儿肝热：千日红鲜花序7～14个，水煎服。或加冬瓜、糖同炖服。

⑦ 治百日咳：千日红10克，炙百部15克，浙贝母6克，白僵蚕10克，钩藤10克，水煎服。

【食疗保健】

千日红可做保健茶饮。

① 千日红菊花茶：千日红花、杭菊花各15克，夏枯草30克，加水煎汁，代茶饮，有清肝降压，定喘止咳的功效。

② 千日红菊桑茶：千日红花10克，菊花15克，霜桑叶15克，开水冲泡，代茶频饮，可缓解目赤肿痛。

一串红

—— 串串红火串串连

学　名：*Salvia splendens* Ker-Gawler

别　名：墙下红、串红、西洋红、爆仗红、草象牙红

科　属：唇形科、鼠尾草属

一串红原产南美热带及亚热带地区，我国各地露地栽培甚多。喜温暖和阳光充足的栽培环境，不耐寒，遇霜冻则植株易受冻死亡，耐半阴，忌霜雪和高温，怕积水和碱性土壤，适栽于疏松肥沃和排水良好的沙壤土。生长适温20～25℃，15℃以下叶色发黄甚至脱落，30℃以上则花、叶变小。

一串红为多年生草本，多作一年生栽培。一

一串红花姿

一串红花坛

串红因品种不同株高差异很大。高生一串红株高50～80厘米，矮生品种株高约30厘米。茎直立、光滑，有四棱，多分枝。叶对生，卵形，边缘有锯齿，呈黄绿色。假总状花序顶生，被红色柔毛，小花2～6朵轮生，鲜红色，花萼钟状，常宿存。花冠唇形，红色。花谢后花冠脱落，花萼仍可观赏。一串红花期长，可从7月直到霜降。果实为三棱状卵形小坚果，黑褐色。种子千粒重3.0克左右。果熟期9～11月。

变种有一串白（花白色，萼略带绿色）、一串紫（花及萼均为紫色）、丛生一串红（株型较矮，花序密）、矮一串红（株高仅约20厘米，花亮红色，花朵密集于总梗上）。

养 一串红的繁殖

【播种繁殖】

一串红春、秋季播种。秋季播种需在温室内越冬。种子好光，播种后可不覆土。一串红种子发芽率不高，且发芽较慢，为促进种子萌发，可以在播种前进行冷水浸种24小时，种子浸水后分泌出一层透明黏液。为使播种时种子分散均匀，应混砂，以不见种子为宜，否则发芽慢，且不整齐。播后保持盆土湿润，发芽适温20～25℃，春播3～6月均可，早播早开花，1周后子叶陆续出土，苗出齐，逐渐加强光照，增加通风。温室育一串红苗时，播种过密或温度忽高忽低，或连续阴天盆土过湿，常发猝倒病致使大面积死苗。除药物防治外，应及时分苗，加强通风光照，控制浇水。

【扦插繁殖】

一串红也可扦插繁殖，5～8月为扦插繁殖期，扦插的插穗，要求是剪自成株未带花蕾的健壮侧芽，每段6～8厘米长，并带有4～5枚叶片，靠近切口的叶片摘去，再扦插于湿润的细沙中，保持日照60%～70%，经10～15天可生根，待根旺盛时再移植。

一串红花海

一串红的养护管理

【定植管理】

播种苗具2片真叶时可移植，株行距为30厘米×30厘米。缓苗后，为壮苗可适当降低生长温度至15℃并加强光照。6片真叶时摘心，只留基部2片叶，生长过程中需摘心2～3次，以促使多分枝植株矮壮，花枝增多。

【肥水管理】

施肥：植株长侧枝后施肥要勤，每月追施肥料2次，以豆饼、氮磷肥结合。花期增施2～3次磷、钾肥。但应控制生长过旺，否则枝叶生长旺盛，开花少。

浇水：夏季每天可浇水1～2次，春秋季2～3天浇1次。生长期为了防止徒长，要少浇水、勤松土，并施追肥。

【光照温度】

最适生长温度为15～30℃，低于12℃生长停滞，叶片变黄、脱落，花朵逐渐脱落。霜降前，将地栽或盆栽的移入温室或室内向阳处越冬，温度保持5℃以上。3月移到室外分种、分栽。

【整形修剪】

4月起，将新长茎叶摘心2～3次，使之多长侧枝。5月后，及时摘除残花，可多次开花。

【病虫害防治】

常发生叶斑病和霜霉病危害，用65%代森锌可湿性粉剂500倍液喷洒。虫害有银纹夜蛾、粉虱、蚜虫、红蜘蛛等危害，可用10%二氯苯醚菊酯乳油2000倍液喷杀，或用1500倍的40%氧化乐果乳油喷杀。

【花语寓意】

一串红花语：恋爱的心。

一串白花语：精力充沛。

一串紫花语：智慧。

一串红

一串白

一串紫

赞

【观赏价值】

一串红花色鲜艳，花期长，是最普遍栽培的草本花卉，适宜布置大型花坛、花带和花境，在草坪边缘、树丛外围成片种植效果也好，一些矮生品种常用于盆栽，布置花架、美化阳台。常与浅黄色美人蕉、矮万寿菊、浅蓝或水粉色水牡丹、翠菊、矮藿香蓟等配合布置。白花品种除与红花品种配合观赏效果较好外，一般白花、紫花品种的观赏价值不及红花品种。

【药用价值】

一串红全草可入药，味甘，性平，有清热、凉血、消肿的功效。鲜一串红适量，捣烂外敷可治疗疮。

美女樱

——星星点点美女般

学　名：*Verbena hybrida* Voss

别　名：草五色梅、四季绣球、铺地马鞭草、铺地锦。

科　属：马鞭草科，马鞭草属

识

美女樱花姿

美女樱花丛

美女樱原产于南美巴西、秘鲁、乌拉圭等地，现世界各地广泛栽培。喜温暖湿润气候，喜阳，不耐阴亦不甚耐寒，不耐干旱，在疏松肥沃、较湿润、排水良好的土壤中生长健壮，开花亦繁茂，适合温度10~25℃。稍耐微碱性土壤。在我国上海等暖地可作二年生栽培，露地越冬。

美女樱为多年生草本花卉，常作一二年生栽培。株高20~50厘米。茎四棱、低矮，匍匐状外展。全株被灰色柔毛。叶对生，有柄，长圆形或卵圆形，边缘有整齐的圆钝锯齿。穗状花序顶生，花小，呈漏斗状，密集成伞房状排列，全长6~9厘米。花萼细长筒状。花色多，有白、深红、粉红、蓝、紫等，且有复色品种，花略具芳香。花期长，6月至霜降不断开花，萌果9~10月成熟，坚果呈棒状，长4~5毫米，浅黄色。

养 美女樱的繁殖

【播种繁殖】

繁殖主要用扦插、压条方法，亦可分株或播种繁殖。播种繁殖通常在9月初播于苗床或盆内，因其种子少，发芽慢且出苗不佳，生产上较少使用。

【扦插繁殖】

扦插可在气温15℃左右的季节进行，剪取稍硬化的新梢，切成6厘米的插条，插于温室沙床或露地苗床。扦插后即遮阴，2~3天以后可稍受日光，促使生长。需15天左右发出新根，当幼苗长出5~6枚叶片时可移植，长到7~8厘米高时可定植。

【压条繁殖】

也可用匍匐枝进行压条，待生根后将节与节连接处切开，分栽成苗。还可将节间生根枝条切下分栽。

美女樱的养护管理

【肥水管理】

施肥：每半月施薄肥1次，用10~15倍水稀释的腐熟人畜粪尿液喷施，以使新梢发育良好。花前增施磷、钾肥2~3次。

浇水：栽培美女樱应选择疏松、肥沃及排水良好的土壤。因其根系较浅，夏季应注意浇水，干旱则长势弱，分枝少。雨季生长旺盛，茎节着地极易生根，但水分过多会引起徒长，开花减少，若缺少肥水，植株生长发育不良，有提早结籽现象。

【光照温度】

温度：喜欢温暖气候，忌酷热，在夏季温度高于34℃时明显生长不良；不耐霜寒，在冬季温度低于4℃时进入休眠或死亡。最适宜的生长温度为15~25℃。一般在秋冬季播种，以避免夏季高温。

光照：春夏秋三季需要在遮阴条件下养护。在气温较高的时候（白天温度在25℃以上），如果它被放在直射阳光下养护，叶片会明显变小，枝条节间缩短，脚叶黄化、脱落，生长十分缓慢或进入半休眠的状态。

紫色美女樱

粉红美女樱

【修剪摘心】

每2个月修剪1次带有老叶和黄叶的枝条，只要温度适宜，能四季开花。在开花之前一般进行2次摘心，以促使萌发更多的开花枝条。进行2次摘心后，株形会更加理想，开花数量也多。

【病虫害防治】

美女樱露地生长期不需特殊管理，生长健壮，抗病能力较强，很少病虫害。当有白粉病、根腐病时可用70%托布津可湿性粉剂1000倍液喷洒。蚜虫、粉虱可用2.5%鱼藤精乳油1000倍液喷杀。

咏

【花语寓意】

美女樱花语：和睦家庭、相守。
美女樱是6月24日的代表花。

美女樱花丛

蓝色美女樱

【观赏价值】

美女樱植株低矮，分枝繁茂，花期甚长，适合作花坛、花径和盆栽的材料，也可在林缘、草坪成片栽植，还可作切花材料。美女樱在欧洲常见于吊钵栽培以及阳台和花坛的装饰花。

美女樱混色种植或单色种植可用于公路干道两侧绿化带，也可用于交叉路口转盘处以环状方式种植，由里至外采用不同颜色，形如铺地彩虹，视觉效果甚佳。

【药用价值】

美女樱全草可入药，具清热、凉血的功效。

桔　梗

—— 绚烂紫色尽妖娆

学　名：*Platycodon grandiflorus*（Jacq.）A. DC.
别　名：铃铛花、僧帽花、包袱花、道拉基
科　属：桔梗科，桔梗属

桔梗花姿

桔梗花丛

桔梗原产我国，广布华南至东北。朝鲜、日本也有分布。桔梗喜阳光充足，耐寒，可露地或覆土防寒越冬。宜栽培在海拔1100米以下的丘陵地带，半阴半阳的沙质壤土中，以富含磷钾肥的中性夹沙土生长较好，生长适温15～23℃。

桔梗为多年生草本植物。根呈胡萝卜形，通常无毛，株高0.4～1.2米。全株具白色乳汁。茎丛生，上部有分枝。叶3枚轮生、对生或互生，无柄或有极短的柄，叶片卵形或卵状披针形，叶背被白粉。花常单生，偶有数朵聚生茎顶，花萼和花冠钟状，5裂，裂片三角形。花冠通常蓝色，也有白色、浅雪青色，含苞时形似僧冠，故又名僧帽花。花径3～5厘米。花期7～9月。

养　桔梗的繁殖

【播种繁殖】

温暖地区秋、冬为桔梗的播种适期，高冷地春、秋均适合播种。种子发芽适温15～20℃。直根系，不耐移植，最好采用直播。桔梗种子应选择二年生以上非陈积的种子（种子陈积1年，发芽率要降低70%以上）。春播宜用温汤浸种，可提早出苗，即将种子置于温水中，随即搅拌至水凉后，再浸泡8小时，将种子用湿布包起来，并用湿麻袋片盖好，每天早晚用温水冲洗1次，约5天，待种子萌动时即可播种。

【分株繁殖】

分株繁殖在春秋均可进行，分株时要将根颈部的芽连同根一起分离栽植，4年左右进行1次。

桔梗的养护管理

【肥水管理】

由于桔梗苗弱，播后要加强管理，注意保温保湿，及时间苗，5月定植，追肥1～2次，可用加5倍水稀释的腐熟人畜粪尿液或加30倍水的腐熟饼肥上清液。为了促进分枝增加花数在株高6～8厘米时可进行摘心。另外，花后及时修剪、施肥，秋季可再次开花。

叶斑病用50%托布津可湿性粉剂500倍液喷洒。根腐病用多菌灵1000倍液浇灌病区，雨后注意排水，田间不宜过湿。白粉病发病初用0.3波美度石硫合剂或白粉净500倍液喷施或用20%的锈宁粉1800倍液喷洒。虫害有蚜虫、卷叶虫侵害，可用40%氧化乐果乳油1500倍液喷杀。

美丽桔梗

桔梗花姿

咏

【花语寓意】

桔梗花语：真诚不变的爱。

桔梗花开代表幸福再度降临。可有的人能抓住幸福，有的人却与它无缘。于是，桔梗花具有双层话语：永恒的爱和无望的爱。

【美丽传说】

从前，某个村子里住着一位叫桔梗的少女，独自一人生活。有一天有个少年跟桔梗求婚成功。但是，小伙子为了捕鱼，向大海出发了。可是，过了几十年小伙子也没回来。桔梗总是跑去海边，一直到桔梗已经成了老人，依然不能忘掉少年。桔梗的眼睛慢慢地闭上，身体变成了花。后来，人们就把那朵花叫作桔梗花了。桔梗花看着大海寻找着少年。

赞

【观赏价值】

桔梗栽培养护容易，花朵大，花期较长，可用来布置花坛、花境或岩石园，也可作盆花观赏，或作切花。

【食用价值】

朝鲜族人常把桔梗用作野菜食用。根可腌制成咸菜，在我国东北地区称为"狗宝"咸菜。在朝鲜半岛、我国延边地区，桔梗是很有名的泡菜食材。

桔梗花丛

炫丽桔梗

【药用价值】

桔梗根可入药，有宣肺，利咽，祛痰，排脓的功能。多用于治疗咳嗽痰多，胸闷不畅，咽痛，音哑，肺痈吐脓，疮疡脓成不溃。

常用验方如下。

① 治喉痹及毒气：桔梗100克、水三升，煮取一升，顿服之。

② 胸满不痛：用桔梗、枳壳等分，煎水二杯，成一杯，温服。

③ 虫牙肿痛：用桔梗、薏苡，等分为末，内服。

④ 治牙疳臭烂：桔梗、茴香等分，烧研敷之。

⑤ 咽痛、口舌生疮：先服甘草汤，如不愈，再服桔梗汤。

爆竹花

学 名： *Russelia equisetiformis* Schlecht. et Cham.

别 名： 炮仗花、鞭炮花、吉祥草

科 属： 玄参科，爆竹花属

—— 含苞羞涩待盛开

爆竹花花姿

爆竹花花丛

爆竹花原产美洲热带墨西哥。爆竹花性喜温暖、湿润环境，喜好阳光，光照越强开花越好。不耐寒，忌涝。对土壤要求不严。温室栽培越冬最低温度12℃。爆竹花红色筒状花形如吊挂的成串鞭炮，美丽悦目，主要用于盆栽观赏。

爆竹花为常绿半灌木，株高0.6～1米，直立，全体无毛，茎细、柔韧、多分枝，枝上具纵棱，绿色，全株披散状。单叶对生或轮生，常退化成鳞片状。聚伞花序着生枝顶，有时花单生，小花下垂，花5裂，花冠筒状柱形，边缘呈唇形，红色。由于花筒下垂，密挂于枝头上，不见绿色花叶，只见红筒成串，如爆竹状，故名。花期5～11月。蒴果近球形。

爆竹花的繁殖

【扦插繁殖】

常于春末或秋初用当年生的枝条进行嫩枝扦插，或于早春用去年生的枝条进行老枝扦插。将粗、细枝条剪成10～15厘米长，插于素沙中，庇荫，保持80%～90%的相对湿度，1个月后，即可生根发芽，长出3片真叶后进行移栽。家庭扦插限于条件很难弄到理想的扦插基质，建议使用已经配制好并且消过毒的扦插基质；用中粗河砂也行，但在使用前要用清水冲洗几次。海砂及盐碱地区的河砂不要使用，它们不适合花卉植物的生长。

【压条繁殖】

选取健壮的枝条，从顶梢以下15～30厘米处把树皮剥掉一圈，剥后的伤口宽度在1厘米左右，深度以刚刚把表皮剥掉为限。剪取一块长10～20厘米、宽5～8厘米的薄膜，上面放些淋湿的园土，像裹伤口一样把环剥的部位包扎起来，薄膜的上下两端扎紧，中间鼓起。4～6周后生根。生根后，把枝条连根系一起剪下，就成了一棵新的植株。

爆竹花苞

爆竹花围墙

爆竹花的养护管理

【肥水管理】

施肥：夏季每20天追施1次5%的磷酸二氢钾，生长期每10天左右施1次腐熟的薄饼肥。对于盆栽的植株，除了在上盆时添加有机肥料外，在平时的养护过程中，还要进行适当的肥水管理。

浇水：爆竹花怕水涝，稍耐旱，移栽后不宜多浇水，浇水做到见干见湿，既不能长期积水，也不能过于干旱，以保持盆土湿润而不积水为佳。空气干燥时可向植株喷水，以增加湿度。

【光照温度】

光照：生长期应保持充足光照，盛夏也不必遮阴。放在室内养护时，尽量放在有明亮光线的地方，如采光良好的客厅、卧室、书房等场所。在室内养护一段时间后（1个月左右），就要把它搬到室外有遮阴（冬季有保温条件）的地方养护一段时间（1个月左右），如此交替调换。

温度：由于爆竹花原产于热带地区，喜欢高温高湿环境，因此对冬季的温度要求很严，当环境温度在10℃以下时停止生长，秋末入温室，霜冻出现时维持8℃以上即可。5℃以上能安全越冬。

【观赏价值】

爆竹花的鲜红色花朵盛开于纤细的枝条上，看上去就像一个个点火即燃的爆竹，给人以喜庆热烈之感。可作盆栽装饰阳台、庭院、室内，也可作吊盆栽植，悬挂于廊下、窗前等处观赏。在气候较为温暖的地区，还可在花坛、假山旁、岩石旁等处地栽。

美丽爆竹花

爆竹花花海

【药用价值】

爆竹花味甘、性平，可入药，具有续筋接骨、活血祛瘀的功效，主治跌仆闪挫，刀伤金疮，骨折筋伤。外用取鲜品适量，捣敷。内服取10～15克煎汤。

球根海棠
——红橙黄紫色斑斓

学　名：*Begonia tuberhybrida* Voss.
别　名：秋海棠、茶花海棠、球根秋海棠、玻璃海棠、牡丹海棠
科　属：秋海棠科，秋海棠属

球根海棠产于亚热带及热带林下沟溪边的阴湿地带。性喜温暖湿润、夏季凉爽、光照不太强和通风良好的半阴环境。忌高温、强光。生长适温15～20℃，夏季不可太热，以不超过25℃为宜，32℃以上则茎叶枯落，冬季栽培温度不得低于10℃。生长期要求较高的空气相对湿度，白天约75％，夜间80%以上。球根海棠春季块茎萌发生长，夏秋开花，冬季休眠。栽培土壤以疏松、肥沃、排水良好的微酸性沙壤土为宜。

球根海棠花姿

粉黄双色球根海棠

球根海棠为多年生草本花卉植物，地下茎为不规则扁球形、褐色。株高30厘米左右，茎直立或铺散、侧展，有分枝，肉质，有毛。叶互生，呈不规则的心脏形，先端锐尖，基部偏斜，叶缘有齿及纤毛，聚伞形花序着生叶腋。球根海棠花大而美丽，每梗有花3～6朵。花单性同株，雄花大而美丽，有单瓣、半重瓣和重瓣，径5厘米以上，雌花小型。花色有大红、紫红、白、淡红、橙红、黄及复色。花期7～10月。

养　球根海棠的繁殖

【播种繁殖】

播种繁殖时间为1～2月，幼苗在温室过冬，温度、湿度都要掌握好。播种土可用腐叶土、沙壤土、河沙配制成，培养土过筛，盆土表面平整、镇压，将种子混沙撒播，不必覆土，用塑料薄膜或玻璃覆

盖保湿，采取浸盆法灌水，温度保持18～25℃，3周即可发芽。

【扦插繁殖】

扦插法可保持品种的优良性状，但球根海棠发根比较困难。具体方法：在春季块茎栽植后，块茎顶端常萌发多个新芽，只保留一个壮芽，其余芽都可摘下用来扦插。插穗长为7～10厘米，插于河沙中，保持温度23℃，空气相对湿度80%，15～20天即可生根。

黄色球根海棠

【块茎繁殖】

在块茎萌芽前，用锋利的小刀沿块茎顶部进行分切，使每个切块均带有1～2个芽眼。切口处涂上草木灰或硫黄粉以加速干燥，防止病菌感染，稍阴干后种植。种植深度以部分块茎稍露土为好，不然易发生腐烂。块茎繁殖时不宜选用3年生以上的老块茎为繁殖材料。

球根海棠的养护管理

【肥水管理】

施肥：球根海棠喜肥沃、排水良好沙壤土，因此上盆时应施以基肥。养护过程中，土壤保持适度湿润，但水分不可过量，否则易引起根茎腐烂。每7～10天追施1次腐熟液肥，可用腐熟的饼肥澄清液加水15倍或施入10倍水稀释的腐熟人畜粪尿，不可浇在叶片上。夏季高温季节停止施肥，并避免雨淋、积水。为使花期延长，花后修剪去老茎残花，保留2～3个壮枝，追肥，可促进二次开花。

浇水：整个生长期将空气相对湿度控制在60%～80%即可。生长期避免过度潮湿，否则会阻碍茎叶生长和引起块茎腐烂。叶片如果为淡绿色表明缺肥。叶片如果呈淡蓝色并出现卷曲，说明氮肥过多，应减少施肥量或延长施肥间隔时间。

【光照温度】

生长适温为16～25℃，最低温不低于10℃，最高温不高于28℃。秋季茎叶枯黄后，将枝叶从基部剪掉，连盆放置于5～10℃干燥处储存越冬。最喜昼夜温差大的环境条件。夏季需要用遮阳网，否则易造成病害流行。

【病虫害防治】

通风不良易发生白粉病，可用波尔多液防治。夏季高温多湿常发生茎腐病和根腐病，应拔除病株，并喷25%多菌灵250倍液防治。介壳虫可用40%氧化乐果乳油1000倍液喷杀。卷叶蛾可用10%除虫菊酯乳油和鱼藤精2000倍液喷杀。蓟马可用4000倍高锰酸钾溶液进行喷杀。

粉白双色球根海棠

白色球根海棠

【花语寓意】

球根海棠花语：亲切、单相思。

【观赏价值】

球根海棠植株秀丽优美，花大、形态优美、数量多、色彩丰富，花期长，春夏间开花，兼有茶花、牡丹、月季等名花的姿、色、香，为秋海棠之冠。球根海棠有极高的观赏价值，是世界著名的夏秋盆栽观赏花卉。球根海棠在我国云南栽培较多，东北地区的夏季凉爽，冬季室内温暖，适于栽培秋海棠，是理想的室内盆栽观赏花卉。

美人蕉
—— 花大色艳惹人怜

学　名：*Canna indica* L.
别　名：红艳蕉、昙华
科　属：美人蕉科，美人蕉属

美人蕉原产于美洲热带及亚热带地区。生性强健，不耐寒，喜阳光充足、温暖的气候。适应性强，以湿润肥沃、疏松、排水良好、有机质深厚的土壤生长为宜。耐湿，但忌积水。怕强风，忌霜冻。华南可四季开花，华北不能露地越冬。

美人蕉为多年生草本球根花卉，株高0.8～1.5米。根状茎肉质粗壮，块状分枝横走地下。地上茎直立粗壮，叶绿而光滑，不分枝，略被白粉。

美人蕉花姿

美人蕉花丛

叶互生，阔椭圆形，长40厘米，宽20厘米。总状花序顶生，具长梗。花极大，花径10～20厘米，花瓣直伸，具4枚圆形花瓣状雄蕊。花色有橘红、粉红、乳白、黄、大红至红紫色。花期6～10月。

养　美人蕉的繁殖

【播种繁殖】

播种繁殖主要用于育种，生产上少用。美人蕉种粒较大、种皮坚硬，需用利具割口或26～30℃的温水浸种24小时后于3月温室内播种，20～30天发芽，长出2～3片叶时移栽1次，当年可开花，但花色和花型不稳定，第二年才较为稳定。

【分根繁殖】

分根繁殖一般在春季栽植前进行。早春将老根茎挖出分割成段，每段带2～3个饱满芽眼及少量须根。栽入土壤中约10厘米深，株距保持40～50厘米，浇足水即可。新芽长到5～6片叶子时，要施1次腐熟肥，当年即可开花。

黄花美人蕉

红花美人蕉

美人蕉的养护管理

【肥水管理】

施肥：美人蕉春天栽植，栽前施足基肥（多为迟效性肥料），开花前施1次稀薄液肥，可用2%的尿素或稀释100倍的饼肥原液，开花期间再追施2～3次0.1%的磷酸二氢钾肥。开花后及时剪去残花，以免消耗养分。

浇水：生长期，每天应向叶面喷水1～2次，以保持湿度。由于美人蕉极喜肥耐湿，所以盆内要浇透水。

【光照温度】

光照：全日照。生长期要求光照充足，保证每天要接受至少5小时的直射阳光。环境太阴暗，光照不足，会使开花期向后延迟。如果在开花时将其放置在凉爽的地方，可以延长花期。

温度：适宜生长温度15～30℃。开花时为延长花期，可放在温度低、无阳光照射的地方，环境温度不宜低于10℃。气温高达40℃以上时，可将美人蕉移至通风凉爽处。霜降前后，可把盆栽美人蕉移至温度5～10℃处，即可安全越冬。

【整形修剪】

当茎端花落后，应随时将其茎枝从基部剪去，以便萌发新芽，长出花枝陆续开花。

【病虫害防治】

美人蕉抗病虫的能力较强，偶有地老虎吃根，可根据地老虎白天在植物根部土表下2～6厘米处潜伏的特性，在清晨挖土捕杀。也可用敌百虫600～800倍液浇灌根部，每周1次，连续浇3～4次即可。遇到卷叶虫害可用50%敌敌畏800倍液或50%杀螟松乳油1000倍液喷洒防治。

【花语寓意】

美人蕉花语：坚实、美好的未来。

【故事传说】

楚汉相争之时，虞姬为激励项羽突围，毅然拔剑自刎，演绎了史上感人的故事——霸王别姬。后来项羽被汉兵围追至乌江，楚霸王见大势已去，亦拔剑自刎，随身的金鞭插入地下，生长成极有生命力的一种绿色植物叫霸王鞭，宛如楚霸王的威严英武。虞姬死

双色鸳鸯美人蕉

紫色美人蕉

后香魂不散，追随至乌江边，见到夫君化作的霸王鞭，随即化作美人蕉常伴霸王鞭于身旁，日夜伴随着深爱的夫君。

【观赏价值】

美人蕉花大色艳，色彩丰富，株形好，花期长，栽培容易，为普遍绿化的重要花卉。可大片自然式栽植、丛植，或布置花坛、花境，也可盆栽。且现在培育出许多优良品种，观赏价值很高。

【药用价值】

美人蕉根味甘、淡，性凉，清热利湿，安神降压。可用于黄疸，神经官能症，高血压症，久痢，咯血，带下病，月经不调，疮毒痈肿。

美人蕉花可止血。用于金疮及其他外伤出血。

美人蕉茎叶纤维可作纺织原料，其叶提取芳香油后的残渣还可作造纸原料。

白色美人蕉

粉色美人蕉

【净化环境】

美人蕉，不仅能美化人们的生活，而且还能吸收二氧化硫、氯化氢以及二氧化碳等有害物质，抗性较好，叶片虽易受害，但在受害后又重新长出新叶，很快恢复生长。由于它的叶片易受害，反应敏感，所以被人们称为监视有害气体污染环境的活的监测器。具有净化空气、保护环境作用。是绿化、美化、净化环境的理想花卉。

唐菖蒲

—— 浪漫妩媚若娟秀

学　名：*Gladiolus gandavensis* Vaniot Houtt
别　名：剑兰、什样锦、扁竹莲、菖兰等
科　属：鸢尾科，唐菖蒲属

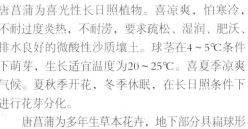

唐菖蒲花姿

唐菖蒲花丛

识

唐菖蒲原产于非洲热带地区和地中海地区。唐菖蒲为喜光性长日照植物。喜凉爽，怕寒冷，不耐过度炎热，不耐涝，要求疏松、湿润、肥沃、排水良好的微酸性沙质壤土。球茎在4~5℃条件下萌芽，生长适宜温度为20~25℃。喜夏季凉爽气候。夏秋季开花，冬季休眠，在长日照条件下进行花芽分化。

唐菖蒲为多年生草本花卉，地下部分具扁球形球茎，外被黄色至深褐色膜质鳞片，株高0.6~1.5米，茎直立，常不分枝。叶片剑形，二列抱茎互生，花茎自叶丛抽出，上部着生穗状花序，10~20朵小花，花单生，通常排成二列，开放时多侧向一边，花冠基部有短筒，漏斗状，花色有红、黄、粉、白、橙、蓝、紫等，也有复色和具花斑或斑纹的品种。花朵硕大，小花的花径可达8~14厘米，一般花序下部花最大，向上逐渐变小，下部花先开放。唐菖蒲花瓣类型有平瓣、皱瓣、波瓣等变化，花瓣常有绢质光泽。花期夏秋季。蒴果长2~5厘米，种子有翅，栽培品种很少结实。

养　唐菖蒲的繁殖

【播种繁殖】

播种繁殖春、秋均可进行。播前用40℃温水浸泡24小时催芽。春播1个月后出苗，幼苗培育2年后开花。秋播在温室内进行，温度不低于13℃，最适温度为15~25℃，1个月后出苗，翌年秋天有少数开花，多数培育3年才开花。

【分球繁殖】

唐菖蒲分球繁殖能保持品种的优良特性。当开花植株的老球茎萎缩，其上产生新球茎时，新球茎基部周围常生有数个小球茎，将小球茎分种于田间，栽植后一般每球1~3芽可发育，1年后即能长大成为能开花的新球茎。新球种植当年可开花，小球种植当年可部分开花，子球多于第二年开花。在种球数量过少的情况下，还可采用切割法繁殖，选充实大球茎剥去外皮，露出芽眼，用小刀纵切成数块，每块需带2~3个芽眼，栽种1年也能形成开花的新球茎。

【组培繁殖】

由于唐菖蒲长期进行无性繁殖，品种混杂及退化现象相当严重，因此必须定期进行组织培养来脱毒复壮。花瓣及侧芽均可做外植体。消毒接种后即可放入25℃、2000勒的条件下培养，通过诱导、继代及生根培养而获得小苗。小苗继续培养即可获得试管小球茎，试管球茎炼苗移栽及经两年的种植后，长成母球，即是无毒的种球。

白色唐菖蒲

黄色唐菖蒲

唐菖蒲的养护管理

【肥水管理】

施肥：栽培唐菖蒲宜选用向阳、排水良好的地方。春季翻耕时施入基肥，株行距为20厘米×35厘米。种植深度以球茎高的2倍为宜。出苗后每隔10天施用加3倍水的腐熟人畜粪尿液1次，最好在苗高30厘米时，基部施用少量草木灰，并培土3厘米厚，以促茎叶肥壮。

浇水：花芽分化期要供给充足水分，灌水时湿润深度要达15厘米，浇水后要中耕，以防土壤板结。施肥要适量，氮肥过多易引起徒长并倒伏。一般应在开花后叶片先端约1/3枯黄时挖出球茎，剥除干瘪老球，晾晒至外皮干燥置阴凉通风的室内储藏。唐菖蒲不耐积水，要做好雨季排水工作，使水流畅通，及时疏通花坛内的积水，避免造成根茎腐烂。

【病虫害防治】

虫害主要是线虫，以预防为主，实行轮作，并烧毁受害的种球，以免蔓延成灾。病害主要是枯梢病，受害株叶片顶梢枯黄，严重时全叶枯黄，防治方法是夏季炎热时，充分灌溉，向地面喷水降低温度。

【花语寓意】

① 代表怀念之情。也表示爱恋、用心、长寿、康宁、福禄。

② 我国人认为唐菖蒲叶似长剑，有如钟馗佩戴的宝剑，可以挡煞和避邪。在欧美民间曾流传唐菖蒲是武士屠龙宝剑的化身，可以护卫家园。

③ 幽会、用心。很多人把它扎成花束，送给对方，作为是幽会的秘密信号。幽会虽然可以使恋情的热度上升，但是，却也不能失去冷静。所以，唐菖蒲的另一个花语就是用心。

红色唐菖蒲

紫色唐菖蒲

【观赏价值】

唐菖蒲花色丰富，主要用于切花生产，是世界四大切花之一，也可用于花境、花坛和盆栽观赏。唐菖蒲又因其对氟化氢非常敏感，还可用作监测污染的指示植物。

人们对唐菖蒲的观赏，不仅在于其形其韵，而且更重视其内涵。唐菖蒲色系十分丰富：红色系雍容华贵，粉色系娇娆剔透，白色系娟娟素女，紫色系烂漫妩媚，黄色系高洁优雅，橙色系婉丽资艳，堇色系质若娟秀，蓝色系端庄明朗，烟色系古香古色，复色系犹如彩蝶翩翩。

【药用价值】

唐菖蒲球茎入药有解毒散瘀、消肿止痛的功效。用于跌打损伤，咽喉肿痛。外用可治疗腮腺炎，疮毒，淋巴结炎。具体办法：取5～10克，浸酒服或研粉吹喉；外用适量，捣烂敷或磨汁搽患处。

含羞草

—— 清秀含羞似少女

学　名：*Mimosa pudica* Linn.
别　名：知羞草、感应草、怕羞草、怕丑草、怕痒草、见笑草
科　属：豆科，含羞草属

含羞草原产南美热带地区，现我国各地均有栽培，无明显地理分布分区，华东、华南、西南等地

较为常见。一般生于山坡丛林中及路旁的潮湿地。含羞草性喜阳光、湿润环境，不耐寒，在湿润的肥沃土壤中生长良好，对土壤要求不严。含羞草适应性强、生长力顽强，所以在不少国家，含羞草都被当成是一种野草。现多作家庭内观赏植物养植。

含羞草花姿

含羞草花丛

含羞草为多年生草本或亚灌木植物，株高40～60厘米，茎基部木质化，枝上散生倒刺毛和锐刺。羽毛状复叶互生，羽片2～4个，掌状排列，小叶24～48枚，小叶矩圆形，一受触动，羽叶闭合，叶柄下垂，因此得名。头状花序矩圆形，花色粉红，花期7～10月。果期5～11月。荚果扁平。

养 含羞草的繁殖

【播种繁殖】

含羞草多采用播种法繁殖。播前可用35℃温水浸种24小时，4月初浅盆穴播，或播于露地苗床，覆土不宜过厚，以种子直径的2倍为宜，播后以浸盆法给水，盖以苇席遮阴，保持盆土湿润，在15～20℃条件下，7～10天便可出苗，幼芽萌动即撤去苇席，接受光照，苗高5厘米时上盆，或定植园内。含羞草为直根性植物，须根很少，适宜播种繁殖，而且最好采取直播的方法，以免移栽伤根；若必须移栽者，应在幼苗期移栽，否则不易成活。

含羞草的养护管理

【肥水管理】

移植后的幼苗不宜浇大水，也不宜多施肥，苗至15厘米高时可追施少量加20倍水的腐熟人畜粪尿液肥，以后每月追1次充分腐熟的豆饼水。夏季2～3天浇水1次。荚果成熟期不齐，需分数次逐个采种。

【光照温度】

含羞草不耐寒，喜温暖气候，冬季植株自行枯死。含羞草喜光线充足，略耐半阴。

含羞草美叶

含羞草美花

【病虫害防治】

含羞草主要病虫害是蚜虫危害，可在发病期喷施50%杀螟松或10%吡虫啉可湿性粉剂1000倍液。

咏

【花语寓意】

含羞草花语：害羞。

轻轻触碰这种植物的叶片会使其立刻紧闭下垂，即使一阵风吹过也会出现这种情形，就像一个害羞的少女一般。因此它的花语是害羞。

含羞草是12月7日出生的人的生日花。

【故事传说】

传说杨玉环初入宫时，因见不到君王而终日愁眉不展。有一次，她和宫女们一起到宫苑赏花，无意中碰着了含羞草，草的叶子立即卷了起来。宫女们都说这是杨玉环的美貌使得花草自惭形秽，羞得抬不起头来。唐明皇听说宫中有个"羞花的美人"，立即召见，封为贵妃。从此以后，"羞花"也就成了杨贵妃的雅称了。

赞

【观赏价值】

含羞草株形散落，花多而清秀，羽叶纤细秀丽，楚楚动人，给人以文弱清秀的印象。常作窗口、案几盆栽观赏，可植于园林绿地中，也可地栽于庭院墙角。赠花时，将盆栽轻轻地罩上粉红色薄纱，系扎上粉红色饰带花结。如果能再点缀上粉红色的马海毛绒球，会更加有趣。

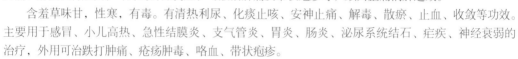

含羞草盆栽　　含羞草花丛

【药用价值】

含羞草是一种药物，可晒干或鲜用。将含羞草根部泡酒服用或与酒一起煎服，可治风湿痛、神经衰弱、失眠等；与猪瘦肉一起炖煮食用，可治疗眼热肿痛、肝炎和肾脏炎；叶片的鲜品捣烂，可敷治肿痛及带状疱疹等，颇具止痛消肿之效。

含羞草味甘，性寒，有毒。有清热利尿、化痰止咳、安神止痛、解毒、散瘀、止血、收敛等功效。主要用于感冒、小儿高热、急性结膜炎、支气管炎、胃炎、肠炎、泌尿系统结石、疟疾、神经衰弱的治疗，外用可治跌打肿痛、疮疡肿毒、咯血、带状疱疹。

常用验方如下。

① 小儿高热：含羞草9克，水煎服。

② 治神经衰弱、失眠：含羞草60克，水煎服。

③ 治急性肠炎：含羞草60克，水煎服。

④ 治无名肿毒、带状疱疹：鲜含羞草全草（或鲜叶）适量，捣烂敷患处。

⑤ 治跌打损伤：含羞草、伸筋草各15克，煎水，加酒少许温服。

注意：孕妇忌服。本品有麻醉作用，内服不宜过量。

【预测功能】

含羞草是一种能预兆天气晴雨变化的奇妙植物。如果用手触摸一下，它的叶子很快闭合起来，而张开时很缓慢，这说明天气会转晴；如果触摸含羞草时，其叶子收缩得慢，下垂迟缓，甚至稍一闭合又重新张开，这说明天气将由晴转阴或者快要下雨了。

茉莉花
—— 馨香独具占鳌头

学　名：*Jasminum sambac*（L.）Ait.
别　名：茉莉、抹厉、末丽
科　属：木犀科，茉莉属

识

茉莉花是热带和亚热带植物，原产我国西部地区和印度。茉莉花性喜阳光充足、炎热、潮湿的气候。在通风良好、稍阴的环境下生长良好，抗寒能力较差，不耐干旱、湿涝、碱土。土壤以土层深厚、疏松、肥沃、排水良好的沙质和半沙质的偏酸性土壤为好。

茉莉花为常绿灌木，幼枝绿色，枝条细长，有柔毛。单叶对生，椭圆形或倒卵形，全缘，深绿色，有光泽。聚伞花序，3～9朵生于新枝枝顶或叶腋，花序梗被短柔毛，花萼无毛，花白色，有单瓣和重瓣之分，裂片长圆形至近圆形，具浓香。果球形紫黑色。花期6~10月。果期7~9月。

茉莉花花姿

茉莉花花丛

 养 茉莉花的繁殖

【扦插繁殖】

　　茉莉花主要采用扦插繁殖。5~6月间剪取茎粗0.5厘米，1~2年生且长10~15厘米的健壮枝条，插于3天前浇透水且消过毒的沙壤土中，插入二分之一，压实后及时浇水，然后覆盖塑料薄膜，保持较高的空气湿度，1个月后可生根成活。

【压条繁殖】

　　选用较长的枝条，在节下部轻轻刻伤，埋入盛沙泥的小盆，经常保湿，20~30天开始生根，2个月后可与母株割离成苗，成为新植株即可栽培。

茉莉花的养护管理

【肥水管理】

　　扦插7周后施稀薄饼肥水1次，花期要增加光照，加强肥水管理，连续追施1∶5的蹄角片肥水稀释液，可以头天施肥，第二天浇水。盛夏每天早晚浇水，空气干燥时需喷水增加湿度，冬季要控制浇水量。茉莉花喜土壤湿润，但怕盆内积水，若盆土长期处于潮湿状态，根系就会因盆土内缺氧而腐烂，叶片逐渐变黄而脱落，甚至整株死亡。

【光照温度】

茉莉花花苞

虎头茉莉花

　　光照：茉莉花喜光，光照不足易使枝条纤细、叶片发黄，但光照过强也要适当遮阴，否则易使叶片遭到阳光灼伤。可将茉莉花放置于半阴处，只使其接受上午9点以前和下午5点以后的光照。

　　温度：茉莉花喜欢高温，生长适温为22~35℃，温度过高，植株处于半休眠状态，开花少，开花不均匀；温度过低植株生长缓慢，且不耐低温，长时间在5℃以下，部分枝条就会冻死，冬季要注意保暖防冻。

【摘心修剪】

　　孕蕾时要摘心和短截枝条，以促生新枝和孕育更多更好的花蕾。随时剪去枯枝、病枝、弱枝，特别是及时剪短谢花枝。注意：修剪应在晴天进行，可结合疏叶，将病枝去掉，并能对植株加以调整，有利生长和孕蕾开花。

【病虫害防治】

　　主要病害有白绢病、炭疽病等，虫害有介壳虫、红蜘蛛等。防治病害在发病期喷施75%百菌清可湿性粉剂800~1000倍液。防治虫害可喷施50%辛硫磷1000~1500倍液，连续喷2~3次，能有效防治。

 咏

【花语寓意】

　　茉莉花花语：忠贞、尊敬、清纯、贞洁、质朴、玲珑、迷人。

　　许多国家将其作为爱情之花，青年男女之间，互送茉莉花以表达坚贞爱情。它也作为友谊之花，在人们中间传递情谊。把茉莉花环套在客人颈上使之垂到胸前，表示尊敬与友好，成为一种热情好客的礼节。

【诗词歌赋】

《行香子·茉莉花》宋 姚述尧

天赋仙姿，玉骨冰肌。向炎威，独逞芳菲。

轻盈雅淡，初出香闺。是水宫仙，月宫子，汉宫妃。

清夸苦卜，韵胜酴醾。笑江梅，雪里开迟。

香风轻度，翠叶柔枝。与王郎摘，美人戴，总相宜。

《咏茉莉》清 王士禄

冰雪为容玉作胎，柔情合傍琐窗隈，香从清梦回
时觉，花向美人头上开。

双色茉莉花

茉莉花盆栽

【观赏价值】

茉莉花以芳香著称于世，其花朵洁白馨香，花期
初夏至深秋，是重要的室内盆栽观赏花卉，适合盆栽
观赏或作插花之用。华南、西双版纳地区可露地栽培，
可植于树丛之下，也可做花篱植于路旁，长江流域及
以北地区多盆栽观赏。

【药用价值】

茉莉花味辛、甘，性平。能化湿和中，理气解郁。
用于治疗脾胃湿浊不化，少食脘闷，目赤肿痛，疮疡
肿毒，腹泻或下痢腹痛等病症。

炫丽茉莉花

茉莉花海

常用验方如下。

① 治痈疽：茉莉鲜根1块，去皮，加红糖少许，共捣烂，敷患处，每日换药2次。

② 治咽喉肿痛：茉莉鲜根30克，洗净，捣烂绞汁，频频含咽，每日2次。

③ 治跌打损伤：茉莉鲜根适量，捣烂加白酒少量，外敷患处，每日换药1次。

④ 治疥疮：茉莉鲜叶一握，洗净捣烂，绞汁涂患处。

【食用价值】

常食茉莉花，可使人清肝明目、延年益寿、身心健康。食用方法有茉莉花炒鸡蛋、茉莉冬瓜汤、
茉莉花鸡片、茉香蜜豆花枝片、枸杞茉莉鸡、茉莉花糖饮、茉莉花粥、茉莉豆腐、茉莉银耳汤等。

茉莉花茶除了具备绿茶的某些功能外，还具有很多绿茶所没有的保健作用。茉莉花茶可"去寒邪、
助理郁"，是春季饮茶之上品。

凌霄

—— 绿叶满架花枝展

学　名：*Campsis grandiflora*（Thunb.）Schum.

别　名：紫葳、女藏花、凌霄花、武藏花、中国凌霄

科　属：紫葳科，凌霄属

凌霄原产我国长江流域，在我国台湾有栽培，日本也有分布。凌霄花性喜充足阳光，略耐阴，喜
温暖、湿润气候，不耐寒，不耐水湿，耐贫薄。适宜排水良好、疏松、肥沃的中性土壤。忌酸性土，
忌积涝、湿热，一般不需要多浇水。凌霄叶形细秀美观，花大而艳，花期较长，是园林绿地中优良的
垂直绿化材料，也可盆栽修剪为悬垂式盆景。

凌霄为落叶木质攀援大藤本，茎木质，树皮灰褐色、细条状纵裂，小枝紫褐色，借气根攀附于它物上。奇数羽状复叶，对生，小叶7～9枚，卵状或长卵形或卵状披针形，先端渐尖，基部阔楔形，边缘有锯齿，两侧不等大，两面光滑无毛。聚伞花序圆锥状顶生，花冠唇状漏斗形，短而阔，花萼钟状，橙黄色至鲜红色，花药黄色，个字形着生。花柱线形，柱头扁平。花期7～8月。蒴果长圆形先端钝。果熟期10月。

凌霄花姿

凌霄花丛

养 凌霄的繁殖

【扦插繁殖】

凌霄花扦插繁殖常在冬季剪取10～16厘米长带气生根的健壮枝条进行沙藏，上面用玻璃覆盖，以保持足够的温度和湿度，翌年2～3月取出剪成插穗进行扦插，温度保持在23～28℃为宜，插后20天即可生根。

【压条繁殖】

凌霄茎上生有气生根，压条繁殖法比较简单。在7月间将粗壮的藤蔓拉到地表，分段用土堆埋，露出芽头，保持土湿润，经50天左右生根成活后即可剪下移栽。南方亦可在春天压条。

凌霄怒放

凌霄花廊

凌霄的养护管理

【肥水管理】

施肥：凌霄移植宜在春、秋两季进行，可裸根移植，夏季移植需带土球，定植时设以支柱。定植穴中每穴可施1～2锹腐熟的堆肥，发芽后施1次加10倍水稀释的腐熟鸡鸭粪水或复合化肥，每年开花前在根际周围挖1～2个小坑，坑中施1～2锹腐熟的堆肥内掺过磷酸钙1000～1500克。

浇水：定植后浇足水，隔2～3天再浇水1次。生长期间，每天浇水2～3次，夏季多雨一般不用浇水，秋季少雨可浇水1～2次。冬季置不结冰的室内越冬，严格控制浇水，早春萌芽之前进行修剪。

【病虫害防治】

凌霄的病虫害主要有凌霄叶斑病和白粉病，蚜虫、粉虱和介壳虫等。新梢受蚜虫危害，可喷洒1000倍25%亚胺硫磷稀释液防治。粉虱和介壳虫常在生长期发生，可用40%氧化乐果乳油1200倍液喷杀，叶斑病、白粉病可用50%多菌灵可湿性粉剂1500倍液喷洒。

咏

【花语寓意】

凌霄花花语：声誉。

凌霄花寓意慈母之爱，经常与冬青、樱草放在一起，结成花束赠送给母亲，表达对母亲的热爱之情。

【观赏价值】

凌霄干枝虬曲多姿，翠叶团团如盖，花大色艳，花期甚长，是理想的垂直绿化、美化花木品种。凌霄花适应性较强，不择土，枝繁叶茂，入夏后，朵朵红花缀于绿叶中次第开放，枝丫间生有气生根，以此攀援于山石、墙面或树干向上生长，多植于墙根、树旁、竹篱边。凌霄也是廊架绿化的上好植物。每年农历五月至秋末，绿叶满墙架花枝伸展，一簇簇橘红色的喇叭花，缀于枝头，迎风飘舞，点缀于假山间隙，繁花艳彩，更觉动人，格外逗人喜爱。

紫色凌霄

盛景凌霄

【药用价值】

凌霄花还是一种传统中药材。花凉血，化瘀，祛风。用于月经不调，经闭癥瘕，产后乳肿，风疹发红，皮肤瘙痒，痤疮。根活血散瘀，解毒消肿。用于风湿痹痛，跌打损伤，骨折，脱臼，急性胃肠炎。常用验方如下。

① 治大便后下血：凌霄花，浸酒饮服。

② 治通身痒：凌霄花为末，酒调服5克。

③ 治酒齇鼻：以凌霄花研末，和密陀僧末，调涂。

④ 治痫疾：凌霄花，为细末。每服15克，温酒调下，空腹服。

⑤ 治皮肤湿癣：凌霄花、羊蹄根各等量，酌加枯矾，研末搽患处。

千屈菜

—— 娟秀醒目水边俏

学　名：*Spiked Loosestrlfe*
别　名：水柳、水枝柳、对叶莲
科　属：千屈科，千屈菜属

千屈菜原产欧洲、亚洲温带地区，我国各地有野生分布。千屈菜性喜阳光，喜水湿，自然分布于沟边溪旁，在一般土壤条件下也生长良好，对水肥要求不严，耐严寒，耐盐碱。千屈菜株丛清秀，花色艳丽，花期长，适宜丛植于水边或做花境材料，也可盆栽。全株可入药，可治痢疾、肠炎等症，另具外伤止血功效。

千屈菜花姿

千屈菜花丛

千屈菜为多年生草本植物。地下茎粗壮横卧，地上茎直立，四棱形，光滑或被白色柔毛，多分枝，株高0.4～1米。单叶对生或轮生，长圆状披针形，长3～7厘米，基部心形或近圆形，无柄，稍抱茎。顶生穗状花序，长达50～60厘米。小花多数密集，6瓣，玫瑰紫色，径1厘米左右。花期7月上旬至9月上旬。蒴果包于宿存萼筒内。种子细小，长约2毫米，卵状披针形，黄色。

【播种繁殖】

千屈菜播种繁殖多在春季3~4月进行。种子于8月陆续成熟，采收后保存备用。种子无休眠期，自然落种或在母株周围于当年秋季萌发出小苗。或者播前将种子与细土拌匀，然后撒播于苗床上，最后盖草浇水。在湿润土壤中，2周后种子可发芽，当年即可开花结实。

【扦插繁殖】

千屈菜也可扦插繁殖，可在春夏两季进行，在6~7月营养生长期最为适宜，将枝条剪成6~7厘米长的插穗，去掉基部的叶片，仅保留顶端2节叶片。插于湿沙中，插后用薄膜覆盖，每天中午喷水1次，保持温度20~25℃，30天左右即可生根。

炫丽千屈菜

千屈菜美姿

【分株繁殖】

千屈菜分株繁殖最为常用，一般在4月进行。当天气渐暖时，将老株根丛掘出，抖掉部分泥土，用快刀或锋利的铁锨顺势分成数个芽为一丛的小植株，每丛有芽4~7个，重新栽植，极易生根。

千屈菜的养护管理

【栽培管理】

千屈菜生命力极强，管理也十分粗放，但要选择光照充足、通风良好的环境。生长期盆内保持有水。露地栽培按园林景观设计要求，选择浅水区和湿地种植，株行距30厘米×30厘米。生长期要及时拔除杂草，保持水面清洁。为增强通风剪除部分过密过弱枝，及时剪除开败的花穗，促进新花穗萌发。冬季上冻前盆栽千屈菜要剪除枯枝，盆内保持湿润。露地栽培不用保护可自然越冬。一般2~3年要分栽1次。

【病虫害防治】

千屈菜在通风良好、光照充足的环境下，一般没有病虫害，在过于密植通风不畅时会有红蜘蛛危害，可用一般杀虫剂防除。

咏

【花语寓意】

千屈菜花语：孤独。

千屈菜也是7月27日的生日花。

赞

【观赏价值】

千屈菜姿态娟秀整齐，花色鲜丽醒目，可成片布置于湖岸河旁的浅水处。如在规则式石岸边种植，可遮挡单调枯燥的岸线。千屈菜花期长，色彩艳丽，片植具有很强的渲染力，盆植效果亦佳，与荷花、睡莲等水生花卉配植极具烘托效果，是极好的水景园林造景植物。也可盆栽摆放庭院中观赏，亦可作切花用。

千屈菜花海

炫美千屈菜

【食用价值】

栽培千屈菜叶可食用。

千屈菜马齿苋粥：味甜润，粥糯软，爽口。功用为清热凉血，解毒利湿。用于肠炎、痢疾、便血等症。

制作方法：粳米淘洗干净，千屈菜花及全草，择去老黄叶和根茎杂质，洗净，切2厘米的段，马齿苋洗净，切细。将粳米、千屈菜、马齿苋全放入锅内，加清水适量，用旺火烧沸，转用中火煮至米熟烂成粥，早晚各食1次。加蜂蜜或红糖调味。

【药用价值】

千屈菜全株可入药。味苦，性寒。可治痢疾、肠炎等症，另具外伤止血功效。

常用验方如下。

① 治伤寒、副伤寒：千屈菜30克，水煎服。

② 治肠炎、痢疾：千屈菜15克，马齿苋15克，水煎服。

③ 治外伤出血：鲜草捣烂绞汁，外用。或干草研末撒布上包扎之。

④ 治溃疡：千屈菜叶、向日葵盘，晒干，研末，先用蜂蜜搽患处，再用药末敷患处。

荇 菜

—— 装点水面美味鲜

学　名：*Nymphoides peltatum*（Gmel.）O.Kuntze
别　名：莕菜、水荷叶、水镜草、莲叶荇菜
科　属：龙胆科、莕菜属

识

荇菜花姿

荇菜花丛

荇菜原产我国，日本、俄罗斯、伊朗、印度等国也有分布。荇菜多生于温带、热带的淡水中，在池塘、湖泊的浅水岸边或积水洼地均有野生分布。其性耐寒，极强健。荇菜适生于多腐殖质的微酸性至中性的底泥和富营养的水域中，土壤pH值为5.5～7.0。在肥沃土壤及光线充足处生长良好。变种有水皮莲（植株较小）、金眼莲花（茎不分枝，白色花多）。它们都是水面绿化的良好材料，绿色叶片浮于水面，朵朵黄、白色小花点缀其间，十分雅致。

荇菜是多年生草本水生漂浮植物。枝条有二型，长枝匍匐于水底，如横走茎；短枝从长枝的节处长出。茎细长，柔软，多分枝，茎节处生须根扎入泥中。叶互生，卵圆形，叶片基部心形，边缘微波状。叶片表面绿色，具光泽，叶背紫色，叶片平浮于水面上。伞形花序从叶腋处抽生，花梗细长，小花黄色，5瓣，花瓣边缘具睫状毛。花期6～10月。蒴果扁圆形，内含多数种子，种子扁平状，边缘细齿状有刚毛。

养 荇菜的繁殖

【播种繁殖】

荇菜再生力相当强，其种子可自播繁衍。盆栽视盆的大小和植株拥挤情况，每2～3年要分盆1次。冬季盆中要保持有水，放背风向阳处就能越冬。

【扦插繁殖】

荇菜扦插繁殖在天气暖和的季节进行，把茎分成段，每段2～4节，埋入泥土中。容易成活。

【分株繁殖】

荇菜分株繁殖简便，于每年3月在生长季用刀将较密的株丛匍匐茎切割开，重新栽植，即可形成新植株。

【水培繁殖】

荇菜在水池中种植，水深以40厘米左右较为合适，盆栽水深10厘米左右即可。

水培荇菜

炫丽荇菜

荇菜的养护管理

【栽培管理】

以普通塘泥作基质，不宜太肥，否则枝叶茂盛，开花反而稀少。如叶发黄时，可在盆中埋入少量复合肥或化肥片。平时保持充足阳光，盆中不得缺水，不然也很容易干枯。荇菜有很强的适应性，常处于半野生状态，一般不需过多人工管理。

【病虫害防治】

荇菜管理较粗放，生长期要防治蚜虫。可用0.01%～0.015%鱼藤精喷杀。

赞

【观赏价值】

荇菜叶片形似睡莲小巧别致，鲜黄色花朵挺出水面，花多、花期长，花大而美丽，是庭院点缀水景的佳品，用于绿化美化水面。

【经济价值】

荇菜的茎、叶柔嫩多汁，无毒、无异味，富含营养。荇菜产草量高，肥分含量也高，在果熟之前收获，可作绿肥用。

荇菜绿豆粥：粥糯，味甜，绿豆酥烂，花香，爽口。功用为清热解毒、解暑止渴。

制作方法：绿豆洗净，以温水浸泡2小时。粳米淘洗净，荇菜花去梗、去花柄和杂质，花瓣洗净。绿豆放入锅内加水煮至豆开花时，下入粳米，加适量水，用旺火煮沸，转用慢火熬煮，绿豆和米熟烂时加入荇菜花，翻拌几下，加入白糖调味即可食用。

荇菜花叶

荇菜盛景

【药用价值】

荇菜味甘，性寒，无毒，全草为解热利尿药。夏、秋季采收，晒干。用于痈肿疮毒，热淋，小便涩痛。常用验方如下。

① 治痈疽疮疖：鲜草捣烂外敷。

② 治毒蛇咬伤：全草捣烂敷伤处。

凤眼兰
—— 碧叶浮水生命强

学　名：*Eichhornia crassipes*（Mart.）Solms-Laub.
别　名：凤眼莲、水浮莲、水葫芦、石莲、凤眼蓝
科　属：雨久花科、凤眼兰属

凤眼兰花姿

凤眼兰花丛

凤眼兰原产于南美，我国已广为栽培。凤眼兰对环境适应性强，在水中、泥沼、洼地均可生长，而以水深30厘米、水流速度不大的浅水域为宜。性喜温暖、阳光充足的条件，适宜水温为15～23℃，不耐寒，冬季需保留母本植株于室内盆栽越冬。

凤眼兰是一种多年生漂浮草本植物。生于较深水域时，其须根发达，悬垂于水中。茎极短。叶丛生，卵圆形全缘，鲜绿色，质厚，具光泽，叶柄长10～20厘米，中下部膨胀呈葫芦状的海绵质气囊。若生于浅水域，极可扎于泥中，植株挺水生长，叶柄无气囊形成。叶基部具有一鞘状苞叶。花单生，短穗状花序，花蓝紫色，上部裂大，具蓝黄色斑块，故名凤眼兰。花期8～9月。有大花和黄花变种。

凤眼兰的繁殖

【播种繁殖】

凤眼兰也可以利用种子繁殖，但栽培实践中很少应用。凤眼兰在夏季室外自然水域中生长良好，但由于其自身繁殖迅速，往往造成生长过密，出现烂叶或影响水面倒影效果等现象。这时应及时捞出一部分植株。

【分株繁殖】

凤眼兰繁殖速度快，单株一年中可布满几十平方米的水面。以分株繁殖最为方便而常用。春季，将室内保存的母株株丛分离或切取带根的小腋芽，投入水中从而形成一个新的植株，极易成活。

凤眼兰的养护管理

【栽培管理】

若夏季做盆栽，则可在花盆底部放入腐殖土或河泥，施入基肥后放水，使水深至30厘米左右，而后将植株放入。秋季，当气温下降到10℃以下时，凤眼兰植株停止生长，茎叶逐渐变黄，这时选生长健壮、无病虫害的植株留做母本，保护越冬。首先在浅缸或木盆底部放些肥沃河泥，而后加浅水，将种株放入其中并放置于较温暖的室内，温度保持在7～10℃，注意给予充足的光照，否则易腐烂。

炫丽凤眼兰

凤眼兰花海

【药用价值】

凤眼兰全草可入药。具有清热解暑、利尿消肿、祛风湿的功效。春、夏采集，洗净，晒干备用或鲜用。

晚秋 开花篇

四季秋海棠

—— 四季如春花常开

学　名：*Begonia semperflorens* Link et Otto

别　名：瓜子海棠、玻璃海棠、洋秋海棠、四季海棠、虎耳海棠

科　属：秋海棠科，秋海棠属

四季秋海棠花姿

四季秋海棠花丛

四季秋海棠原产南美巴西，现我国各地均有栽植。四季秋海棠喜温暖湿润和阳光充足的环境，耐半阴，喜凉爽，怕干燥，忌积水，宜在疏松肥沃和排水良好的沙壤土中生长，夏天注意遮阴，通风排水。冬季温度不低于5℃，生长适温18～20℃。四季秋海棠对阳光十分敏感，夏季进行遮阳处理。室内培养的植株，应放在有散射光且空气流通的地方，晚间需打开窗户，通风换气。

四季秋海棠为多年生肉质草本植物。株高15～30厘米。根纤维状，茎直立，无毛，有光泽，基部多分枝，多叶。叶互生，卵圆形或歪心形，长5～8厘米，叶缘有不规则缺刻，着生有细绒毛，两面光亮，叶色因品种而异，有绿（但主脉通常微红）、红、铜红、褐绿等色，变化丰富，并具有蜡质光泽。花顶生或腋生，雌雄异花。雌花有倒三角形子房。雄花较大，有花被片4枚；雌花稍小，有花被片5枚。蒴果绿色，有带红色的翅。花期特长，几乎全年开花，但以秋末、冬、春三季较盛。

四季秋海棠的繁殖

【播种繁殖】

四季秋海棠于春、秋两季播种，宜用当年收获的新鲜种子，播种使用的基质应严格消毒，将种子均匀撒入盆土后压平，播后可不覆土（因种子具好光性），覆盖玻璃即可。在20～22℃条件下，7天左右即可发芽，当出现2片真叶时应及时间苗，4片真叶时可上小盆。果实成熟后，随熟随采，放置阴处晾干收储。

【扦插繁殖】

春、秋季为扦插适期，生根速度快，剪取顶端嫩枝10厘米作插条，插于沙床，扦插后两周即可生根，根长2～3厘米时上盆。

【分株繁殖】

分株在春季换盆时进行。将母株切成几份，切口用木炭粉涂抹，以防止伤口腐烂。当真叶长到1～2片时，单株栽入4～5寸盆，花坛株距20～30厘米。

粉色四季秋海棠

黄色四季秋海棠

四季秋海棠的养护管理

【肥水管理】

施肥：定植前，土中施足基肥。盆土用腐殖土、砻糠灰、园土等量混合，加适量厩肥、骨粉或过磷酸钙。在生长期每7～10天施稀薄液肥1次，可用加10～15倍水稀释的腐熟人畜粪尿。初花出现后，增施1～2次磷、钾肥。

浇水：生长期间，保持温暖湿润和阴湿的环境。盆土需经常保持湿润或叶面多喷水。

【光照温度】

生长期间忌直射阳光，除冬季外均应遮阴。生育适温15～25℃。夏季30℃以上时呈半休眠状态，将

枝条强剪并置于通风凉爽的半阴处越夏，秋季气温降低即进入生育期。

【修剪摘心】

四季秋海棠同茉莉花、月季等花卉一样，花谢后一定要及时修剪残花并摘心2～3次，促使多分枝、多开花。如果忽略摘心修剪工作，植株容易长得瘦长，株形不很美观，开花也较少。

【病虫害防治】

四季秋海棠易受叶斑病、白粉病和介壳虫、卷叶蛾危害。病害可用75%百菌清可湿性粉剂800倍液喷洒，虫害可用50%杀螟松乳油1500倍液喷杀。夏季通风不良，叶易患白粉病，也可用代森锌防治。

【花语寓意】

四季秋海棠花语：相思、呵护、诚恳、单恋、苦恋。

【观赏价值】

四季秋海棠姿态优美，叶色娇嫩光亮，花朵成簇，四季开放，花叶竞艳，清丽高雅，且稍带清香，广为大众喜闻乐见。寒凉季节摆放几案，室内一派春意盎然，春夏放在阳台檐下，更现活泼生机。四季秋海棠因其花时美丽娇嫩，适于庭、廊、案几、阳台、会议室台桌、餐厅等处摆设点缀。

红色四季秋海棠

白色四季秋海棠

【药用价值】

四季秋海棠全年均可采用入药，多为鲜用。味苦，性凉，有清热解毒的功能。可取适量鲜品捣敷外用治疗疮疖。

菊　花
—— 层层叠叠显盛景

学　名：*Dendranthema morifolium*（Ramat.）Tzvel.
别　名：黄花、秋菊、节花等
科　属：菊科，菊属

（识）

菊花原产于我国北部地区，华中及华东地区也有分布。适应性强，耐寒，喜凉爽，在深厚肥沃、排水良好的沙质壤土中生长良好。喜阳光充足的环境，炎热中午应适当遮阴。菊花为短日照植物，如果人为控制光照，可延长花期，周年开花。稍耐阴，较耐旱，不耐积水，忌湿涝、连作。生长发育最适温度为18～22℃，夜间温度下降到10℃左右有利于花芽分化。

菊花为多年生宿根草本，茎基部半木质化，株高0.6～2米，多分枝，花后地上茎大都枯死。

菊花花姿

菊花花丛

单叶互生，卵形至披针形，羽状浅裂至深裂，边缘有粗锯齿。小枝绿色或带灰褐色，全株被灰色柔毛。茎顶生单个或多个头状花序，有香气。舌状花为雌性花，色、形、大小多变，筒状花为两性花，密集成盘状，多黄色或黄绿色。花色有白、粉红、玫红、雪青、紫红、墨红、淡黄、黄、棕黄至棕红，此外，还有复色。种子浅褐色，扁平楔形，长1～3毫米，千粒重约1克。花期10～12月。

养 菊花的繁殖

【扦插繁殖】

入冬后，把种株残花剪去，移植到背风向阳处越冬，第二年春天加强肥水管理，于4月中上旬，用嫩枝顶梢或中部，截成8～10厘米长插穗，扦插于露地苗床，插后第一周遮阴，保持土壤湿润，第二周时中午遮阴，以后全日照，2～3周后生根。当新株根系较为发达时即可移植。

【分株繁殖】

一般在清明前后，将整个母株挖出来，抖掉根上的泥土，去掉枯枝残根，依根的自然形态带根分开，每丛有2～4根枝干及完整的根系，栽植后成活率很高。

【嫁接繁殖】

嫁接法以野生粗壮的艾属蒿草（黄蒿、青蒿）作砧木，将主茎截短劈接，也可使蒿草萌发多数侧枝后，于每个侧枝上逐一劈接菊芽，是培养大型大立菊的主要方法之一。嫁接期1～3月。

【组织培养】

用组织培养技术繁殖菊花，有繁殖迅速、脱毒、成苗量大及保持品种特性等优点。基本培养基为MS，pH5.8。用菊花茎尖、嫩茎或花蕾为外植体，切成0.5厘米的小段接种。每日照光8小时，经1～2个月培养，可诱导成苗。

玉光菊花

绿芙蓉菊花

菊花的养护管理

【定植管理】

盆土用园土5份、草木灰1份、腐叶土2份、厩肥土2份加少量石灰、骨粉配制而成。可先将菊花移植到口径为15厘米的瓦盆中，8月后再定植到口径为25厘米的盆中。移植上盆后放在阴凉处，4～5天后移至阳光充足处。为了使菊花多开花，要多次摘心，促生分枝，若培养独本菊，则要进行多次的摘除侧芽工作，以促进留下来的花的生长。

【肥水管理】

施肥：菊花喜肥，定植后每隔10～15天施稀薄饼肥水1次，由淡渐浓。到花蕾初绽时停止施用。含苞待放时加施1次0.2%磷酸二氢钾溶液可使花色正、花期长。每次施肥的第二天一定要浇水，并及时松土。

浇水：菊花现蕾后需水量增大，此时应浇足水，保证植株生长良好、花大色艳。9月花蕾出现后，应保留每枝顶端的正蕾，同时剔去侧蕾，使养分集中。花朵开放后，应设立支柱扶植枝条，以免花朵歪斜。

【摘心疏蕾】

当菊花植株长至10多厘米高时，即开始摘心。摘心时只留植株基部4～5片叶，上部叶片全部摘除。待长出5～6片新叶时，再将心摘去，使植株保留4～7个主枝，以后长出的枝、芽要及时摘除。摘心能使植株发生分枝，有效控制植株高度和株型。最后一次摘心时，要对菊花植株进行定型修剪，去掉过多枝、过旺及过弱枝，保留3～5个枝即可。9月现蕾时，要摘去植株下端的花蕾，每个分枝上只留顶端一个花蕾。

【病虫害防治】

菊花白粉病可用50%退菌特1000倍液喷洒。菊花叶斑病可在幼苗期用高锰酸钾或福尔马林进行消毒，或喷洒石灰等量式波尔多液100～160倍液于叶面。发现蚜虫、红蜘蛛等虫害时可用40%乐果乳油1500倍液，也可用30～40倍的烟草水喷杀。

咏

【诗词歌赋】

《菊花》陈景章

百态千姿凌霜绽放，五颜六色傲雪凝香。

【花语寓意】

菊花花语：清净、高洁、怀念、成功、品格高尚。

黄色菊花花语：淡淡的爱、飞黄腾达。

白色菊花花语：在我国有哀悼之意，一般用于追悼死者的场合；在日本，则是贞洁、真实坦诚之意。

红色菊花花语：我爱你。

暗红菊花花语：娇媚。

春菊花语：为爱情占卜。

冬菊花语：别离。

菊花象征久长：菊花在秋季开放，故为秋的象征，人们甚至把9月称"菊月"，因为"菊"与"据"同音，"九"又与"久"同音，所以菊花也用来象征长寿或长久。

红色菊花

白色菊花

菊与松树画在一起，叫作"松菊永存"，表示祝愿接受此画的人长寿。

如果在一个画面上画有菊花和九个鹌鹑，因为"鹌"的发音与"安"相同，就有"九世居安"的意思。

【诗词著作】

《赋得残菊》唐 李世民

阶兰凝曙霜，岸菊照晨光。露浓晞晚笑，风劲浅残香。

细叶凋轻翠，圆花飞碎黄。还持今岁色，复结后年芳。

《咏菊》唐 白居易

一夜新霜著瓦轻，芭蕉新折败荷倾。耐寒唯有东篱菊，金粟初开晓更清。

《题菊花》唐 黄巢

飒飒西风满院栽，蕊寒香冷蝶难来。他年我若为青帝，报与桃花一处开。

《菊花》唐 元稹

秋丛绕舍似陶家，遍绕篱边日渐斜。不是花中偏爱菊，此花开尽更无花。

赞

【观赏价值】

菊花是我国十大名花之一，花中四君子（梅兰竹菊）之一，也是世界四大切花（菊花、月季、康乃馨、唐菖蒲）之一。菊花栽培历史悠久，园艺品种繁多，花型、花色丰富多彩，可用于布置花坛、花境，大型品种可做成多种造型，也可作切花。

炫丽粉菊花

菊花花园

菊花生长旺盛，萌发力强，一株菊花经多次摘心可以分生出上千个花蕾。有些品种的枝条柔软且多，便于制作各种造型，组成菊塔、菊桥、菊篱、菊亭、菊门、菊球等形式精美的造型，又可培植成大立菊、悬崖菊、十样锦、盆景等，形式多变，蔚为奇观，为每年的菊展增添了无数的观赏艺术品。

秋季赏菊，是我国民间长期流传的习俗，北京植物园每年秋季都会举办赏菊活动。广东省中山县小榄镇菊花会始办于宋代末年，至今已有八百多年的历史，是我国延续年代最久、规模最大的菊会之一。

【食用价值】

久服菊花或饮菊花茶能令人长寿。宋代诗人苏辙有诗云："南阳白菊有奇功，潭上居人多老翁。"菊花可以做成精美的佳肴，食用的花样繁多，如菊花粥、菊花茶、菊花酒、菊花糕、菊花羹、菊花饮等。菊花也可做菜，如菊花肉、菊花鱼球、油炸菊叶，不但色香味俱佳，而且营养丰富。北京有名的"菊花锅子"（即在涮羊肉火锅里放些菊花煮汤），清淡味美，更是别有风味。

【保健价值】

菊花护膝：将菊花、陈艾叶捣碎为粗末，装入纱布袋中，做成护膝，可祛风除湿、消肿止痛，治疗鹤膝风等关节炎。

菊花香气：有疏风、平肝之功，嗅之，对感冒、头痛有辅助治疗作用。

菊花茶：菊花搭配决明子清热泻火效果更好，更年期女性喝菊花茶配伍枸杞更好。注意菊花茶不宜贪多。对于经常在电脑前工作的上班族来说，每天饮用三四杯菊花茶对眼睛疲劳有很好的缓解作用。

【药用价值】

可入药的主要是黄菊和白菊，还有安徽歙县的贡菊、河北的泸菊、四川的川菊等。药用菊具有抗菌、消炎、降压、防冠心病等作用。还有野菊花也有药用价值，野菊花别名野黄菊花、苦薏、山菊花、甘菊花。

菊花味甘，性微寒，具有散风热、平肝明目、消咳止痛的功效，用于治疗头痛眩晕、目赤肿痛、风热感冒、咳嗽等病症效果显著，还具有提神醒脑的功效。

常用验方如下。

① 风热头痛：菊花、石膏、川芎各15克，为末。每次服7.5克，菊花茶调下。

② 膝风疼痛：菊花、陈艾叶作护膝，久则自除也。

非 洲 菊
—— 太阳朵朵耀花园

学　名：*Gerbera jamesonii* Bolus
别　名：扶郎花、太阳花、灯盏花、波斯花等
科　属：菊科，大丁草属

识

非洲菊原产南非，少数分布在亚洲，我国华南、华东、华中等地皆有栽培。喜温暖、光照充足和通风良好的环境。生长适温20～25℃，冬季温度12～15℃为宜，低于10℃则停止生长，能忍受短期低温，喜富含腐殖质、排水良好、疏松肥沃的微酸性沙壤土，忌黏重土壤。

非洲菊为多年生常绿草本植物，全株被细毛，株高30～60厘米。叶片基生，具长柄，长

非洲菊花姿

非洲菊花丛

15～25厘米，宽5～8厘米，呈长圆状匙形，基部渐狭，羽状浅裂或深裂，裂片边缘有疏齿。单生头状花序，花序梗常高出叶丛，舌状花1～2轮或多轮，倒披针形或带形，有白、黄、淡红、橙红、玫瑰红和红色等品种，管状花较小，常与舌状花同色，花径可达10厘米。花期周年常开，以4～5月和9～10月最盛。

养 非洲菊的繁殖

【播种繁殖】

非洲菊种子细小，寿命短，播种繁殖要求种子成熟后立即进行盆栽，否则种子易丧失发芽力，最好花期进行人工辅助授粉。种子播下后温度保持20～25℃之间，1～2周即可发芽。种子发芽率较低，一般为50%左右。当幼苗长出2～3片真叶时移植1次，再养护2个月便可上盆定植。

【分株繁殖】

分株繁殖一般于4～5月进行，通常每3年分株1次。挖出生长健壮的老株切分，每一新株应带4～5片叶，栽时不要过深，以根颈部略露出土面为宜。

【组织培养】

组织培养法以叶片为外植体，大量生产试管苗，采用无土栽培技术，生产切花。

白色非洲菊

橙色非洲菊

非洲菊的养护管理

【定植管理】

全年均可定植，但从生产及销售的角度考虑，4～6月较为理想。每畦种3行，中行与边行交错定植，株距30厘米，每平方米定植9～10株，每棚可栽种1100余株。栽种时要深穴浅植，根颈部位露出土表1～1.5厘米，否则，植株易感染真菌病害，如果植株栽得太浅，采花时易拉松或拉出植株。

【肥水管理】

施肥：定植前宜预理有机肥料作基肥，生长期间要每10～15天追肥1次，可追施稀薄液肥，孕蕾期增施1～2次0.5%～1.0%过磷酸钙，以促进开花和着色。

浇水：应特别注意每次施肥后应随即浇水1次。逢干旱应充分浇水，但冬季浇水时不要打湿叶丛中心，应保持干燥，否则花芽易烂。小苗期适当保持湿润，但也不能太湿，否则，易遭病害。

【光照温度】

温度：非洲菊生长最适温度为20～25℃，冬季保持12℃以上，即可终年有花。冬季外界夜温接近0℃时，封紧塑料棚膜，棚内需增盖塑料薄膜。遇晴暖天气，中午揭开大棚南端薄膜通风约1小时。

光照：非洲菊为喜光花卉，冬季需全光照，但夏季应注意适当遮阴，并加强通风，以降低温度，防止高温引起休眠。

【整形修剪】

非洲菊基生叶丛下部叶片易枯黄衰老，应经常摘除生长旺盛而过多的外层老叶，既有利于新叶和新花芽的发生，又有利于通风，增强植株长势。

【病虫害防治】

常见病害有白粉病、叶斑病、枯萎病、病毒病等，可用65%代森锌可湿性粉剂600倍液喷洒。红蜘蛛、蚜虫等可用40%乐果乳油2000倍液喷杀。

粉色非洲菊

黄色非洲菊

【花语寓意】

非洲菊花语：神秘、互敬互爱，有毅力、不畏艰难，永远快乐。

非洲菊在我国最常用的花语：清雅、高洁、隐逸。

寓意：喜欢追求丰富的人生。

【别名由来】

20世纪初叶，位于非洲南部的马达加斯加是一个盛产热带花草的小国。当地有位名叫斯朗伊妮的少女，从小就非常喜欢这种茎枝微弯、花朵低垂的野花。当她出嫁时，她要求厅堂上多插一些以增添婚礼的气氛。谁料新郎酒过二巡就陶然入醉，新娘只好扶他进卧室休憩。众人看到这种挽扶的姿态与那种野花的生势十分相似，不少姑娘异口同声地说："噢，花可真像扶郎哟！"从此扶郎花的名字就不胫而走了。

【花卉礼仪】

① 由于有扶助新郎之寓意，因此非洲菊是有些地区必不可少的婚礼用花。大朵红色非洲菊用于新娘捧花。

② 祝贺生日、开业或乔迁之喜用的花束中，宜选用非洲菊。用具有非洲菊的花束（篮）祝朋友生日，具有祝愿朋友青春永在，前程似锦的寓意。

③ 情人节送花，九九重阳节走访亲友，在友人高升的时候表示祝贺，可选用。

④ 每年6月1日国际儿童节，常挑选浅粉色和淡黄色的非洲菊花朵，做成各种富有童趣的插花作品，寓意快乐和无忧无虑的童年。

炫丽非洲菊

盛景非洲菊

【观赏价值】

非洲菊花朵硕大，花色鲜艳，花枝清秀挺拔，水养期长，切花率高，瓶插时间可达15～20天，栽培省工省时，极具观赏价值，是国际上重要的商品切花，可布置花坛、花径或温室盆栽作为厅堂、会场等装饰摆放。

非洲菊与月季、唐菖蒲、香石竹被列为世界最畅销的"四大切花"。常见品种有红色的"热情"、黄色的"太阳舞"、白色的"比安卡"等。迷你型小花有"舞厅"（白）、"苏丹"（黄）、"芭蕾舞"（橙）、"康加"（红）等。

【环保价值】

非洲菊是抵抗甲醛和苯的绿色武器。在室内适当摆置，具有清除因装修及使用办公设备而造成甲醛和苯空气污染的功能，可保持室内空气清新。

鹤望兰

—— 天堂鸟儿落凡尘

学　名：*Strelitzia reginae* Aiton
别　名：极乐鸟花、天堂鸟
科　属：芭蕉科、鹤望兰属

鹤望兰花姿

鹤望兰花丛

鹤望兰原产非洲南部。我国南方大城市的公园、花圃有栽培，北方则为温室栽培。喜温暖湿润、光照充足的环境，生长适温25℃左右，如光照不足生长不良不开花。具一定耐旱能力，不耐水湿，要求疏松肥沃、排水良好、土层深厚的沙壤土。

鹤望兰为多年生常绿宿根草本植物，茎不明显，株高1～2米。叶二列对生，革质，长圆状披针形，长约40厘米，宽约15厘米。根肉质、粗壮、发达。花多腋生，约1米高的花梗从中央叶腋间抽出，花形奇特，犹如仙鹤伫立于绿丛之中，翘首远眺，故名鹤望兰。花期从9月至翌年6月。

鹤望兰的繁殖

【播种繁殖】

鹤望兰是典型的鸟媒植物。在我国一般栽培条件下，必须人工辅助授粉，才能结种。人工授粉后约3个月种子成熟，成熟种子应立即播种，发芽率高，否则种子极易丧失生命力。播种前种子用温水浸种4～5天，再放入5%的新洁尔灭1000倍液中消毒5分钟，温度保持在25℃左右，播后15～20天发芽。若播种温度不稳定，会造成发芽不整齐或发芽后幼苗腐烂死亡。种子发芽后半年形成小苗，栽培4～5年、具9～10枚成熟叶片时才能开花。

【分株繁殖】

鹤望兰分株于花谢之后，结合换盆进行。用利刀于根颈处将分离株切开，每个分株应带有2～3个芽，伤口处涂以草木灰，以防腐烂。栽后放半阴处养护，当年秋冬就能开花。易萌发侧芽，有利于分株，栽种时应注意适当浅栽，让植株的根颈部略微高出盆土为好，这样每年均可有侧芽发生。当侧芽长到不少于4片叶时，在高温高湿的6～7月即可实行分株。栽后，浇透水放半阴处。按照此法分株，老株当年开花不受影响，新株次年即能开花。

白花鹤望兰

邱园鹤望兰

鹤望兰的养护管理

【肥水管理】

生长期内每隔10天追施1次加5倍水稀释的腐熟人畜粪尿液，同时辅以复合肥或1%的磷酸二氢钾，花期停止施肥。所配培养土必须通透性良好，否则易烂根。浇水施肥要合理，浇水要采用见干见湿的原则，随气温增高增加浇水量，并要防止积水。

【光照温度】

上盆后放置阴处，经常用水喷洒叶片，保持盆土湿润，3周后，可逐渐增加光照。鹤望兰每天要不少于4小时的直射光照，最好是整天有明亮光线。阳光强烈时采取一些保护措施。在冬季主要采花期，

金色鹤望兰

无叶鹤望兰

阳光充足有利于增加产花量。鹤望兰生长季适温为20～24℃，霜降前后，移入温室，温度控制在10～24℃。在适宜温度范围内，鹤望兰的每片叶的叶腋都可形成花芽。

【病虫害防治】

危害鹤望兰的病害主要是细菌性萎蔫病，防治方法主要是用福尔马林或高锰酸钾等进行土壤消毒，不用栽植过茄科植物的土壤种植鹤望兰。炭疽病喷淋25%炭特灵可湿性粉剂500倍液或40%的多硫胶悬剂防治。朱砂叶螨用73%克螨特2000倍液喷杀。

【花语寓意】

鹤望兰花语：

① 代表苦恋的花。

② 自由、幸福、潇洒，为恋爱打扮的男孩子。

③ 能飞向天堂的鸟，能把各种情感、思恋带到天堂。

④ 无论何时，无论何地，永远不要忘记你爱的人在等你。

⑤ 友谊。

鹤望兰寓意：与相爱的人比翼双飞。

【观赏价值】

鹤望兰四季常青，植株别致，具清晰、高雅之感。鹤望兰叶片宽厚，花姿花色奇丽，是世界名花之一，宜盆栽摆放于厅堂或布置会场，其花与叶均是插花的良好素材。鹤望兰适应性强，栽培容易，是一种有经济价值的观赏花卉。鹤望兰在我国也是稀有的名贵花卉，它的花极为娇艳，花瓣呈暗蓝色，围在花瓣周围的花萼却是艳丽的橙黄色，而托在底部的苞片又是镶有紫色花边的蓝绿色，整个花绽开在浓郁挺拔的绿叶中，颇似仙鹤昂首遥望之姿。

考德塔鹤望兰

晚香玉
—— 翠叶荣秀扑鼻香

学　名：*Polianthes tuberosa*

别　名：夜来香、月下香

科　属：石蒜科、晚香玉属

晚香玉原产墨西哥及南美洲，亚洲热带分布广泛，在我国华南地区栽培较广。晚香玉喜温暖、湿润、阳光充足的环境，要求肥沃、疏松、排水良好且富含有机质的偏酸性黏质壤土，不耐霜冻，忌积水。在合适的气候条件下可四季开花，无明显休眠期。培养土用泥炭土、腐叶土和少量农家肥调配。

晚香玉为多年生草本花卉。具地下鳞茎状块茎，即上部似鳞叶包裹的鳞茎，下部为块茎，圆锥形。叶基生，带状披针形，茎生叶较长，向上呈苞叶状。花茎挺直，不分枝，自叶丛间抽生，高50～90厘米，顶生总状花序，花序长20～30厘米，小花20～30朵，成对着生，自下而上陆续开放，花白色，具芳香，夜间香味更浓，故又名夜来香。重瓣品种植株较高而粗壮，着花较多，有淡紫色花晕，香味较淡。花期8月末至霜冻前。

晚香玉花姿

晚香玉花序

养 晚香玉的繁殖

【分球繁殖】

晚香玉采用分球繁殖。每年母球周围可生数个小子球，将子球分离进行栽植即可。于11月下旬地上部枯萎后挖出地下茎，除去萎缩老球，一般每丛可分出5～6个成熟子球和10～30个小子球，晾干后储藏室内干燥处。种植时将大小子球分别种植，中央大球可当年开花，小子球需2～3年后长成大球才能开花。从外观看，开花球体圆、大且芽顶较粗钝，不能开花的球体偏扁，不匀称，芽顶尖瘦。老残球中心球不坚实，周围长有许多瘦尖的小球，这样的球需深栽养球，以复壮。

晚香玉的养护管理

【定植管理】

晚香玉忌霜冻，应在晚霜后的6月初栽植露地。为使提早发芽，栽前可在水中浸泡7～8小时后再栽植。栽植地应选择阳光充足的黏质壤土地块，翻耕后施入基肥。土壤过干，可在栽前数日灌底水，保持土壤湿润，以利发芽。晚香玉为浅栽球根花卉，栽时应使能开花的大球芽顶微露出土，当年不能开花的小球应栽稍深些，以土面稍没过芽顶为宜。大球株行距为（25～30）厘米×（25～30）厘米，中小球为（10～20）厘米×（10～20）厘米。

【肥水管理】

生长期雨季注意排水，花前追肥1次。晚香玉生长期较长，花期为8月中下旬，若种植较晚，常到9月中旬才见花，有时刚刚进入盛花期就遇早霜。地上叶经霜后呈水浸状，停止生长。

【光照温度】

地上部分枯萎后，在江南地区常用树叶或干草等覆盖防冻，就在露地越冬。但最好是将球根掘起，略经晾晒，除去泥土，将残留叶丛编成辫子，继续晾晒至干，吊挂在温暖干燥处储藏越冬，室温保持4℃以上即可。晚香玉亦能盆栽，并可用盆栽作促成栽培。在11月下旬植球，放在高温温室培养，可提前在4～5月开花，家庭养花则不便促成。

炫丽晚香玉

【修剪促花】

为使花期提前，除前面提到的水浸球法，也可采用室内钵栽催芽，而后脱盆地植，但此法应用不多。剪掉经初霜的晚香玉茎叶，挖出球，充分晾晒干燥，置于0℃以上室内干燥储藏，待明年栽培。

【病虫害防治】

防治枯萎病，可喷施枯萎立克600～800倍液，或50%多菌灵600倍液等。并对病枝及时清除、烧毁，在病株周围的土壤撒上生石灰，起到杀虫灭菌作用。防治螨类害虫可喷施25%抗螨乳油800倍液，或73%克螨特2000倍液等药物。防治介壳虫可以使用天王星、氯氰菊酯和快杀灵等防治。

【花语寓意】

晚香玉花语：危险的快乐。

【观赏价值】

晚香玉翠叶素茎，碧玉秀荣，含香体洁，幽香四溢，使人七月忘暑，心旷神怡。晚香玉花茎长，花期长，是切花的重要材料，也是布置花境、丛植、散植路边的优美花卉。

【药用价值】

晚香玉根味微甘、淡，性凉。有清热解毒的功效，主治痈疮肿毒、急性结膜炎、角膜炎、角膜翳、疖肿、外伤糜烂。晚香玉除观赏、驱蚊外，药用叶、花、果，清肝明目，拔毒生肌。

【经济价值】

晚香玉可提取香精。晚香玉浸膏主要成分有香叶醇、橙花醇、乙酸橙花酯、苯甲酸甲酯、邻氨基苯甲酸甲酯、苄醇、金合欢醇、丁香酚和晚香玉酮等，用于食品，能赋予食品以独特的晚香玉气味。

白色晚香玉

桂 花

—— 独占三秋压群芳

学　名：*Osmanthus* sp.
别　名：岩桂、木犀、九里香
科　属：木犀科，木犀属

桂花原产我国西南部及中部。桂花喜光，好温暖，耐高温，耐寒性较差。喜通风良好环境，宜疏松、肥沃、排水良好的偏酸性沙质土壤，忌碱土、灰尘和积水。对二氧化硫、氯气等有害气体有一定的吸收能力。桂花花朵黄白色，极香，是园林绿化的重要树种，也可做茶、香精、食用，有较高观赏和经济价值。

桂花花姿

桂花花丛

桂花为常绿阔叶乔木，高可达15米，枝叶繁茂。叶有柄，对生，椭圆形或椭圆状披针形，边缘有细锯齿，革质，深绿色。花3～9朵腋生，呈聚伞状，花期9～11月，芳香。核果椭圆形，灰蓝色。主要栽培品种和变种有金桂、银桂、丹桂、四季桂。

 桂花的繁殖

【播种繁殖】

播种前要整好地，施足基肥，亦可播于室内苗床。播种时将种脐侧放，以免胚根和幼茎弯曲，将来影响幼苗生长。播后覆盖一层细土，然后盖上草苫，遮阴保湿，经常保持土壤湿润，当年即可出苗。

【扦插繁殖】

桂花扦插繁殖通常在春秋两季进行，用一年生发育充实的枝条，切成5～10厘米长，剪去下部叶片，上部留2～3片绿叶，插于河沙或黄土苗床，株行距3厘米×20厘米，插后及时灌水或喷水，并遮阴，保持温度20～25℃，相对湿度85%～90%，2个月后可生根移栽。

【嫁接繁殖】

嫁接可用女贞或小叶女贞为砧木，用切接法进行嫁接。用小叶女贞作砧木成活率高，嫁接苗生长快，寿命短，易形成"上粗下细"的"小脚"现象。用水蜡作砧木，生长慢，但寿命较长。

金桂

沉香桂

【压条繁殖】

压条宜在春季生长期进行。选比较粗壮的低干母树，将其下部1～2年生的枝条，选易弯曲部位用利刀切割或环剥，深达木质部，然后压入3～5厘米深的条沟内，并用木条固定被压枝条，覆土仅留梢端和叶片在外面，始终保持土壤湿润，到秋季发根后，剪离母株养护。

桂花的养护管理

【定植管理】

栽植要选阳光充足，排水良好，表土深厚的地段，在3～4月或秋季谢花之后带土球移植。

【肥水管理】

种植穴内施入腐熟的有机肥作基肥，生长期追施充分腐熟的饼肥水1～2次，10月施1次1份骨粉加10份水的骨粉浸液。开花前应注意灌水，开花时要控制浇水。

【光照温度】

在黄河流域以南地区可露地栽培越冬。盆栽应冬季搬入室内，置于阳光充足处，使其充分接受直射阳光，室温保持5℃以上，但不可超过10℃。翌年4月萌芽后移至室外，先放在背风向阳处养护，待稳定生长后再逐渐移至通风向阳或半阴的环境，然后进行正常管理。生长期光照不足，影响花芽分化。

【修剪整形】

根据树姿将大骨架定好，将其他萌蘖条、过密枝、徒长枝、交叉枝、病弱枝去除，使其通风透光。对树势上强下弱者，可将上部枝条短截1/3，使整体树势强健，同时在修剪口涂抹愈伤防腐膜保护伤口。

银桂

丹桂

【病虫害防治】

发生叶斑病、炭疽病，发病初期喷洒1∶2∶200倍的波尔多液，以后可喷50%多菌灵可湿性粉剂1000倍液或50%苯来特可湿性粉剂1000～1500倍液。发生红蜘蛛可用螨虫清、蚜螨杀、三唑锡进行叶面喷雾。要将叶片的正反面都均匀喷到。每周1次，连续2～3次，即可治愈。

咏

【花语寓意】

桂花花语：崇高、美好、吉祥、友好，忠贞之士。
桂枝中国寓意：出类拔萃之人物、仕途。
桂枝欧美寓意：光荣、荣誉。

【诗词歌赋】

《东城桂》唐 白居易
遥知天上桂花孤，试问嫦娥更要无。

月宫幸有闲田地，何不中央种两株。

《桂花》陈景章

桂韵凝香，香飘佳节团圆夜。

花姿邀月，月丽晴光雍睦秋。

《咏桂》唐 李白

世人种桃李，皆在金张门。

攀折争捷径，及此春风暄。

一朝天霜下，荣耀难久存。

安知南山桂，绿叶垂芳根。

清阴亦可托，何惜树君园。

《咏岩桂》宋 朱熹

亭亭岩下桂，岁晚独芬芳。叶密千层绿，花开万点黄。

天香生净想，云影护仙妆。谁识王孙意，空吟招隐章。

《鹧鸪天·桂花》宋 李清照

暗淡轻黄体性柔，情疏迹远只香留。何须浅碧轻红色，自是花中第一流。

【观赏价值】

桂花终年常绿，枝繁叶茂，秋季开花，芳香四溢，可谓"独占三秋压群芳"。在园林中应用普遍，常作园景树，可孤植、对植，也可成丛成林栽种。在我国古典园林中，桂花常与建筑物、山、石相配，以丛生灌木型的植株植于亭、台、楼、阁附近。旧式庭园常用对植，古称"双桂当庭"或"双桂留芳"。在住宅四旁或窗前栽植桂花树，能收到"金风送香"的效果。

四季桂

日香桂

【药用价值】

桂花以花、果实及根入药。秋季采花，冬季采果，四季采根，分别晒干。

花：辛，温。有散寒破结、化痰止咳的功能。用于牙痛，咳喘痰多，经闭腹痛。

果：辛、甘，温。有暖胃、平肝、散寒的功能。用于虚寒胃痛。

根：甘，微涩，平。有祛风湿、散寒的功能。用于风湿筋骨疼痛，腰痛，肾虚牙痛。

【经济价值】

桂花对氯气、二氧化硫、氟化氢等有害气体都有一定的抗性，还有较强的吸滞粉尘的能力，常被用于城市及工矿区绿化。

桂花酒香甜醇厚，有开胃醒神、健脾补虚的功效。桂花酒尤其适于女士饮用，被赞誉为"妇女幸福酒"。祖国医学中有花疗的理论实践，桂花酒就是典型的实例。

桂花茶可养颜美容，舒缓喉咙，改善多痰、咳嗽症状，治十二指肠溃疡、荨麻疹、胃寒胃疼、口臭、视觉不明。

桂花还可以食用，制作如糯米桂花藕、桂花黄林酥、桂花糕、枸杞桂花茶、桂花紫薯糯米饭、桂花奶豆腐、桂花酒酿细圆子、烧桂花肠、桂花杏仁豆腐、桂花小豆粥等各种美食。

叶子花

—— 花大色艳夺人目

学　名：*Bougainvillea spectabilis* willd
别　名：三角花、室中花、九重葛、贺春红
科　属：紫茉莉科、叶子花属

叶子花原产南美，现我国各地都有栽培。叶子花喜欢生长在温暖、湿润、阳光充足的环境条件下，不耐寒、不耐阴，喜水，喜肥。我国除南方地区可露地栽培越冬，其他地区都需盆栽和温室栽培。对土壤要求不严，但在排水良好、富含腐殖质的肥沃沙质土壤中生长旺盛。叶子花具有很好的萌芽力和耐修剪的特点。

叶子花花姿

叶子花花丛

叶子花为木质攀援藤本状灌木。嫩枝具曲刺，密生柔毛。单叶互生，卵状椭圆形，全缘，叶质薄，有光泽，叶色深绿，被厚绒毛，顶端圆钝。小花黄绿色，细小，3朵聚生在新枝顶端。三片纸质大型苞片聚生呈三角形，颜色十分鲜艳，有粉红、洋红、深红、砖红、橙黄、玫瑰红、白色等，常被误认为是花瓣，因其形状似叶，故称其为叶子花。叶子花的花期长，是很好的室内观赏花卉。

养 叶子花的繁殖

【扦插繁殖】

扦插是用花后半木质化、生长健壮的枝条剪成约20厘米长的插穗。插后保持28℃的温度和较高湿度时，20多天就可生根。30天后可栽植盆内。初栽的小苗需要遮阳，缓苗后放在阳光充足处，第二年就能开花。

【压条繁殖】

每年5月初至6月中旬，都是进行压条的好季节。叶子花压条繁殖时，选1～2年生的枝条，为促使生根可进行环状剥皮，压入土中，注意浇水，保持土壤湿润，约经1个月即可生根。3个月后可将压条剪开，脱离母体进行移栽上盆。

叶子花的养护管理

【肥水管理】

施肥：生长期要注意施肥，每星期浇适量化肥溶液，还可浇蹄片水等有机肥料，施肥宜淡肥勤施。入冬后停止生长时要停止追肥。

浇水：叶子花性喜水，生长期要大量浇水。夏季及花期浇水应及时，特别在炎热的季节或大风天叶子花不能缺水，要加大浇水量，以保证植株生长需要。若水分供给不足，易落叶。冬季室内土壤不可过湿，可适当减少浇水量。

粉色叶子花

叶子花盛景

【光照温度】

光照：叶子花是强阳性植物，喜光，应有充足光照。因此，四季都应放在有阳光直射、通风良好处。即使是夏季，也应将叶子花放在阳光充足的露地培养。如光线不足，则生长细弱，开花也少。

温度：叶子花喜高温，开花适温为28℃，冬季室温不低于20℃，温度过低或忽高忽低，容易造成落叶，不利开花。若使其进入休眠，休眠温度保持在1℃左右，则不会落叶，可保证第二年开花繁茂。

【整形修剪】

盆栽每2年换1次盆，换盆要在春季进行。盆土要用草炭土加1/3细沙和少量豆饼渣配制，结合换盆剪除细弱枝条，留2～3个芽或抹头，整成圆形。生长期间不断摘心，以控制植株生长，促使花芽形成。花后进行修剪以促进新芽生长及老枝更新，保持植株姿态美观。

【病虫害防治】

主要虫害有蚜虫、红蜘蛛，要注意通风。常见病害主要有枯梢病。平时要加强松土除草，及时清除枯枝、病叶，注意通气，以减少病原的传播。加强病情检查，发现病情及时处理，可用乐果、托布津等药液防治。

赞

【观赏价值】

花苞片大，色彩鲜艳如花，且持续时间长，宜庭园种植或盆栽观赏，还可作盆景、绿篱及修剪造型。叶子花观赏价值很高，在我国南方用作围墙边的攀援花卉栽培。每逢新春佳节，绿叶衬托着鲜艳的苞片，仿佛孔雀开屏，格外璀璨夺目。北方盆栽，置于门廊、庭院和厅堂入口处，十分醒目。叶子花在故乡巴西，妇女常用来插在头上作装饰，别具一格。欧美用叶子花作切花。

白色叶子花

紫色叶子花

【药用价值】

叶子花的花可入药，具有解毒清热、调和气血的功效。对治疗妇女月经不调、疮毒有一定的效果。捣烂敷患处，有散淤消肿的效果。

叶子花具有一定的抗二氧化硫功能，是一种很好的环保绿化植物。

生石花
——花繁色艳生命石

学 名：*Lithops pseudotruncatella*（Bgr.）N.E.Br
别 名：石头花、曲玉、石头玉、石头草
科 属：番杏科，生石花属

识

生石花原产南非沙漠及西南纳米比亚地区岩床缝隙、石砾地带，现世界各地可栽培。性喜光照充足和高温环境，耐旱，怕低温，不耐烈日直射，冬季喜凉爽，适宜排水通畅的疏松沙质土壤。生长适温10～30℃。生石花品种较多，各具特色，形态奇特，小巧玲珑，花色艳丽。开花时花朵几乎将整个植株都盖住，非常娇美。主要用于盆栽观赏，是不可多得的花、叶兼赏花卉。

生石花花姿

生石花盛景

生石花为多年生、小型、常绿、肉质草本植物，茎极短，常常看不到，根系深长。单叶对生联结而成倒圆锥体，变态叶片肥厚平顶，中间有缝隙，表面具褐色纹，外形及颜色似小卵石。花1～3朵自缝隙中抽生，花萼3～5裂或多裂，花瓣数十枚，有红、黄、粉、白、紫等色，多在午后开放，傍晚闭合，次日午后又开。单朵花可开3～7天。花期9～11月。蒴果，种子细小。

养 生石花的繁殖

【播种繁殖】

播种法繁殖适于5月当温度达到20℃时，因种子细小，一般采用室内盆播，播后覆土宜薄，用木块轻镇压使种子与土层密切接触，浸盆法供水，切勿直接浇水，以免冲失种子。播种温度15～25℃，经保温、保湿，半月左右发芽出苗。出苗后让小苗逐渐见光。小苗生长迟缓，3～5月生长期，给予充足光照，每月追施0.5%的尿素水溶液。仲夏每周少量给水1～2次，用浸盆法给水，冬季生长植株基本不给水，越冬温度在15℃以上。冬夏两季对水分适当减少有助蜕皮。实生苗需2～3年时间才能开花。

【分株繁殖】

生石花每年春季从中间的缝隙中长出新的肉质叶，将老叶破裂开，老叶也随着皱缩而死亡（俗称"蜕皮"）。新叶生长迅速，到夏季又皱缩而裂开，并从缝隙中长出2～3株幼小新株，分栽幼株即可。

白花生石花

生石花美姿

生石花的养护管理

【肥水管理】

每20天左右施1次腐熟的稀薄液肥，也可将少量低氮高磷钾的复合肥放在土壤中供其慢慢吸收。春季的2～4月是生石花的蜕皮期，此时应停止施肥，控制浇水，使原来的老皮及早干枯。浇水时间一般在晚上或清晨温度较低的时候，不要在白天温度较高的时候浇水，以免因土壤温度突然降低对植株造成伤害。栽培中要避免雨淋，特别是长期雨淋或暴雨淋，否则会因植株吸水过多造成顶部破裂。

【光照温度】

进入盛夏后要适当遮阴，避免强光直射。同时，要加强种植场所的通风，从而降低其温度和湿度，尽可能地提供适合生石花安全度夏的环境。秋季气温凉爽，昼夜温差较大，是生石花的开花季节，要求有充足的阳光。如果光照不足，会使植株徒长，肉质叶变得瘦高，顶端的花纹不明显，而且难以开花。

【病虫害防治】

生石花主要发生叶斑病、叶腐病危害，可用65%代森锌可湿性粉剂600倍液喷洒。主要虫害是介壳虫、蚂蚁、根结线虫、根粉蚧的危害，可在若虫孵化期用25%亚胺硫磷1000倍液或50%杀螟松1000倍液在晴天喷施，也可以用阿维菌素灌根。防治蚂蚁，可用套盆隔水养护，使蚂蚁爬不到柔嫩多汁的球状叶上。

咏

【花语寓意】

生石花花语：顽强、生命宝石、披着狼皮的羊。

赞

【观赏价值】

生石花被喻为"有生命的石头"。在原产地雨季生长开花，盛花时刻，生石花犹如给荒漠盖上了巨

炫美生石花

生石花盆栽

大的花毯。但当干旱的夏季来临时，荒漠上又恢复了"石头"的世界，形成了植物界的独特景观。这些表面没有针刺保护的肉质多汁植物，正是因为成功地模拟了石头的形态（这被称为"拟态"），才有效地骗过了食草动物，繁衍至今。

生石花的花朵几乎能将整个植株都盖住，其在午后开放，傍晚闭合，颜色鲜艳，非常美丽；盆栽可放置于电视、电脑旁，可吸收辐射，亦可栽植于室内以吸收甲醛等有害物质，净化空气。

冬季 开花篇

虎刺梅
——茎姿奇特株繁茂

学　名：*Euphorbia milii* Ch. des Moulins
别　名：铁梅掌、铁海棠、麒麟花
科　属：大戟科，大戟属

虎刺梅花姿

虎刺梅花丛

虎刺梅原产非洲马达加斯加，我国各地都有栽培。虎刺梅性喜高温、光照充足和通风、湿润的环境，耐旱力强，不耐寒，忌水湿。适宜排水良好的沙质土壤。阳光充足时苞片鲜艳，长期光照不足，花色暗淡，或只长叶子、不开花。干旱时，叶子脱落，但茎枝不萎蔫。土壤湿度过大，易造成生长不良，甚至死亡。长江流域及其以北地区，均盆栽室内越冬，冬季室温不宜低于15℃。

虎刺梅为落叶或常绿攀援、多浆类灌木，株高0.5～1米，茎具多棱，并有褐色硬锐刺，枝条密生，嫩枝具柔毛。单叶，聚生于嫩枝上，叶倒卵形，先端浑圆而有小突尖，黄绿色，草质有光泽。聚伞花序生于枝条顶端，花小，花冠轮生，绿色，单性同株，无花被，总苞基部具2苞片，苞片宽卵形、鲜红色，长期不落，花期10月至翌年5月。蒴果扁球形。

养　虎刺梅的繁殖

【扦插繁殖】

虎刺梅整个生长季节都可进行扦插，但以5～6月最好。从母株上剪取粗壮充实带顶芽、长7～8厘米的茎段作插穗，剪口涂抹炉灰或草木灰，待剪口充分干燥，剪口处外流白浆凝固后插于湿润的沙床中，插后注意保持盆土稍干燥，插床上可用干净的粗河沙，插穗入土深度3～4厘米，插后浇1次透水，再进行遮阳并经常喷雾，保持插床湿润，1个月后即生根成活。

虎刺梅的养护管理

【肥水管理】

盆栽以3份园土、2份腐熟有机肥料和5份沙配制成培养土。从4月中旬至9月，可每半个月追施1次蹄角片液肥（一般是500克羊蹄角片加水10千克，放入缸中密封，充分发酵即可），雨季每3～4周施1次麻渣干肥，休眠期停止施肥。夏季应每天浇1次水，开花期间控制浇水，春、秋两季可每2～3天浇水1次，冬季每10天到半月浇1次水。

【光照温度】

扦插苗上盆后给予充足光照，在春、秋二季，由于温度不是很高，就要给予它直射阳光的照射，以利于它进行光合作用积累养分。在冬季，放在室内有明亮光线的地方养护。夏季防烈日直射和雨淋，并适当修剪和设架扎缚枝条。深秋入温室养护，保持盆土干燥，2～3年换盆1次。

【修剪整形】

虎刺梅主枝太长，开花就少。因此花期后应将过长的和生长不整齐的枝剪短，一般在枝条的剪口下长出2个新枝，当新枝长到5～6厘米时就能开花。每年修剪1次，几年后，整个植株就会开满鲜艳的小花。

黄花虎刺梅

虎刺梅盆栽

【病虫害防治】

虎刺梅夏季易受红蜘蛛为害，可以将其放在通风良好、光照充足的环境，同时喷洒80%敌敌畏1000倍液除治。粉虱和介壳虫为害，用50%杀螟松乳油1500倍液喷杀。茎枯病和腐烂病危害，用50%克菌丹800倍液，每半月喷洒1次。

【花语寓意】

虎刺梅花语：倔强而又坚贞，温柔又忠诚，勇猛又不失儒雅。

虎刺梅花朵小巧，粉嫩可爱，进入冬季，凌寒不败，风姿绰约，夏绿冬红恰似痴守不弃的爱之誓言。

【观赏价值】

虎刺梅株丛繁茂，茎姿奇特，花叶美丽，红色苞片鲜艳夺目，可在造型架上攀援生长，深受人们喜爱，是秋、冬、春3季良好的观赏盆花，也可作室内装饰或供制作盆景。由于虎刺梅幼茎柔软，常用来绑扎孔雀等造型，成为宾馆、商场等公共场所摆设的精品。南方地区常露地作绿篱栽植。

红花虎刺梅

彩蝶虎刺梅

【药用价值】

虎刺梅全株可入药，外敷治瘀痛、骨折及恶疮等。

虎刺梅的根、茎、叶、乳汁味苦，性凉，有毒，可排脓、解毒、逐水，常用于痈疮、肝炎、水肿。虎刺梅的花味苦、涩，性平，有小毒，可止血，常用于子宫出血。虎刺梅的根用于便毒、跌打。

注意：虎刺梅全株有毒，白色乳汁毒性强。误食会有呕吐、腹泻现象。

蜡梅
—— 凌霜傲雪吐馨香

学　名：*Chimonanthus praecox*
别　名：腊木、黄梅、雪梅、香梅、干枝梅
科　属：蜡梅科，蜡梅属

蜡梅原产于我国中部，四川、湖北及陕西均有分布。蜡梅性喜阳光，耐高温，夏季一般不需遮光，若光线不足易出现徒长，花蕾稀少，树形松散，枝条细弱等情况。蜡梅能耐阴，耐干旱，有一定耐寒力，冬季-15℃不需搬入室内。但蜡梅最怕风吹，要注意防风，否则易出现花苞不开放，开花后花瓣被风吹焦、萎蔫，叶片生锈斑等现象。蜡梅忌水湿，要求土层深厚、排水良好的中性或微酸性轻壤土。

蜡梅花丛

蜡梅为落叶灌木，树干丛生，黄褐色，皮孔明显。单叶对生，叶椭圆状披针形，先端渐尖，叶纸质，叶面粗糙。花单生于枝条两侧，自一年生枝的叶腋发出，直径2~3.5厘米，花被多数，内层较小，紫红色，中层较大，黄色，稍有光泽，似蜡质，最外层为细小鳞片组成，花期12月至翌年3月，先叶开放，具浓香。

【分株繁殖】

分株在谢花后采用入土劈株带根分栽。播种在7～8月采收变黄的坛形果托，取出种子干藏至翌春播种。嫁接成活后每长3对芽就摘心1次，让其自然分枝形成树冠。3～4月花谢后应及时修剪，可重剪，要求每枝留15～20厘米，7～8月生长期修剪要保留一定数量枝条的生长。

【嫁接繁殖】

嫁接选2～3年生的蜡梅为砧木，用靠接或切接法嫁接，通常多采用靠接法。早春3月，把砧木与接穗的树皮削开，相互靠拢接合缚紧，接合部用塑料条缠好，使其愈合成活。成活后当年冬季就可与母株分栽。

【扦插繁殖】

扦插以夏季嫩枝为好，插穗用50毫克/千克生根粉浸泡6小时后，插在遮阴的塑料薄膜棚内，20～30天即可生根移植。

蜡梅的养护管理

【肥水管理】

移植需在春、秋带土球移栽。花谢后应施足基肥，肥料最好用发酵腐熟的鸡粪和过磷酸钙混合有机肥，花芽分化期和孕蕾期应追施以磷为主的氮磷钾结合肥料1～2次。秋季落叶后追施充分腐熟的饼肥水1～2次。每周浇水1次，不干不浇，水量不宜过大，雨后注意排水。

黄蜡梅

【修剪整形】

一般在花谢后发叶之前适时修剪，剪除枯枝、过密枝、交叉枝、病虫枝，并将一年生的枝条留基部2～3对芽，剪除上部枝条促使萌发分枝。待新枝每长到2～3对叶片之后，就要进行摘心，促使萌发短壮花枝，使株形匀称优美。修剪多在3～6月进行，7月以后停止修剪。如果不适期修剪，就会抽出许多徒长枝，消耗养分，以致花芽分化不多，影响开花。

【病虫害防治】

防治天牛时用棍敲打枝干，及时捕杀落地成虫。防治蚜虫要喷洒10%吡虫啉可湿性粉剂6000倍液，或50%马拉松乳油1000～1500倍液。防治炭疽病喷洒50%甲基托布津800～1000倍液。防治黑斑病喷洒50%多菌灵可湿性粉剂1000倍液。

咏

【花语寓意】

蜡梅花语：独立，坚毅，忠贞，高风亮节，澄澈的心，浩然正气，创新。

【诗词歌赋】

《赠岭上梅》宋 苏轼

梅花开尽百花开，过尽行人君不来。不趁青梅尝煮酒，要看细雨熟黄梅。

《江梅》唐 杜甫

梅蕊腊前破，梅花年后多。绝知春意好，最奈客愁何？

雪树元同色，江风亦自波。故园不可见，巫岫郁嵯峨。

《墨梅》宋 朱熹

梦里清江醉墨香，蕊寒枝瘦凛冰霜。如今白黑浑休问，且作人间时世妆。

《庭梅咏寄人》唐 刘禹锡

早花常犯寒，繁实常苦酸。何事上春日，坐令芳意阑？

天桃定相笑，游妓肯回看！君问调金鼎，方知正味难。

【观赏价值】

蜡梅花开于寒月早春，花黄如蜡，清香四溢，为冬季观赏佳品，是我国特有的珍贵观赏花木。一般以孤植、对植、丛植、群植配置于园林与建筑物的入口处两侧和厅前、亭周、窗前屋后、墙隅及草坪、水畔、路旁等处，作为盆花桩景和瓶花亦具特色。我国传统上喜欢配植南天竹，冬天时红果、黄花、绿叶交相辉映，可谓色、香、形三者相得益彰。更具我国园林的特色。

【药用价值】

蜡梅花味甘、微苦，采花焯熟，水浸淘净，油盐调食，既是味道颇佳的食品，又能解热生津。蜡梅果实古称土巴豆，有毒，可以做泻药，不可误食。

常用验方如下。

① 久咳：蜡梅花9克，泡开水代茶饮。

② 烫火伤：蜡梅花以菜籽油浸后，涂敷患处。

③ 中耳炎：蜡梅花蕾浸麻油或菜籽油内，3～5天后，用油滴耳，每次2～3滴。

④ 风寒感冒：根（干品）15克，生姜3～5片，水煎后加红糖适量服用。

⑤ 暑热、心烦头昏、头痛：蜡梅花、扁豆花、鲜荷叶各适量，水煎服。

瓜叶菊

—— 点点菊花美如画

学　名：*Pericallis hybrida*
别　名：千日莲、瓜秧菊、千里光、瓜叶莲、千叶莲等
科　属：菊科，瓜叶菊属

瓜叶菊原产西班牙加那利群岛。瓜叶菊夏秋播种，冬春开花，是冬季极为普遍的盆花。喜湿润温暖、凉爽通风的环境，不耐高温也不耐寒，适宜于低温温室及冷床中栽培。夏季忌高温和水涝，必须保持低温。夏季怕阳光直射，冬季要求较充足的阳光。瓜叶菊喜肥，要求疏松肥沃、排水良好的沙质土壤，pH值在6.0～7.5之间。

瓜叶菊为多年生宿根草本花卉。茎粗壮，成"之"字形，绿中带紫色条纹或紫晕。株高30～60

瓜叶菊花姿

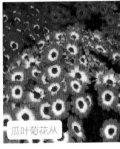

瓜叶菊花丛

厘米。叶大，三角形心状，边缘具多角或波状锯齿，似葫芦科的瓜类叶片，故名瓜叶菊。叶柄粗壮有槽沟，叶柄基部成耳状，半抱茎。头状花序多数簇生呈伞房状，花序周围是舌状花10～18枚，呈紫红、雪青、红、墨红、粉、蓝、白等色，中央为筒状花，紫色或黄色。花色以蓝与紫色为特色。瘦果纺锤形，表面纵条纹，覆白色冠毛。花期12月至翌年5月。

瓜叶菊的繁殖

【播种繁殖】

播种期视所需花期而定。播种可用浅盆或播种木箱。播种盆土需要加少量腐熟的有机肥和过磷酸钙混合配制。将种子与少量细沙混合均匀后播在浅盆中，注意撒播均匀，播后覆盖一层细土，厚度以不见种子为度。播后不能用喷壶喷水，以避免种子被冲刷得暴露出来，可以采用浸盆法或喷雾法使盆

土完全湿润。盆上加盖玻璃保持湿润，一边稍留空隙通风换气。然后将播种盆置于荫棚下，或放置于冷床或冷室阴面，注意通风和维持较低温度。

白色瓜叶菊

【扦插繁殖】

重瓣品种为防止自然杂交或品质退化，以扦插繁殖为主。瓜叶菊开花后在5～6月间，常于基部叶腋间生出侧芽，可将侧芽取下，在清洁河沙中扦插。插时可适当疏除叶片，以减少叶片蒸腾，促进生根，插后浇足水并进行遮阴防晒。如果母株没有侧芽长出，可将茎高10厘米以上部分全部剪去，以促使侧芽发生。

瓜叶菊的养护管理

【定植管理】

播种后约20天，幼苗可长出2～3片真叶，此时应进行第1次分苗，可选用阔口瓦盆移植，盆土用腐叶土3份、壤土2份、沙土1份配合而成。将幼苗从播种浅盆移入阔口瓦盆中，株行距3厘米×3厘米，根部多带宿土，以免伤根，有利于成活。移栽后用细孔喷水壶浇透水，浇水时不能将幼苗根部泥土冲走。浇水后将幼苗置于阴凉处，保持土壤湿润，经过1周缓苗后才能放在阳光下，继续生长。

【肥水管理】

瓜叶菊缓苗后每1～2周可施薄肥水1次，浓度逐渐增加。瓜叶菊不需要很多的肥料，太多的氮肥会使叶子过分生长而花朵减少，花色不正。因花期长，在生长期间应及时补充肥料，保证开花不断。一般现蕾前每隔7～10天施1次稀薄的腐熟豆饼水，至现蕾为止。花蕾着色时往叶面喷洒1次0.2%磷酸二氢钾或0.5%过磷酸钙，以保证花蕾生长和开花。

【光照温度】

光照：栽植时要注意将植株置于花盆正中并保持植株端正，浇足水后置于阴凉处，成活后给予全光照。瓜叶菊在生长期内喜阳光，不宜遮阴。要定期转动花盆，使枝叶受光均匀，株形端正不偏斜。花朵凋谢后植株仍需适度光照，以满足种子发育所需。

温度：幼苗时应保持凉爽条件，室温7～8℃以利蹲苗，若室温超过15℃则会徒长枝叶而影响开花。开花期最适宜温度为10～15℃。越冬温度8℃以上。

【病虫害防治】

瓜叶菊在高温高湿、通风不良时容易发生白粉病、锈病和立枯病，可用70%甲基托布津1000倍液喷治。植株拥挤，通风不良，常有蚜虫和红蜘蛛危害，可用40%乐果1000倍液喷杀。幼苗时常发生潜叶蛾，可用乐果1000倍液防治。

蓝白瓜叶菊

粉色瓜叶菊

【花语寓意】

瓜叶菊花语：喜悦，快活，快乐，合家欢喜，繁荣昌盛。

适宜在春节期间送给亲友，此花色彩鲜艳，体现美好的心意。

【观赏价值】

瓜叶菊异花授粉，易自然杂交，园艺品种极多，有其他室内花卉少见的蓝色花和"蛇目"型的复色花，花色丰富，深受人们喜爱。常见类型有大花型，花大而密集；星型，花小量多；多花型，花小数量多；以株矮多花类型观赏价值最高。其花期长，是冬季常见的代表性盆花。花期恰逢元旦、春节、"五一"等重大节日，是这些节日常用的重要花卉。矮型品种常用于早春花坛布置；高型品种适于切花，是制作花篮、花圈、艺术插花等的良好花材。

君子兰
——花美叶翠亭亭立

学　名：*Clivia miniata*
别　名：剑叶石蒜、大花君子兰、大叶石蒜、达木兰
科　属：石蒜科，君子兰属

识

君子兰原产南非，现我国培育出不少园艺品种。喜凉爽湿润，耐寒性较差，要求阳光充足，秋凉生长，春天开花，夏季休眠。适生温度在15～25℃，空气湿度70%～80%为宜。对土壤要求严格，要求土壤疏松肥沃、通气透水、富含腐殖质、偏酸性。

君子兰为多年生常绿草本植物。茎粗短，高4～10厘米，被叶鞘包裹，形成假鳞茎。叶二列状，交叠互生，叶扁平宽大，呈带状，叶形似剑，长

君子兰花姿

君子兰翠叶

20～80厘米，宽8～10厘米。根肉质纤维状，粗长，不分枝。伞形花序顶生，着花7～30朵。花茎粗壮，高20～50厘米。小花有柄，漏斗状直立。花色有黄、橙红、橙黄、深红、鲜红等色。花期1～5月。君子兰的栽培品种很多，差异主要从叶片长、宽、直立程度、光泽、叶脉、叶色，花的大小和色彩方面区别。健康的君子兰叶面反光度高，看上去油亮，叶色浅绿，叶面摸上去光滑细腻，叶片柔韧性强，脉纹粗壮突起。

养 君子兰的繁殖

【播种繁殖】

君子兰需人工授粉方可结实。授粉后8～9个月果实成熟，果色变红即可采收，剥出种子阴干3～4天即可播种，发芽适温20～25℃，如温差过大，影响出苗率。播种过早，遇温度低、湿度大，种子易腐烂死亡。约20天即可生根，40天抽出子叶，约60天长出第1片真叶可分苗，第2年春即可上盆。

【分株繁殖】

多年生老植株每年可以从根颈部萌发出多个根蘖苗，在进行翻盆换土时将根蘖苗分离出来另植，分株伤口处抹上草木灰，以免伤口伤流，使伤口迅速干燥，防止伤口腐烂。长根的分株可直接植入盆中，未长根的分株插入素沙土中，待生根后可上盆。如子株根系少，可使用细沙栽植，保持室温20～25℃，有利于根系的萌发和生长。较大的子株养护1～2年即能开花。

君子兰盆栽

君子兰的养护管理

【上盆管理】

栽培君子兰时，先在盆底的排水孔上盖上2块碎瓦片，再垫2厘米厚的碎石子或沙粒，上面填入一般细土，再铺上一层稍粗的培养土，然后把君子兰植株放置在盆中填土，一般把植株的根颈以下埋入

土即可。一般播种苗3～5年即可开花，分株苗2～3年可开花。

【肥水管理】

　　君子兰根系为发达苗壮的肉质根，因此宜用深盆栽植，并且排水透气。生长期每隔半月追施加20倍水的腐熟饼肥上清液1次，开花前追施5%的磷酸二氢钾，有利于开花繁茂。君子兰浇水应掌握见干见湿的原则，保持盆土湿润不潮即可，以防根系腐烂。

【光照温度】

　　君子兰适生温度为15～25℃，高出30℃叶片徒长，低于5℃易受寒害。君子兰喜半阴的环境，忌强光照射。培养土要求疏松肥沃、保水透气且呈微酸性。

【病虫害防治】

　　防治白绢病、叶斑病可在植株茎基部及周围土壤上浇灌50%多菌灵可湿性粉剂500倍液。软腐病用青霉素或链霉素或土霉素加4000～5000倍水溶液喷洒或涂抹病斑。介壳虫可用25%亚胺硫磷乳油1000倍液喷杀，也可用40%的氧化乐果乳剂加1000～1500倍水制成溶液喷洒。一般喷洒1～2次即可将其杀灭。

黄花君子兰

紫花君子兰

【花语寓意】

　　君子兰花语：高贵，有君子之风。

　　君子兰叶片厚实光滑、直立似剑，象征着坚强刚毅、威武不屈的高贵品格。丰满的花容、艳丽的色彩，象征着富贵吉祥、繁荣昌盛和幸福美满。

【观赏价值】

　　君子兰具有常年翠绿、耐阴性强等特性，可全年在室内盆栽观赏，是装饰厅、堂、馆、所的理想植物，是美化公园的佳品。它被人们誉为是有生命的工艺品和"金钱花"。

　　我国近年来培植了160多个名贵的君子兰品种，是百姓家庭常见的花卉品种。

【药用价值】

　　君子兰全株可入药。君子兰植株体内含有石蒜碱和君子兰碱，还含有微量元素硒。试验证明，君子兰叶片和根系中提取的石蒜碱，有抗病毒作用，而且还有抗癌作用。

火焰君子兰

绿色君子兰

石　斛

—— 花美色艳功效大

学　名：*Dendrobium nobile* Lindl
别　名：金钗石斛、吊兰花、石斛兰
科　属：兰科，石斛属

识

石斛原产我国南方。石斛喜在温暖、潮湿、通风、半阴半阳的环境中生长，忌阳光直射，不耐寒，以亚热带深山老林中生长为佳，对土肥要求不甚严格，适宜透气、疏松、排水良好的基质栽培。野生多在疏松且厚的树皮或树干上生长，有的也生长于石缝中。

石斛花姿

石斛花丛

石斛为多年生附生常绿草本。石斛茎细长直立，丛生，圆筒形，节肿大，叶近革质，狭长圆形，长约10厘米，顶端2圆裂，生存2年。总状花序着生茎上部节处，开花1～4朵，花大侧生，花径5～12厘米，萼片3枚左右，瓣片多为白色，带紫色花晕，唇瓣白，喉部深紫色，花期1～6月。

养　石斛的繁殖

【分株繁殖】

石斛种植一般在春季进行，因春季湿度大、降雨量渐大，种植易成活。选择健壮、无病虫害的石斛，剪去3年以上的老茎作药用，2年生新茎作繁殖用。繁殖时减去过长老根，留2～3厘米，将种苑分开，每棵含2～3个茎，然后栽植。栽培可用盆栽和吊栽，盆栽用土可用粗泥炭7份、粗沙或珍珠岩3份和少量木炭屑制成培养土，盆底应多垫粗粒排水物。吊栽可将石斛固定于木板上，再用水苔塞紧缝隙，包裹根部，悬吊栽培。

石斛的养护管理

【肥水管理】

施肥：春、夏季生长期要多施肥，栽植宜先施基肥。基肥可用饼肥，即饼肥发酵干燥后，碾细混入土中。牛长期用腐熟豆饼水稀释液，每月施1次。具体方法如下：饼肥末1.8升，水9升，过磷酸钙0.09升，腐熟后加水100～200倍施用。平时用1500～2000倍水溶性速效肥，每10～15天喷洒1次。秋季9月以后减少氮肥用量。到了假球茎成熟期或冬季休眠期，完全停止施肥。

玫红石斛花

白色石斛花

浇水：石斛栽植后期空气湿度过小要经常浇水保湿，可用喷雾器以喷雾的形式浇水。

【整形修剪】

每年春天萌发新茎时，结合采收老茎将丛内的枯茎剪除，并除去病茎、弱茎以及病根，栽种6～8年后视丛苑生长情况翻苑重新分株繁殖。石斛生长地的郁闭度在60%左右，因此要经常对附生树进行整枝修剪，以免过于荫蔽或郁闭度不够。

【病虫害防治】

石斛菲盾蚧用40%乐果乳剂1000倍液喷雾杀灭或收集有盾壳老枝集中烧毁。石斛炭疽病用50%多菌灵1000倍液或50%甲基托布津1000倍液喷雾2～3次防治。石斛黑斑病用50%的多菌灵1000倍液喷雾1～2次防治。

黄色石斛花

淡粉石斛花

【花语寓意】

　　石斛花语：欢迎、祝福、纯洁、吉祥、幸福。

　　石斛兰具有秉性刚强、祥和可亲的气质，有许多国家把它作为"父亲节之花"。父亲节送石斛兰，寓意父亲的刚毅、亲切而威严，表达对父亲的敬意。

【观赏价值】

　　石斛花姿优雅，玲珑可爱，花色鲜艳，气味芳香，是高档的盆花，又是重要的切花，被喻为"四大观赏洋花"之一。从外观上看，石斛构造独特的"斛"状花形，以及斑斓多变的色彩，都给人热烈、亮丽的感觉。石斛作为洋兰以其独有的魅力备受关注，引发了现代人对兰花新的理解、对石斛兰更深的关爱。

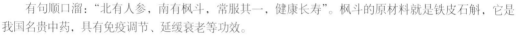
紫色石斛花

炫丽石斛花

【药用价值】

　　石斛是我国古文献中最早记载的兰科植物之一。两千年以前《神农本草经》中就有记载。石斛甘寒气清，能清肺热，养胃阴，生肾水，益精气，退虚热，清相火而摄元气，滋养肾水而柔肝阴，其排毒养颜、滋养脾胃对于女性来说更适宜。

　　有句顺口溜："北有人参，南有枫斗，常服其一，健康长寿"。枫斗的原材料就是铁皮石斛，它是我国名贵中药，具有免疫调节、延缓衰老等功效。

【食用价值】

　　① 石斛茶：取石斛15克，麦冬10克，绿茶叶5克。将石斛、麦冬和绿茶一并放入茶杯内，开水泡茶。每日1剂，代茶频饮。有养阴清热，生津利咽的功效。

　　② 石斛玉米须茶：取石斛10克，芦根15克，玉米须20克，水煎，每日1剂，代茶饮。具有养阴、清热、利尿的功效。

　　③ 白芍石斛瘦肉汤：猪瘦肉250克切块，白芍、石斛各12克，红枣4枚（去核）洗净，一齐放入锅内，加清水适量，武火煎沸后，文火煮1～2小时，调味即成。具有益胃养阴止痛的功效。注意：脾胃虚寒者少食。

仙客来

—— 姹紫嫣红天外仙

学　名：*Cyclamen persicum* Mill.

别　名：兔子花、兔耳朵花、萝卜海棠、一品冠、萝卜莲、翻瓣莲

科　属：报春花科，仙客来属

　　仙客来原产地中海沿岸及南欧地区。喜冷凉、湿润及阳光充足的环境，既不耐寒又不喜欢夏季酷

暑，忌炎热和雨淋，秋、冬、春为生长期，夏季休眠或半休眠。温度超过30℃植株停止生长，可放在室外荫棚下培养，并注意通风，居家可放在北向的窗台上或阴凉、通风处。秋季至春季为生长季，适宜温度为10～20℃。要求疏松肥沃、排水良好、含丰富腐殖质的酸性沙质壤土，忌积水久湿。

仙客来花姿

仙客来花丛

　　仙客来为多年生草本花卉植物，地下具肉质的扁圆形球茎，紫红色。叶丛生于球茎顶部，株高20～30厘米，形似萝卜，故名萝卜海棠。叶片心状卵圆形，边缘有大小不等的细圆锯齿或光滑，叶面深绿色，尖端稍尖，表面有白色斑纹，背面多紫红色，叶柄肉质较长，紫红色。花梗自叶丛中央抽出，高15～25厘米，肉质。花大，单生而下垂，花瓣5枚，开花时花瓣向上反卷扭曲，形似兔耳，故名兔耳朵花，也有花瓣突出，形似僧帽，故又名一品冠。花色有桃红、大红、粉红、玫红、紫红或白色。花期10月至翌年5月。蒴果。

仙客来的繁殖

【播种繁殖】

　　最适宜的播种期为9～10月。播前先用常温水浸种24小时，然后消毒杀菌。以2厘米×2厘米的距离将种子均匀点播于盆中，覆土0.5～1厘米厚。覆土过薄，浇水时种子容易露出来，造成种子干燥、种皮不脱落而发芽迟。覆土过厚易发芽迟，生长软弱。覆土后用细孔喷壶反复雾状浇水，置于有散射光处、温度保持在18～20℃，经1个月左右发芽，发芽后及时除去覆盖物，移到向阳通风的地方。仙客来盛花期后开始结实，留出的采种母株应人工辅助授粉，提高结实率，结实的母株盆下可垫一扣着的花盆，抬高盆位，防止种子触及盆土引起霉烂。每株以第一批花结的种子为好，约3个月种子即可成熟。

仙客来的养护管理

【定植管理】

　　当播种苗长出1～2片真叶时可进行分苗，即将播种苗假植于浅盆中，株行距为4厘米×4厘米，盆土不宜紧实，移栽时注意不要伤根。3～4月当播种苗长出3～5片叶时再次移植于直径10厘米小盆中，每盆1株，逐渐给予光照，加强通风，不能使盆土干燥，适当浇水，以后浇水不宜过多，保持表土湿润即可。

【肥水管理】

　　幼苗期适当追施氮肥，定植后到开花前追施液肥2～3次，以腐熟的油渣水溶液稀释20倍施用，施肥时勿使肥水沾污叶面，否则叶片易腐烂。施肥后及时洒水清洁叶面。9月植于直径20厘米盆中，球茎露出土面1/3左右，追肥以磷、钾肥为主，可施1%的磷酸二氢钾，促进花蕾发生，11月花蕾出现后，停止施肥，给予充足光照，保持盆土湿润，开花可持续到翌年4月前后。

粉色仙客来

白色仙客来

【光照温度】

　　5～6月后气温不断升高，应将仙客来放在能防雨的阴凉处，避免强光直射，保持较低温度，温度过高易造成休眠，不利于当年开花。在阳光比较温暖且不刺目时，可以让仙客来多接受阳光，以促进开花，夏天的时候尽量将仙客来放在有散射光照之地，必要的时候要对其遮阴，以免被炽热的阳光晒伤。

【病虫害防治】

　　防治软腐病、炭疽病：一是加强繁育管理，增强植株抗性；二是摘除病叶及时烧毁，并喷洒50%多菌灵可湿性粉剂500倍液或波尔多液防治。播种仙客来时，如果土壤没有很好消毒，会使根线虫侵入幼苗的根部，使其根部长瘤，叶子变黄。发病后可更换消毒后的土壤，或将盆土中拌入少量3%呋喃丹颗粒剂。若受害严重，应将全株烧毁。

炫丽仙客来

【花语寓意】

仙客来花语：内向。

仙客来以前大多是野生的，栽培在温室里的它虽然美丽，生命力稍显脆弱，因此仙客来的花语就是内向。

【观赏价值】

仙客来花色艳丽，花形奇特诱人，叶形规正，叶面具有斑纹，为世界著名的温室花卉。仙客来花期长，每朵花能开1个月而不凋谢，花期适逢圣诞节、元旦、春节等节日。适于室内装饰或布置会议室、家庭餐桌、几案、窗台等应用。

水仙花

—— 凌波吐艳芳香郁

学　名：*Narcissus tazetta* L. var. *chinensis* Roem.
别　名：雅蒜、金盏银台、多花水仙、凌波仙子、洛神香妃、玉玲珑
科　属：石蒜科，水仙属

识

水仙花姿

水仙盆景

水仙花原产东亚的海滨温暖地区，我国浙江、福建沿海岛屿野生。水仙喜温暖湿润气候，尤宜冬无严寒，夏无酷暑，春秋多雨的地方。喜水、喜肥，要求土壤疏松、富含有机质的湿润壤土，稍耐干旱和瘠薄土壤。喜光，也能耐半阴，花期要求阳光充足。水仙秋冬生长，早春开花并储藏养分，夏季休眠。

水仙为多年生草本植物，株高30～50厘米，根为乳白色肉质须根，脆弱易折断，无侧根。地下鳞茎肥大，卵状至广卵状球形，外被褐色皮膜。叶片少数，呈扁平狭长带状，二列，平行脉，先端钝，略肉质，是由鳞茎顶端绿白色筒状鞘中抽生，无叶柄。花茎自叶丛中央抽出，中空呈绿色圆筒形，顶端着生伞形花序，有花6～12朵，白色，芳香，花冠高脚碟状，副冠浅杯状，鲜黄色。花期1～2月。蒴果，常不孕育。

养 **水仙花的繁殖**

水仙是三倍体植物，高度不孕不结实，只能进行无性繁殖，不能进行有性繁殖。通常采用以下方法繁殖鳞茎。

【侧球繁殖】

这是最常用的一种繁殖方法。侧球着生在鳞茎球外的两侧，仅基部与母球相连，很容易自行脱离母体，秋季将其与母球分离，单独种植，次年产生新球。

【侧芽繁殖】

侧芽是包在鳞茎球内部的芽，只在进行鳞茎阄割时，才随挖出的碎鳞片一起脱离母体，拣出白芽，秋季撒播在苗床上，翌年产生新球。

水仙花的养护管理

【栽培管理】

水仙大面积生产栽培，主要有两种栽培方法。一是旱地栽培法。此法适宜在田地少、水源少的地方栽培，水仙的生长及鳞茎质量都较好，还可与郁金香、风信子以及夏季作物轮作。一般秋季植球，当年冬季主芽常开花，为减少养分消耗，可将花茎留下部1/3摘除，翌年初夏起球，秋季再栽植，如此重复4～5年可养成大球。二是灌水栽培法。用水稻田来栽培生产水仙花，在管理上比较严格、细致。

【肥水管理】

施肥：水仙极喜肥，除施足堆肥或饼肥作基肥外，生长期还应多施追肥，每10天左右追施1次加5倍水的腐熟人畜粪尿液，开花前后各施1～2次加5倍水的腐熟人畜粪尿液和5%的磷酸二氢钾。

浇水：要经常保持沟中有水，晴天灌水多，阴雨天灌水少；栽植第1～2年时灌水少，时间也稍短，第3年则要求灌水多，时间长，从栽植到采收前沟中一直保持有水。

白色水仙花

水仙盆栽

【光照温度】

水仙水养后，每天都要保证有6小时的光照时间，室温保持在10～15℃为宜。气温过低、光照不足时，可给水仙盆内换上12～15℃的温水，并用60瓦白炽灯挂于距花40～50厘米处，进行增温和加强光照。气温过高时，则要在水仙盆中加入适量冷水，夜间将盆中水倒掉，进行低温处理，这样可使水仙推迟开花。

【花后处理】

一般来说，春节过后，水仙花就凋谢了。通常人们都会把开过花的水仙球扔掉，这其实很可惜。水仙是一种多年生植物，它是靠鳞茎来繁殖的，如果将那些已开过花的鳞茎再埋到土里，它就可以继续生长繁殖。

【病虫害防治】

水仙虫害有水仙蝇、线虫，可用福尔马林浸泡种球5分钟杀死线虫，用二硫化碳熏种球防治水仙蝇。为害水仙的病害有水仙斑点病、水仙腐烂病，防治方法是剪除病叶烧掉，拔除重病株，并且用波尔多液喷洒消毒。

咏

【花语寓意】

中国水仙花语：万事如意、吉祥、敬意、美好、纯洁、高尚、纯洁的爱情、妇女德行。

水仙花在过年时摆放象征思念，表示团圆。

元程棨《三柳轩杂识》谓水仙为花中之"雅客"。

黄色水仙花

橘红水仙花

在西方，水仙花的意译便是"恋影花"，花语是坚贞的爱情，引申便是自省对爱情的诚挚。

【诗词歌赋】

《水仙花》宋 姜特立

六出玉盘金屈卮，青瑶丛里出花枝。清香自信高群品，故与江梅相并时。

《水仙花》宋 杨万里

韵绝香仍绝，花清月未清。天仙不行地，且借水为名。

《王充道送水仙五十枝》宋 黄庭坚

凌波仙子生尘袜，水上轻盈步微月。是谁招此断肠魂，种作寒花寄愁绝。

含香体素欲倾城，山矾是弟梅是兄。坐对真成被花恼，出门一笑大江横。

【故事传说】

传说水仙是尧帝的女儿娥皇、女英的化身。她们二人同嫁给舜，姐姐为后，妹妹为妃，三人感情甚好。舜在南巡时驾崩，娥皇与女英双双殉情于湘江。上天怜悯二人的至情至爱，便将二人的魂魄化为江边水仙，她们也成为腊月水仙的花神了。

【观赏价值】

水仙花凌波吐艳，芳香馥郁，为我国传统名花，多用于盆栽、水养，置于客厅几案上供装饰和观赏，能让人感到宁静、温馨。

中国水仙花独具天然丽质，芬芳清新，素洁幽雅，超凡脱俗。因此，自古以来人们就将其与兰花、菊花、菖蒲并列为花中"四雅"；又将其与梅花、茶花、迎春花并列为雪中"四友"。它只要一碟清水、几粒卵石，置于案头窗台，就能在万花凋零的寒冬腊月展翠吐芳，营造出春意盎然、祥瑞温馨的气氛。人们用它庆贺新年，作"岁朝清供"的年花。

绿心水仙

水仙花丛

【药用价值】

水仙以鳞茎入药。春秋采集，洗去泥沙，开水烫后，切片晒干或鲜用，有小毒。具有清热解毒、散结消肿等疗效。用于腮腺炎、痈疖疔毒初起红肿热痛等症。

【经济价值】

水仙花花香清郁，鲜花芳香油含量达0.20%～0.45%，经提炼可调制香精、香料，可配制香水、香皂及高级化妆品。水仙香精是香型配调中不可缺少的原料。水仙花清香隽永，采用水仙鲜花窨茶，制成高档水仙花茶、水仙乌龙茶等，茶气隽香，味甘醇。

蟹爪兰
——严冬季节生机勃

学　名：*Schlumlergera truncata*（Haw.）Moran

别　名：蟹爪莲、蟹爪、锦上添花、仙人花

科　属：仙人掌科，蟹爪属

识

蟹爪兰原产南美热带雨林的树干上或阴湿的石缝里。蟹爪兰，喜温暖、湿润、半阴环境，怕寒冷、耐旱，适宜疏松、肥沃、排水良好、微酸性的沙质土壤。生长适宜温度为15～25℃。冬季温度如低于

10℃，生长缓慢，5℃以上才能安全越冬。花期后有短暂的休眠时间。

蟹爪兰花姿

蟹爪兰盆栽

蟹爪兰为多年生肉质附生类植物，茎多分枝，向外铺散悬垂。茎节多，每节呈长椭圆形，鲜绿色。茎节长约7厘米、宽约2厘米，边缘有2～4对尖齿，状如蟹钳，先端有刺座，刺座生有细毛，中脉显著。天气凉爽时茎节边缘有紫红的色晕。花生于茎节顶端，左右对称，花瓣反卷，花冠漏斗形，有桃红、玫瑰红、深红、橙黄、白等颜色，冬春开花，花期12～2月，浆果梨形，红色。

养 蟹爪兰的繁殖

【扦插繁殖】

蟹爪兰扦插繁殖可在春秋两季进行，可直接用变态茎扦插。选生长健壮的蟹爪兰茎节3～7节，一般有1.5节长度插入盆土内即可。长势良好的植株第2年就可开花，差一点的第3年开花，以后花量逐年增多。

【嫁接繁殖】

嫁接在春秋两季进行，选生长肥厚的仙人掌作为砧木，接穗容易成活并能耐较低的温度。先将接穗基部一节的两面斜削成鸭嘴形，然后在砧木顶部纵切一刀，将削好的接穗迅速插入砧木切口内，接穗插入砧木切口后，用手固定半分钟，然后把事先备好的仙人掌的刺横穿砧木接穗，使之串连在一起，也可用木质晒衣夹夹住，加以固定。最后把接好的植株置于避风雨的阴凉通风处，一般20～30天成活。

蟹爪兰的养护管理

【肥水管理】

春季到入夏每半月可施1次稀薄腐熟的饼肥水，入夏后应停止施肥，立秋到开花，每10天施1次腐熟的稀薄饼肥水或复合化肥，开花前增施1～2次充分腐熟的麻酱渣稀释液。生长期间浇水不宜过多，不可当头浇，也不要受雨，半月浇1次水。夏季休眠期应控制浇水，但需每天喷水2～3次，秋后增加浇水量。孕蕾期要经常喷水，保持变态茎及花蕾湿润。

粉白蟹爪兰

蓝色蟹爪兰

【光照温度】

入夏后移至北面阳台或室内东窗附近养护，切勿让烈日直晒，放置于室外通风荫蔽处。入秋后放在阳光较多的地方接受光照，促进花芽分化。蟹爪兰不耐寒，冬季放室内向阳处，室温保持在15℃左右为宜。开花期温度维持在12℃左右则可延长花期。

【病虫害防治】

发生炭疽病、腐烂病和叶枯病用50%多菌灵可湿性粉剂500倍液，每10天喷洒1次，共喷3次。病虫害主要是介壳虫、红蜘蛛危害。注意要改善通风状况，防治红蜘蛛可在发生时喷洒哒螨灵、唑螨酯等，介壳虫可人工剔除或用机油乳剂50倍液喷杀。

【花语寓意】

蟹爪兰花语：鸿运当头、运转乾坤。

蟹爪兰因茎节连接形状如螃蟹的副爪，故名蟹爪兰。在西方国家因其适值"圣诞节"开花，故又称之为"圣诞仙人掌"。

赞

【观赏价值】

蟹爪兰花朵色彩鲜艳，茎常因过长而呈悬垂状，故又常被制作成吊篮做装饰。蟹爪兰开花正逢圣诞节、元旦节，严冬季节生机勃勃，适合于窗台、门庭入口处和展览大厅装饰，是冬春季节很好的室内悬挂观赏花卉或装饰盆栽花卉。在日本、德国、美国等国家，蟹爪兰已规模性生产，成为冬季室内的主要盆花之一。

红色蟹爪兰

蟹爪兰盛景

【药用价值】

蟹爪兰味苦，性寒，入脾、胃二经。全年均可采收，洗净，鲜用。有解毒消肿的功效，可用于疮疡肿毒、腮腺炎等热毒症的治疗。

一 品 红

—— 冬日惊现一抹红

学 名：*Euphorbia pulcherrima* Willd. et Kl.

别 名：圣诞花、象牙红、猩猩木

科 属：大戟科，大戟属

识

一品红花姿

一品红花丛

一品红原产墨西哥、中美洲及非洲热带地区。一品红喜温暖、湿润、阳光充足的环境条件。怕干旱，怕涝，不耐寒。生长适温为25℃左右，越冬温度应保持在15℃以上。要求排水畅通、透气性良好的疏松、肥沃的微酸性土壤。一品红对水分要求较严，土壤湿度大容易烂根而引起落叶，土壤过干植株生长不良，也易落叶。

园艺栽培的变种还有一品白、一品黄、美洲一品红、重瓣一品红等。

一品红为多年生常绿小灌木。茎直立、光滑，内含有白色汁液。嫩枝绿色，老枝淡棕色。下部叶片卵状椭圆形，单叶互生，绿色；上部的苞叶较狭，披针形，生于花序下方，轮生。叶形似提琴状，叶全缘或浅裂，背面有柔毛。开花时苞片呈鲜红色、白色、淡黄色和粉红色，色彩鲜明，为观赏的主要部分。花序顶生，花小。蒴果，种子3粒，体大，椭圆形，褐色。

【扦插繁殖】

一品红以扦插繁殖为主。扦插主要在春季2～3月进行。选择生长健壮的1～2年生枝条，剪成长8～12厘米作为插穗，剪取后先洗去切口的白浆，再插入水中或沾草木灰，以免汁液流出，稍晾干后插入排水良好的土壤中或粗沙中（插条上保留2片叶子），保持湿润并稍遮阴，插床温度22℃时，1个月左右生根，再过半个月移栽上盆。

也可采用嫩枝扦插，当年生嫩枝生长到6～8片叶时，取6～8厘米长、具3～4个节的一段嫩梢，在节下剪平，去除基部大叶后，立即投入清水中，以阻止乳汁外流，然后扦插，并保持基质潮湿，大约20天可以生根。

【高压繁殖】

选头年生健康充实已木质化的枝条，在光滑部位进行环状剥皮，环剥的宽度跟环剥处枝条的粗度差不多，一般以3～4厘米为宜；去掉环剥处的枝条韧皮部，上切口要平滑，再用利刀轻刮形成层。完成后在切口处包上湿水苔或其他疏松透气的材料。一品红压条后一般2个月左右可长出根系，此时可将其剪下来种植于盆中，即可形成新的植株。一品红压条的时间以4～7月为宜。

一品红的养护管理

【肥水管理】

盆栽培养土常用腐叶土、园土、堆肥按2：2：1的比例混合配制。生长期间充分浇水，保持土壤湿润，不宜过干或过湿；每月施用加20倍水的腐熟人畜粪尿液肥2～3次，追肥以清淡为宜，6月施用1次发酵过的鸡粪或饼肥，将肥料粉碎后均匀撒布在盆土表面，然后松土浇透水。

一品黄

一品白

【光照温度】

一品红为短日照植物，自然开花在12月，如欲使其提前开花，需作短日照处理，每天保持9小时的日照条件，单瓣品种短日照处理45～60天即可开花。9月中下旬将植株移入室内，冬季室温应保持15～20℃。若室温低于15℃，则花、叶发育不良。至12月中旬以后进入开花阶段，要逐渐通风。

【整形修剪】

6月下旬、8月中旬修剪一些老根、病弱枝，待枝条长20～30厘米时开始整形作弯，使其矮化，也可施用0.3%～0.5%的矮壮素，促使其矮化，目的是使株形短小，花头整齐，均匀分布，提高观赏性，培养良好的观赏造型。

【病虫害防治】

一品红易受粉虱危害，并引发黑煤病、茎腐烂病和介壳虫危害。可在发生期喷40%氧化乐果或50%杀螟硫磷各1000～1500倍液，5～7天1次，连续3～4次。防治其他虫害可喷洒50%杀螟硫磷1000倍液，自6月上旬开始每10天左右喷1次，连喷3次，效果很好。

咏

【花语寓意】

一品红花语：绿洲。

在严冬里，一品红依然繁茂，结着红色的果实，犹如沙漠里的绿洲。

【观赏价值】

一品红苞片色彩艳丽，花期长，一般可达3～4个月，且正值圣诞节、元旦开花，盆栽布置室内环境可增加喜庆气氛，是深受人们喜爱的盆栽花卉，也适合庭园种植。一品红也是良好的造型植物，可根据人们的欣赏需要，塑造出不同的形状。南方暖地可露地栽培，美化庭园。

炫丽一品红

盛景一品红

【药用价值】

一品红性凉，味苦涩，有调经止血、止咳化痰、接骨消肿的功能。

常用验方如下。

① 功能性子宫出血：一品红20克，用水煎服。

② 跌打肿痛：一品红鲜叶适量，捣烂外敷。

蒲包花

—— 姹紫嫣红色绚烂

学　名：*Calceolaria herbeohybrida*
别　名：荷包花、猴子花
科　属：玄参科，蒲包花属

蒲包花花姿

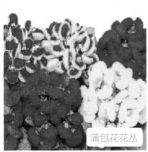

蒲包花花丛

蒲包花原产南美、墨西哥等地，澳大利亚和新西兰也有分布，现各地均有栽培。喜凉爽、光照充足、空气湿润而又通风良好的环境，适宜在低温室内向阳处栽培。不耐高温、高湿，怕强光直射，不耐严寒。生长适温7～15℃，开花适温10～13℃，温度高于20℃便不利于生长和开花。要求肥沃、疏松、排水良好的微酸性沙质壤土，长日照可促进花芽分化和花蕾发育。春、夏、秋季高温时，应适当遮阳。忌盆土积水。

蒲包花为多年生草本植物，多作一年生栽培，株高30～50厘米，全株有茸毛。单叶对生或轮生，叶面有皱纹，黄绿色。下部叶较大，上部叶较小，椭圆形。不规则聚伞状花序，顶生，花瓣2，唇形，上唇小而直立前伸，下唇大而鼓起成荷包状，又似拖鞋，花径约4厘米。花色有橙、粉、黄、褐、乳白、红、紫等深浅不同的颜色，复色品种则在各种颜色的底色上，有不同色的斑点。

养　蒲包花的繁殖

【播种繁殖】

蒲包花种子细小，可于8月下旬至9月上旬混沙撒播于盆内，不需覆土，适当覆盖遮光，用浸盆法保持盆土湿润，播种适温18℃左右，10～15天发芽。苗刚出土，就立即移到有光照处，保持盆土湿润，并逐渐撤去覆盖物。发芽后要及时间苗，以免幼苗徒长而生长细弱，温度降低至15℃，置于通风而有光线处，以利幼苗苗壮成长。小苗长出2～3片真叶时，即应进行分苗，盆栽花土以腐叶土或混合培养土为好；当真叶长到5～6片时，应一盆一株，移至上口径14～16厘米的小盆定植养护。

蒲包花的养护管理

【光照温度】

光照：蒲包花喜光，为长日照植物，延长光照能提前开花。缓苗后宜放到通风、光照好的地方。如中午光线过强，需适当遮阳。

温度：生长期温度不能过低或过高，应保持在8～12℃，否则小苗易徒长。在晴天无风时要通风换气。12月可上大盆定植。开花时适当降低湿度，温度控制在5～8℃时，可延长开花期。

红黄蒲包花

黄红蒲包花

【人工授粉】

蒲包花自然授粉能力差，结实较为困难，因此在开花期要进行人工授粉，受粉后应摘去花冠，以免花冠霉烂，有利种子发育饱满，还能提高结实量。中午应遮阳，加强室内空气流通，适当控制浇水量，以利种子发育成熟。蒴果变黄后即可分批采收，拣净，收储待用。

【肥水管理】

施肥：蒲包花喜肥，定植后开花前每隔10天施1次腐熟饼渣肥水，由稀薄逐渐加浓。初花期增施以磷为主的肥料。开花后每周追施1次腐熟人畜粪尿液或饼肥液。施肥不可让肥水污染叶片，以免烂心烂叶。如有茎叶徒长现象，应及时停止或减少追肥。

浇水：蒲包花喜温暖湿润环境，但忌盆土过湿及开花时浇水过多，因此，浇水要间干间湿。浇水时不能把水浇在叶面或芽上，否则容易烂叶烂心。叶面如有积水，应及时吸去，但蒲包花要求较高的空气湿度，一般相对湿度要达80%以上，所以应经常往室内地面上喷水，增加空气湿度。

【病虫害防治】

幼苗易发生猝倒病和腐烂病，可用800倍液的70%托布津可湿性粉剂喷雾。蚜虫、红蜘蛛等虫害也常有发生。生长期如盆土干燥易发生红蜘蛛，可用2000倍液的10%扫螨净乳油喷洒防治。花茎抽出后易发生蚜虫，可用1000倍液的40%氧化乐果乳油喷雾防治。

【花语寓意】

蒲包花花语：援助、富有、富贵。

橙色蒲包花花语：富贵。

白色蒲包花花语：失落。

紫色蒲包花花语：离别。

蒲包花箴言：婚姻的价值是令人变得更成熟。

【美丽传说】

从前有一位姑娘非常会跳舞，经常在庆典中表演。可是一次意外中姑娘失去双腿，这令姑娘

橙色蒲包花

白色蒲包花

非常痛苦。姑娘乞求天神帮帮她，花神同情她，把她变成了一种美丽的像蒲包一样的花。后来人们就喜欢在庆典中放置这种花，达成了姑娘的心愿：永远在庆典中随风飘舞。

【观赏价值】

　　蒲包花花形奇特，色泽鲜艳，花朵繁多，花期长且正值元旦、春节，观赏价值很高。现今全世界共有530多个品种，按花形可分"大荷包""中荷包"和"小荷包"三大类。"大荷包"的花朵大如鸡蛋，内部充气较多，显得非常饱满，最受消费者欢迎。蒲包花是初春之季主要观赏花卉之一，能补充冬春季节观赏花卉的不足，可置于阳台或室内盆栽观赏，也可作节日花坛摆设。

观叶 花木篇

文 竹

—— 清新淡雅花姿美

学 名：*Asparagus setaceus*

别 名：山草、云片竹、芦笋山草、云片松、云片草、云竹、羽毛天门冬、刺天冬等

科 属：百合科，天门冬属

文竹原产非洲南部，我国各地均有栽培。喜温暖、湿润和半阴环境，不耐严寒，畏干旱，忌积水，忌阳光直射。生长适宜温度为15～25℃，越冬温度为5℃。喜腐殖质含量丰富、排水良好、疏松肥沃的沙质壤土。

文竹为多年生常绿蔓生草本植物。茎绿色极细，圆柱形，丛生柔弱，具攀援性，可达数米，多分枝，下部有三角形刺。叶片退化成刺状鳞片，纤细，叶状枝水平展开，状似羽毛，6～12枚成束簇生，翠绿色水平排列。春季开花，花小，1～4朵生于短柄上，白色。浆果球形，成熟后紫黑色。

文竹美姿

文竹盆景

文竹的繁殖

【播种繁殖】

文竹的浆果于冬季陆续成熟。当浆果变成紫黑色时，即可采收。浆果采收后，搓去外果皮取出种子，漂洗干净后即可播种，如室温低于15℃，则应等到春暖后再行播种。播种前先将种子用温水浸泡一昼夜，然后均匀播于装有沙土的浅盆中，粒距2厘米，覆土不宜过厚，喷透水后盖上玻璃和报纸，以避免阳光直射，保持湿润。在室温20℃条件下1个月后发芽出苗，苗高5厘米以上可移栽小盆。放置阴凉、通风处，缓苗后正常管理。

【分株繁殖】

分株繁殖常于春夏结合换盆进行，把生长过盛的植株扣盆，抖掉泥土，将根部扒开，用剪子剪断根的自然分界处，不要伤根太多，根据植株大小，以2～3株一丛分切选盆栽植或地栽。盆栽用土可用马粪土或腐叶土与沙子1：1混合配制。分栽后浇透水，放到半阴处或行遮阳。以后浇水要适当控制，否则容易引起黄叶。

文竹的养护管理

【肥水管理】

施肥：文竹生长期间每月施1次腐熟的薄液肥即可，植株长大定型后，可适当减少施肥。需要注意的是，开花期施肥不要太多，在5～6月和9～10月分别追施液肥2次即可。

浇水：文竹浇水过多，盆土过湿，容易引起根部腐烂；浇水过少，则会导致叶尖枯焦发黄。因而浇水过程中，要视天气、长势和盆土干湿情况而定，做到不干不浇，浇则浇透。在天热干燥时，可用水喷洒叶面的方式增湿降温，冬天则要少浇水。

【光照温度】

文竹养殖不能拿到烈日下暴晒，炎热季节宜放置在半阴、通风环境下，以免叶片枯黄。同时，文竹开花期既怕风、又怕雨，要注意通风良好，好天气时可适当置于室外接受阳光照射。地栽文竹，需及时搭架

文竹盆栽

水养文竹

供其攀附，以利通风透光，适当整形修剪，及时剪去枯黄茎叶，保持株形美观，或将植株压低为低矮盆景。冬季盆栽文竹温度应保持5℃以上，以免受冻。

【修剪整形】

若全株枝叶因受强烈日光灼伤或盆土过干、缺肥及某种未知原因而生长不良时，便可进行全株更新。更新修剪时，可将叶状枝全部剪除，但要注意所留枝上倒刺着生的部位，因为它们决定了所发出枝条的分布是否均匀。生长季度修剪一般容易萌生新枝，修剪后还应适当减少浇水量，绝对不可使盆土过湿，否则会导致修剪失败。

【病虫害防治】

夏季发现介壳虫和蚜虫危害时，应及时采用40%氧化乐果乳油1000倍液喷洒防治。发现灰霉病和叶枯病危害叶片时，可用50%托布津可湿性粉剂1000倍液喷洒或50%多菌灵可湿性粉剂500～600倍液防治。

【花语寓意】

文竹花语：象征永恒，朋友纯洁的心，永远不变。

婚礼用花中，它是婚姻幸福甜蜜、爱情地久天长的象征。

【名称由来】

文竹是"文雅之竹"的意思。其实它不是竹，只因其叶片轻柔，常年翠绿，枝干有节似竹，且姿态文雅潇洒，故名文竹。它叶片纤细秀丽，密生如羽毛状，似翠云层层，株形优雅，独具风韵，深受人们的喜爱，是著名的室内观叶花卉。文竹的最佳观赏树龄是1～3年生，此期间的植株枝叶繁茂，姿态完好。但即使只生长数月的小植株，其数片错落生长的枝叶，亦可形成一组十分理想的构图，形态亦十分优美。

【观赏价值】

文竹姿态优美，清新淡雅，以盆栽观叶为主，布置书房更显书卷气息，是著名的室内观叶花卉。文竹枝叶纤细青翠，挺拔秀丽，姿态潇洒，是良好的切花、花环、花束、花篮的陪衬材料。稍大的盆株可置于窗台，大型盆株加设支架，使其叶片均匀分布，可陈设在墙角处。

翠绿文竹

文竹盆景

【药用价值】

文竹味苦，性平，大寒，无毒。入肺、肾经。有润肺止咳、凉血通淋、利尿解毒的功效。主治急性支气管炎、阿米巴痢疾、阴虚肺燥、咳嗽、咯血、小便淋沥。

常用验方如下。

① 治郁热咯血：文竹25～40克。酌冲开水和冰糖炖服。

② 治小便淋沥：文竹50克。酌加水煎，取半碗，日服2次。

橡皮树
—— 叶肥绮丽四季青

学　名：*Ficus elastica* Roxb. ex Hornem.
别　名：印度橡皮树、印度榕、印度胶榕、橡胶树、印度橡胶
科　属：桑科，榕属

橡皮树翠叶

橡皮树盆栽

橡皮树原产印度和马来西亚等地。橡皮树喜肥，不耐寒，耐半阴，耐修剪。生长适温为20～25℃。喜湿润、阳光充足的环境。在疏松、肥沃并含大量腐殖质的土壤中生长旺盛。越冬温度应保持在10℃以上。

橡皮树为大型常绿灌木。盆栽株高1～2米，树皮光滑，有乳汁。小枝粗壮，常绿色，嫩芽红色。单叶互生，叶大肥厚，有光泽，长椭圆形或矩卵形，叶厚革质。叶刚长出时呈细长圆锥形，色泽嫩红。雌雄同株异花，花小，白色。园艺栽培品种主要有花叶橡皮树、金边橡皮树、白斑橡皮树绯叶橡皮树等。

养　橡皮树的繁殖

【扦插繁殖】

春、秋季节选用1～2年生生长健壮、组织充实、无病虫害、含3个以上芽的枝条，剪成10～15厘米长作为插条，芽节以上保留1厘米以防芽眼枯萎。所剪取的枝条最好下部半木质化，这样扦插下去容易生根。为防止剪口处乳汁流失过多影响成活，应该在剪口处及时涂抹草木灰。插条插以河沙、泥炭、珍珠岩或蛭石为基质的插床中，深度为插条的一半，插后荫棚内养护，保持温度20℃左右和土壤湿润，1个月左右生根，苗高15厘米时即可上盆。

【压条繁殖】

高压繁殖即空中压条繁殖，多在7月上旬至8月中旬进行。选择1～2年生发育良好、组织充实的健壮枝条，先在枝条上准备生根处环剥1～1.5厘米宽，深达木质部，再用潮湿苔藓或泥炭土包围伤口，最后用塑料薄膜包紧。等到苔藓或土中有根须即可将生根枝条连薄膜一起剪下，剥去薄膜将枝条和包在其周围的苔藓或土一起上盆。盆栽用土宜用腐叶土、园土、河沙各1份加少量基肥配制。

橡皮树的养护管理

【肥水管理】

施肥：生长期间每月施1～2次以氮肥为主的复合肥或腐熟的饼肥水。有彩色斑纹的种类因生长比较缓慢，可减少施肥次数，同时增施磷钾肥，以使叶面上的斑纹色彩亮丽。如过多或单纯施用氮肥，则斑纹颜色变淡，甚至消失。9月应停施氮肥，仅追施磷钾肥，以提高植株的抗寒能力。冬季植株休眠，应停止施肥。

浇水：橡皮树喜湿润的土壤环境，生长期间应充分供给水分，保持盆土湿润。冬季则需控制浇水，低温而盆土过湿时，易导致根系腐烂。

橡皮树盆栽

橡皮树园地

【光照温度】

光照：橡皮树喜明亮的散射光，有一定的耐阴能力。不耐强烈阳光的暴晒，光照过强时会灼伤叶

片而出现黄化、焦叶。也不宜过阴，否则会引起大量落叶，并使有斑纹的品种斑块变淡。5～9月应进行遮阴，或将植株置于散射光充足处。其余时间则应给予充足的阳光。

温度：橡皮树喜温暖，生长最适宜温度为20～25℃。耐高温，温度30℃以上时也能生长良好。不耐寒，安全的越冬温度为5℃，斑叶品种的耐寒力稍差，越冬温度最好能维持在8℃以上。温度低时会产生大量落叶。

【摘心整形】

幼苗高0.7～1米时摘心，促其萌发侧枝。春季结合出棚进行修剪，除去树冠内部的分叉枝、内向枝、枯枝和细弱枝，并短截突出树冠的徒枝，以使植株内部通风透光良好并保持树形圆整。

水养橡皮树

橡皮树盆栽

【病虫害防治】

橡皮树常见虫害有吹绵介壳虫、糠片介壳虫，可用40%氧化乐果乳油1000倍液喷杀防治。病害有炭疽病、灰霉病和叶斑病，可喷洒65%代森锌500倍液或50%的多菌灵1000倍液进行防治。

【观赏价值】

橡皮树叶片肥厚、宽大，美观且有光泽，四季常青，红色的顶芽色彩鲜艳，托叶裂开后恰似红缨倒垂，颇具风韵。它观赏价值较高，是著名的耐阴观叶植物。橡皮树盆栽是点缀宾馆、厅堂和家庭居室的最佳花木之一，南方常配置于建筑物前、花坛中心和道路两侧等处。

【经济价值】

橡皮树是主要的天然橡胶植物之一。

【净化空气】

橡皮树具有独特的减少粉尘功能，也可以吸收挥发性有机物中的甲醛。橡皮树还可以吸收空气中的一氧化碳、二氧化碳、氟化氢、二手烟气等有毒气体，使空气净化。因此，橡皮树被誉为"空气净化器"。家里刚刚装修或有烟民，放置一盆橡皮树对人们健康是非常有益的。

吊兰
——净化高手翠色洗

学　名：*Chlorophytum comosum*（Thunb.）Baker
别　名：垂盆吊兰、土洋参、八叶兰、葡萄兰、垂盆草、桂兰、浙鹤兰、钩兰
科　属：百合科，吊兰属

吊兰原产非洲南部，各地广泛栽培。吊兰喜温暖、湿润、半阴的生长环境，怕强光和干旱，喜肥，怕积水。生长温适为15～25℃，越冬温度为5℃。它适应性强，对土壤要求不苛刻，一般在排水良好、疏松、肥沃的沙质土壤中生长较佳。

吊兰为多年生常绿草本植物。根茎短，圆柱形丛生，多汁而肥厚。叶基生，条形至条状披针形，细长，基部抱茎，鲜绿色，长约30厘米，全缘或稍波状。叶腋中抽出匍匐枝，弯垂，并发出带气生根的新植株。总状花序，花白色，蒴果扁

吊兰花姿

水养吊兰

球形。常见的栽培变种有金边吊兰（叶缘金黄色）、银心吊兰（叶片沿主脉具白色宽纹）等。

养 吊兰的繁殖

【播种繁殖】

吊兰的种子繁殖可于每年3月进行。因其种子颗粒不大，播下种子后上面的覆土不宜厚，一般0.5厘米即可。在气温15℃情况下，种子约2周可萌芽，待苗棵成形后移栽培养。

【扦插繁殖】

吊兰扦插繁殖从春季到秋季可随时进行。吊兰适应性强，成活率高，一般很容易繁殖。扦插时，只要取长有新芽的匍匐茎5～10厘米插入土中，约1周即可生根,20天左右可移栽上盆，浇透水放阴凉处养护。

【分株繁殖】

春季结合换盆，将吊兰植株从盆内托出，可除去陈土和朽根，将老根切开，分成二至数丛，然后分别移栽培养。也可剪取吊兰匍匐茎上的簇生茎叶（实际上就是一棵新植株幼体，上有叶，下有气根），直接将其栽入花盆内培植即可。此法不受季节限制，随时可进行，极易成活。

悬挂吊兰

条纹吊兰

吊兰的养护管理

【栽培管理】

吊兰根系相当发达，一般2～3年应换1次盆，或见根长满盆时就换较大一些的盆，剪去部分老根，换上新的培养土，以免根系堆积，造成吊兰黄叶、枯萎等现象。

【肥水管理】

盆栽培养土常用腐叶土或泥炭土、园土、河沙等量混合并加入占盆土总量5%的饼肥、0.5%的骨粉或0.5%的过磷酸钙作为基质。生长期间供应充足水分，并施用经充分腐熟的饼肥和人畜粪尿20倍液，通过喷水保持较高空气湿度。防止盆内积水，以免烂根。

【光照温度】

吊兰对光照十分敏感，若长期得不到光照，叶片就会变黄，叶色浅淡。所以冬季应放在室内有光照的地方。夏季则应置于阴凉处，忌强光直射或光照不足。光线过强，叶片也会暗淡发白，影响美观，甚至枯萎死亡。冬季室温应在5℃以上，盆土稍干为宜。

【病虫害防治】

吊兰病虫害较少，主要有生理性病害，叶先端发黄，应加强肥水管理。经常检查，及时抹除叶上的介壳虫、粉虱等。

金心吊兰

金边吊兰

咏

【花语寓意】

吊兰花语：无奈而又给人希望。

【诗词歌赋】

《挂兰》元 谢宗可

江浦烟丛困草菜，灵根从此谢栽培。移将楚畹千年恨，付与东君一缕开。

湘女久无尘土梦，灵均旧是栋梁材。午窗试读离骚罢，却怪幽香天上来。

《瑞鹧鸪》宋 无名氏

忍犯冰霜欺竹柏，肯同雪月吊兰荪。

【观赏价值】

吊兰叶子修长，周年翠绿宜人。由盆沿向外垂下来一条条长短不一的匍匐茎，每个茎端着生着大小不一的新株，似蝴蝶轻舞，又如礼花四溢，让人回味无穷。吊兰的特别外形构成了独特的悬挂景观，常被称为"空中仙子"，是招人喜爱的居室垂挂植物之一。

吊兰开花

茂盛吊兰

【经济价值】

吊兰不仅观赏价值高，而且具备强大的吸污本领，具有很强的吸收甲醛、一氧化碳等有害气体的能力，可以作室内净化空气之用。

【药用价值】

吊兰可清肺消痰，凉血止血，祛湿化滞，通络止痛。主治肺热咳嗽，吐血，崩带，菌痢，疥疾，风湿痹痛，跌打损伤。

常用验方如下。

① 治气管炎、咳嗽痰多：干吊兰10～15克。水煎服，日服2次。

② 治烧伤：鲜吊兰根捣烂敷。

③ 治骨折：复位固定后，鲜吊兰捣烂敷患处。

彩叶草

—— 绚丽多彩叶华美

学 名：*Coleus scutellarioides*

别 名：紫锦苏、五彩苏、五色草、彩叶苏、洋紫苏

科 属：唇形科，鞘蕊花属

彩叶草原产热带、亚热带地区，喜高温高湿，耐暑热，不耐寒冷。生长适温15～30℃，气温在15℃以下生长停滞。喜光，但强烈日照可抑制生长，耐半阴地，但不耐荫蔽，不宜长期置室内。喜肥沃湿润土壤，稍耐水湿，忌干旱。盆栽宜用壤土或腐殖土，少施氮肥，以防叶片肥嫩、颜色变淡。旱季应不时喷雾，防止因旱脱叶。除留种外，花序抽出时即行摘除，可防止植株老化。

彩叶草花姿

彩叶草花丛

彩叶草为多年生草本植物，老株可长成亚灌木状，但株形难看，观赏价值低，故多作1～5年生栽培。株高可达30厘米。少分枝，茎有棱角，密被细毛，基部木质化。叶对生，卵形，长约15厘米，有锯齿，叶色丰富，有浓淡不一的黄色、红色、橙色、绿色、棕色或多种色混杂，为优美的观叶植物。顶生总状花序，花小，白色或带浅蓝。花期夏、秋季。小坚果平滑有光泽。

【播种繁殖】

当气温达20℃左右时，彩叶草即可播种。用充分腐熟的腐殖土与素面沙土各半掺匀装入育苗盆，将装好土的育苗盆底部坐于水中浸透，然后按照小粒种子的播种方法下种，微覆薄土，以玻璃板或塑料薄膜覆盖，保持盆土湿润，给水和管护。发芽适温25～30℃，10天左右发芽。出苗后间苗1～2次，播种的小苗，叶面色彩各异，此时可择优汰劣。苗期注意喷雾保湿，每周施0.6%的薄氮肥水1～2次，1个月左右即可移植至盆内或移入容器内培育供露地栽植。

【扦插繁殖】

扦插一年四季均可进行，极易成活，夏季生长旺盛期进行更好，也可结合植株摘心和修剪进行嫩枝扦插。剪取生长充实饱满枝条，长10厘米左右，带叶插入干净消毒的河沙中，入土部分必须带有叶节利于生根，扦插后疏荫养护，经常喷雾保持盆土湿润。温度较高时，生根较快，期间切忌盆土过湿，以免烂根，约1周发根。1个月左右可出床定植于花盆或容器内。幼苗定植后需摘心1～3次，以控制高度，使枝叶茂密美观。留种植株夏季不能放在室外，以免烈日暴雨。

彩叶草的养护管理

【肥水管理】

施肥：彩叶草喜富含腐殖质、排水良好的沙质壤土。盆栽之时，施以骨粉或复合肥作基肥，生长期隔10～15天施1次有机液肥（盛夏时节停止施用）。彩叶草多施磷肥，以保持叶面鲜艳。忌施过量氮，否则叶面暗淡。

浇水：彩叶草喜湿润，夏季要浇足水，否则易发生萎蔫现象，并经常向叶面喷水，保持一定空气湿度。浇水应做到见干见湿，保持盆土湿润即可，否则易烂根。

绿色彩叶草

红色彩叶草

【光照温度】

彩叶草喜温暖，耐寒力较强，生长适温15～25℃，寒露前后移至室内，冬季室温不宜低于10℃，降至5℃时易发生冻害。彩叶草喜阳光，但忌烈日曝晒。

【整形修剪】

幼苗期要根据设定的株形进行摘心，促发新枝。若想培养为丛生而丰满的圆柱形，则必须对幼苗的主干摘心；若想培养为圆锥形，则主干不摘心而是对侧枝进行多次摘心；若不采种，则应及时对花序摘心，花序出现即应除去，以免影响叶片观赏效果。

【病虫害防治】

彩叶草生长期有叶斑病危害，用50%托布津可湿性粉剂500倍液喷洒。室内栽培时，易发生介壳虫、红蜘蛛和白粉虱危害，可用40%氧化乐果乳油1000倍液喷雾防治。

咏

【花语寓意】

彩叶草花语：绝望的恋情。

赞

【观赏价值】

彩叶草叶色绚丽多彩，品种甚多、繁殖容易，是很受欢迎的室内和花园植物。除可作小型观叶花卉陈设外，还可配置夏秋季节的图案花坛。同时可以剪取枝叶做切花或花篮的配料，亦可与鸭跖草同栽一盆，为布置客厅、书房的好材料。室内摆设多为中小型盆栽，选择颜色浅淡、质地光滑的套盆以衬托彩叶草华美的叶色。为使株形美丽，常将未开的花序剪掉，置于矮几和窗台上欣赏。

紫色彩叶草

彩叶草花海

吊竹梅

—— 绿紫呼应叶色美

学　名：*Zebrina pendula* Schnizl
别　名：红莲、花叶竹夹菜、紫鸭跖草、吊竹兰
科　属：鸭跖草科，吊竹梅属

识

吊竹梅原产于中南美洲地区，传播到日本后，1909年从日本引种到我国。吊竹梅喜温暖、湿润气候，不耐寒冷，越冬温度约10℃。适于在阳光较为充足的地方栽培，但忌强光，夏天宜置于荫棚下。耐阴，但在过阴处吊竹梅茎叶徒长，叶色变淡，观赏价值降低。对土壤要求不严，在肥沃而疏松的腐殖土中生长较好，较耐瘠薄，不耐旱。

阴暗处吊竹梅叶色变淡

光线充足吊竹梅美叶

吊竹梅为多年生匍匐性常绿草本。全株呈深紫红色。茎分枝，节处生根，茎细长稍柔弱，绿色，下垂，半肉质。叶互生，稍肉质，长椭圆形至披针形，先端尖，基部鞘状，全缘，叶面银白色，其中部及边缘为紫色，叶背紫色。花小，数朵聚生于二片紫红色的叶状苞内，紫红色。果为蒴果。因其枝叶常匍匐下垂，叶形似竹叶，故名吊竹梅。花常年开放。

养 吊竹梅的繁殖

【扦插繁殖】

由于吊竹梅茎呈匍匐性，节处生根，把茎秆剪成5~8厘米长一段，每段带3个以上的叶节，各茎段另行栽植即可生长成新的植株。也可用顶梢作插穗。因扦插极易成活，故以扦插繁殖为主。扦插结合摘心，全年随时都可进行，极易生根。

吊竹梅的养护管理

【肥水管理】

生长期间应充分灌水，保持见干见湿，采用喷雾来增加空气湿度，每天1~3次，晴天温度越高喷的次数越多，阴雨天温度越低喷的次数越少或不喷。保持空气的相对湿度在75%~85%。适当追肥，夏天应置于荫棚下，但不能过阴。冬季在温室中培养，适当控水，不使落叶或徒长。

【光照温度】

吊竹梅适应性强，栽培容易，但叶子经强烈日光照射会灼焦，所以夏季应放在背阴处，避免阳光直射，遮阴70%。也可放置室内较明亮、有散射光

条纹吊竹梅

青叶吊竹梅

的地方，并每隔一二个月移到室外半阴处或遮阴养护1个月，以让其积累养分，恢复长势。可吊盆栽培，经常摘心，使茎叶密集下垂，形成丰满的株形。

【病虫害防治】

吊竹梅生长健壮，繁育管理也比较粗放，很少发生病虫害。

【观赏价值】

吊竹梅有一定的耐阴性，园艺品种有四色吊竹梅，是极好的室内观赏植物，并可置于高处或吊盆栽植增加立体色彩。还可作园林美化、阳台或室内盆景观赏。

【药用价值】

吊竹梅味甘，性寒，有毒。有清热解毒、益阴、止血、疗带的功能。主治咳嗽吐血、淋病、白带异常、痈毒、慢性痢疾等症。注意：孕妇忌服。

紫叶吊竹梅

吊竹梅花开

常用验方如下。

① 治咯血：鲜吊竹梅100～150克，猪肺200克。酌加水煎成一碗，饭后服，每日2次。

② 治淋病：鲜吊竹梅100～200克。酌加水煎成一碗，饭前服，每日2次。

③ 治白带异常：鲜吊竹梅100～200克，冰糖50克，淡菜50克。酌加水煎成半碗，饭前服，每日2次。

肾　蕨
—— 碧绿清雅枝叶盛

学　名：*Nephrolepis* cordifolia（L.）Presl
别　名：圆羊齿、蜈蚣草、排草、篦子草、石黄皮
科　属：肾蕨科，肾蕨属

肾蕨原产热带、亚热带地区，分布于我国湖南、贵州、福建、云南、广东等地。肾蕨地生或附生在溪边林下或阴湿的石缝、树干上，喜温暖、湿润及半阴环境，忌强光直射，不耐旱，不耐寒。喜富含腐殖质、排水良好的肥沃土壤。

肾蕨为多年生附生或地生常绿草本植物，株高30～60厘米，外被棕黄色茸毛。根茎直立，具

肾蕨美叶

肾蕨花丛

细长匍匐茎，匍匐茎短枝上长出圆形块茎或小苗。一回羽状叶簇生，长披针形，叶片长30～50厘米，羽片40～80对，两端渐窄，两排小羽片依主脉一字形紧密相连，形似百足蜈蚣，也似梳头的篦子而得名。初生的小复叶呈抱拳状，成熟的叶片革质光滑。孢子囊群生于小叶片背面小脉顶端，囊群肾形。

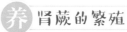肾蕨的繁殖

【分株繁殖】

肾蕨的繁殖通常于春季新叶尚未萌发时结合换盆进行。此时气温稳定，将母株分割成小丛上盆栽种即可，也可于夏季直接切取匍匐茎顶端萌生的幼株种植培养。栽后放半阴处，并浇水保持潮湿。当

根茎上萌发出新叶时，再放遮阳网下养护。

【孢子繁殖】

孢子繁殖是将成熟孢子撒入腐叶土表面，喷雾保湿，2个月后长出孢子体。孢子成熟后，落在温室湿润、阴凉的土地上，也能自行萌发，可挖起栽植，待长出3～4片叶时，上盆栽植。

【组织培养繁殖】

常用顶生匍匐茎、根状茎尖、气生根和孢子等作外植体。在母株新发生的3～5厘米长匍匐茎上切取0.7厘米匍匐茎尖，用75%酒精中浸30秒，再转入0.1%氯化汞中表面灭菌6分钟，无菌水冲洗3次，再接种，经60天培养产生丛生苗。将丛生苗分植，可获得完整的试管苗。

肾蕨的养护管理

【肥水管理】

栽培土壤常用腐叶土、园土各半加少量河沙及占盆土5%的饼肥、0.5%的过磷酸钙混合配制。生长期间要经常保持盆土湿润，但不能积水，每1～2周施用稀释人畜尿15倍液1次。

【光照温度】

创造明亮的散射光条件，但不能强光直射，适宜温度是20～25℃，冬季温度要在10℃以上，保证安全越冬。因肾蕨性喜阴湿，无论冬夏都应放置在荫蔽处，冬季放室内东西向或北面窗台都可。夏季则应放在室外荫棚或凉台上，要保持周围的环境有较高的湿度。如阳光直射，轻者叶片绿色变淡，无光泽，影响美观，严重者叶子枯黄脱落。

肾蕨盆栽

悬挂肾蕨

【栽培管理】

肾蕨在盆栽3～4年后换盆。根系长满盆后，会逐渐衰老，吸收能力减弱，也易引起叶子枯黄脱落。这时应把植株从盆中扣出，切去外部的部分老根，促使其生长新根，就能重新复壮。

【病虫害防治】

肾蕨容易遭受蚜虫和红蜘蛛危害，可用肥皂水或40%氧化乐果乳油1000倍液喷洒防治。防治生理性叶枯病，注意盆土不宜太湿并用65%代森锌可湿性粉剂600倍液喷洒。

【观赏价值】

肾蕨的叶片青翠、光润、修长、悬挑，秀丽清雅，非常美观，是理想的室内装饰盆栽花卉，肾蕨盆栽可点缀书桌、茶几、窗台和阳台，也可吊盆悬挂于客室和书房。在园林中可作阴性地被植物或布置在墙角、假山和水池边。可作切花、插瓶的陪衬材料。欧美将肾蕨加工成干叶并染色，成为新型的室内装饰材料。

炫丽肾蕨

肾蕨园地

【药用价值】

肾蕨为世界各地普遍栽培的观赏蕨类，块茎富含淀粉，可食用。

肾蕨是传统的中药材，以全草和块茎入药，全年均可采收。肾蕨味甘、辛，性平而涩，无毒。入肝、肾、胃、小肠经。有清热、利湿、消肿、解毒、宁肺止咳、软坚消积的功效。主治黄疸、淋浊、小便涩痛、痢疾、疝气、乳痈、瘰疬、烫伤、刀伤等症。

常用验方如下。

① 治乳房肿痛：肾蕨嫩茎叶，捣烂敷。

② 治淋浊、小便点滴、疼痛难忍：肾蕨15克，杉树尖21颗，夏枯草15克，野萝卜菜12克，煨水兑白糖服。

铁线蕨
—— 秀丽多姿株形巧

学　名：*Adiantum capillus-veneris* L.
别　名：铁丝草、美人粉、铁线草
科　属：铁线蕨科，铁线草属

铁线蕨美叶

铁线蕨花丛

铁线蕨原产于暖温带、亚热带和热带地区，我国长江流域以南各省地，北到甘肃、陕西、河北都有野生，现各地温室有栽培。铁线蕨喜温暖、湿润和半阴环境，为钙质土指示植物，多生于阴湿斜坡和岩壁上。不耐寒，怕强光直射，生长适温为13～18℃。冬季气温不低于10℃叶片才能保持鲜绿。喜疏松、肥沃、含石灰质的沙壤土。

铁线蕨为多年生细弱常绿草本植物，植株丛生，植株高15～40厘米。根状茎横走，密生棕色鳞片，根黑褐色，坚硬，纤细如毛，常多条密集成块状。叶茎生，质薄，叶柄紫黑色细而坚硬如铁线，叶片卵状三角形，二至四回羽状复叶，细裂，裂片斜扇形，深绿色，叶脉扇状分叉，叶柄长达30厘米以上，故名铁线蕨。孢子囊群生于叶背外缘，常为肾形。

 铁线蕨的繁殖

【分株繁殖】

铁线蕨宜于春季未发芽时结合换盆进行分株繁殖。将株丛由盆中扣出，切断根状茎，分别栽植即可。此外，铁线蕨是孢子繁殖的蕨类植物，在阴湿的环境中易散发孢子自行繁殖，常见盆土中或盆架下有自行繁殖的幼株，待其长到一定的大小后，即可掘出上盆。

【孢子繁殖】

将泥炭和细沙置于烘箱内高温消毒，以杀死病菌和杂草种子。然后，将消毒后的土壤放入播种浅盆中。剪取有成熟孢子的叶片，集中孢子并均匀地撒播于播种浅盆，不需覆土，上面盖以玻璃片，从盆底浸水，保持盆土湿润，并置于20～25℃的半阴环境下，约1个月孢子可萌发为原叶体，待长满盆后便可分植。注意在分植前1～2天要移开播种盆上的玻璃进行透气炼苗。

铁线蕨的养护管理

【肥水管理】

盆土可用等量园土、腐叶土和素沙配制。夏季应在荫棚下养护，生长期每15～20天追施1次稀释20倍的腐熟人畜粪尿肥。常植于微碱性土壤中，可在室内长时间栽培。浇水不宜太多，保持土壤湿润即可，还要往叶面及周围地面喷水，提高空气湿度，降低温度。出于铁线蕨的喜钙习性，盆土宜加适量石灰和碎蛋壳，经常施钙质肥料效果则会更好。冬季要减少浇水，停止施肥。

【光照温度】

铁线蕨生长的适宜温度为18～25℃，冬季室温要在10℃以上，铁线蕨才能安全过冬，夏季光照强，湿度高，要放置在荫蔽的环境中，防止阳光直射，以免灼伤叶片，并要有较高的空气湿度和土壤湿度。

【病虫害防治】

叶枯病发病初期用波尔多液喷洒1～2次防治。虫害有介壳虫，可用50%马拉硫磷1500倍液或2.5%溴氰菊酯3000倍液喷杀。

铁线蕨盆栽

水养铁线蕨

【观赏价值】

铁线蕨茎叶秀丽多姿、形态优美、株形小巧，是栽培最普遍的种类之一。由于黑色的叶柄纤细而有光泽，酷似人发，加上其质感十分柔美，好似少女柔软的头发，因此又被称为"少女的发丝"。其淡绿色薄质叶片搭配着乌黑光亮的叶柄，显得格外优雅飘逸。铁线蕨适宜在园林中布置于假山隙缝、背阴屋角，也可在家庭阳台种植。小盆栽可置于案头、茶几上；较大盆栽可用以布置背阴房间的窗台、过道或客厅。铁线蕨叶片还是良好的切叶材料及干花材料。

细叶铁线蕨

铁线蕨盆景

【药用价值】

铁线蕨味苦、微甘，性平，无毒。入肝经。有清热解毒、利湿消肿、祛风、活络、利尿通淋、止血、生肌的功效。主治痢疾、瘰疬，肺热咳嗽，肝炎，淋证，毒蛇咬伤，跌打损伤。

常用验方如下。

① 治吐泻：铁线蕨30克。水煎服。

② 治蛔虫：鲜铁线蕨50～100克。水煎服。

③ 治糖尿病：铁线蕨50克。冰糖为引，水煎服。

一叶兰

—— 叶翠形美用途广

学　名：*Aspidistra elatior* Blume.

别　名：蜘蛛抱蛋、箬叶、大叶万年青、竹叶盘、九龙盘、竹节伸筋

科　属：百合科，蜘蛛抱蛋属

识

一叶兰原产我国南方各地，现全国各地均有栽培，利用较为广泛。一叶兰喜温暖潮湿、半阴、通风良好的环境，较耐寒，极耐阴，夏天忌强烈日光直射。生长适温为10～25℃，越冬温度为0～3℃。适宜在疏松、肥沃的微酸性沙质壤土上生长。

一叶兰为多年生常绿草本植物。根状茎短而粗，直径5～10毫米，具节和鳞片。叶自根状茎上丛生而出，叶片长椭圆形，一叶一柄，叶柄健壮，

一叶兰翠叶

一叶兰花丛

坚硬、挺直，中央有槽沟，先端渐尖，基部楔形，边缘多为皱波状，两面绿色，有时稍具黄白色斑点或条纹。春季开花，花茎自根茎生出，单朵生。果实似蜘蛛卵，故又习称蜘蛛抱蛋。其他变种有斑叶蜘蛛抱蛋（绿色叶面上有乳白色或浅黄色斑点）、金纹蜘蛛抱蛋（绿色叶面上有淡黄色纵向线条纹）。

养 一叶兰的繁殖

【分株繁殖】

一叶兰的分株繁殖可在春季气温回升、新芽尚未萌发之时，结合换盆进行。地栽的一叶兰分株一般是在早春（2～3月）土壤解冻后进行。把母株从花盆内取出，抖掉多余的盆土，把盘结在一起的根系尽可能地分开，用锋利的小刀把它分割成两株或两株以上，分出来的每一株都要带有相当的根系，并对其叶片进行适当地修剪，使每丛带3～5片叶，以利于成活。

一叶兰的养护管理

【肥水管理】

一叶兰对土壤要求不严，耐瘠薄，但以疏松、肥沃的微酸性沙质壤土较好。盆栽培养土可用腐叶土、泥炭土、园土等量混合配制。生长季要充分浇水，保持盆土湿润，每月施1～2次加20倍水的腐熟人畜粪尿液肥。北方地区冬季应移入室内，减少浇水并停止施肥，若此时盆土过湿易引起烂根。

【光照温度】

为了保证一叶兰叶片清秀明亮，要防止阳光曝晒，以免灼伤叶片，夏季应进行遮阳，但需注意通风，并及时清除黄叶。在新芽萌发至新叶正在生长阶段，不能放在室内阴暗处，否则新叶长得细长瘦弱，影响观赏。冬季需放入室内养护，仍以半阴为好，约2～3年于春季换盆1次。

【病虫害防治】

发生叶枯病和根腐病可用50%多菌灵1000倍液防治，灰霉病可喷施65%甲霉灵可湿性粉剂1000倍液或50%扑海因可湿性粉剂1000倍液，炭疽病发病时喷施0.5%磷酸二氢钾或双效微肥300倍液，有利于增强抗病性。

金线一叶兰

斑叶一叶兰

赞

【观赏价值】

一叶兰终年常绿，叶形挺拔整齐，叶色浓绿光亮，姿态优美、淡雅而有风度，它长势强健，适应性强，极耐阴，是室内绿化装饰的优良观叶植物。适于家庭及办公室布置摆放，可单独观赏，也可以和其他观花植物配合布置，以衬托出其他花卉的鲜艳和美丽。一叶兰还是现代插花极佳的配叶材料。

【使用价值】

粽子是过"端午节"时的传统食品，由粽叶包裹糯米或另外添加辅料煮制而成。粽叶品种繁多，南方一般以箬叶为主，北方以苇叶为主，是制作粽子必不可少的材料。粽叶一般都含有大量对人体有益的叶绿素和多种氨基酸等成分，其特殊的防腐作用也是粽子易保存的原因之一，其气味芳香怡人。

箬叶用途也非常广泛，如用于制作斗笠、手工艺品等。

一叶兰室内摆放

一叶兰盆栽

【环保价值】

一叶兰有吸收甲醛的作用，另外对二氧化碳、氟化氢也有一定的吸收作用，还可以吸附一定的灰尘，而且一叶兰耐阴、适应性强，不易生病虫害，是很好的居室绿化、空气净化植物。

【药用价值】

一叶兰有活血散瘀的功效。可用于跌打损伤，风湿筋骨痛，腰痛，肺虚咳嗽，咯血。

常用验方如下。

① 治跌打损伤：一叶兰煎水服，可止痛；捣烂后包伤处，能接骨。

② 治肺热咳嗽：鲜一叶兰50克，水煎，调冰糖服。

③ 治风火头痛、牙痛：鲜一叶兰全草50～100克。水煎服。

④ 治筋骨痛：一叶兰15～25克。水煎服。

⑤ 治砂淋：一叶兰、大通草、木通。水煎服。

万年青
——净化空气四季青

学　名：*Rohdea japonica*
别　名：九节莲、冬不凋、千年蒀、开喉剑、铁扁担、乌木毒、白沙草、斩蛇剑
科　属：百合科，万年青属

识

万年青原产于我国南方和日本。万年青性喜温暖、多湿和半阴环境，耐阴性强，忌强光直射。植株生长健壮，抗性强。不耐寒，冬季越冬温度不得低于12℃。生长适宜温度为25～30℃，相对湿度在70%～90%。适宜疏松、肥沃、排水良好的微酸性土壤。

万年青为多年生常绿草本植物，茎直立，根茎粗短，有节，节处有须根。高0.6～1.0米。单叶互生，叶矩圆形、披针形或倒披针形，先端长尖，基部稍窄，质硬而有光泽。叶柄长，基部具阔鞘，呈丛生状。花梗自叶鞘内抽出，顶生肉穗花序，佛焰苞长5～7厘米，黄绿色，花小，单性，雌雄花同一花序，雄花在上，雌花在下，花期夏、秋季。浆果球形鲜红色，经冬不落。花期5月，果10～11月成熟。

万年青翠叶

万年青花丛

养 万年青的繁殖

【播种繁殖】

播种一般在3～4月间进行。播于盛好培养土的花盆中，浇水后暂放遮阳处，保持湿润，在25～30℃的条件下，约25天即可发芽。

【扦插繁殖】

扦插繁殖通常在4～5月，剪取带芽的茎段长10厘米左右为插穗，沙插或水插，庇荫，保湿，在气温18℃的条件下约半个月生根。

【分株繁殖】

万年青地下茎萌芽力强，一般春季2～3月间换盆时进行分株繁殖，用利刀将根茎处新萌芽连带部分侧根切下，对老植株进行分株，对根部切口要涂以草木灰或土霉素片粉末，以防腐烂，亦

花叶万年青

白肋万年青

万年青　**189**

可将整个植株从盆中倒出，视植株大小，用利刀分割为几部分，栽入盆中，略浇水，放置荫蔽处，1~2天后浇透水即可。小苗装盆时，先在盆底放入2厘米厚的粗粒基质或者陶粒作为滤水层，其上撒上一层充分腐熟的有机肥料作为基肥，厚度为1~2厘米，再盖上一层基质，厚1~2厘米，然后放入植株，以把肥料与根系分开，避免烧根。

万年青的养护管理

【肥水管理】

施肥：初上盆时浇水要适当控制，生长前期，每隔20天左右施1次腐熟的液肥。初夏生长较旺盛，可10天左右追施1次液肥，追肥中可加兑少量0.5%硫酸铵，这样能促其生长更好，叶色浓绿光亮。在开花旺盛的6~7月，每隔15天左右施1次0.2%的磷酸二氢钾水溶液，促进花芽分化，以利于更好地开花结果。在立夏前后应把成株外围的老叶剪去几片以利萌发新芽、新叶和抽生花茎。

浇水：万年青喜欢湿润的环境，要求生长环境的空气相对湿度在60%~75%。夏季置荫棚下并向叶面洒水，适当修剪保持株形。

【光照温度】

最适生长温度为18~30℃，如果温度过高，易引起叶片徒长，消耗大量养分，以致翌年生长衰弱，影响正常的开花结果。忌寒冷霜冻，秋冬入温室养护，放在阳光充足、通风良好的地方，越冬温度需要保持在10℃以上，在冬季气温降到4℃以下进入休眠状态，如果环境温度接近0℃时，会因冻伤而死亡。每2~3年进行换盆。

【病虫害防治】

对于红蜘蛛、介壳虫可在若虫孵化期用40%乐果乳油1000倍液喷洒杀除。发生叶斑病应及时清除病残叶片，发病初期或后期均可用0.5%~1%的波尔多液喷洒。炭疽病可用70%托布津1500倍液喷洒。

【花语寓意】

万年青在我国栽培历史悠久，因其名称和果色（红）吉利，历代常作为富有、吉祥、太平、长寿的象征，深受人们喜爱。

万年青终年翠绿常青、生机勃勃，给老人献上万年青，寓意祝愿老人家能够如万年青一般健康和长寿，如万年青一般年轻。

万年青常年翠绿也预示着友情的长久。

银边万年青

斑马万年青

【观赏价值】

万年青叶片宽大苍绿，浆果殷红圆润，叶姿高雅秀丽，非常美丽，历来是良好的室内盆栽观叶、观果植物，常置于书斋、厅堂的条案上或书、画长幅之下，也可作插花配叶。我国华南地区可露地栽于水边及林下阴湿之处作地被植物。万年青可以吸收尼古丁、甲醛等有害物质，居室养殖万年青，会令环境空气更加清新。

【药用价值】

万年青味苦、甘，性寒。有小毒。有清热解毒、强心利尿的功效。主要用于防治白喉，白喉引起的心肌炎，咽喉肿痛，细菌性痢疾，风湿性心脏病等；外用治跌打损伤，毒蛇咬伤，烧烫伤，乳腺炎，痈疖肿毒。根状茎15~25克，叶5~10克，外用捣烂取汁搽患处，或捣烂敷患处。

万年青的汁液是有毒的，一般以茎部组织液最毒，粘到手上或者皮肤上，会引起过敏反应，起斑块或者有很痒的感觉。

虎尾兰
——纹理斑斓叶挺拔

学　名：*Sansevieria trifasciata*
别　名：千岁兰、虎耳兰、虎皮掌、虎皮兰
科　属：百合科，虎尾兰属

虎尾兰原产于非洲及亚洲的热带及亚热带地区。虎尾兰喜光照充足、湿润的气候，也耐阴，较耐旱，忌夏季曝晒。喜温暖，不耐寒，生长适温20～30℃，低于4℃受冻。要求疏松、肥沃、排水良好的沙质壤土，黏土中也可生长。虎尾兰叶片丛生，斑纹美丽，四季青翠，叶片竖挺、雅致，是优良的室内装饰盆栽花卉。

虎尾兰美姿

虎尾兰花丛

虎尾兰为多年生常绿草本。具匍匐根状茎，地上无茎，叶自地下根状茎长出，簇生，叶片倒披针形或剑形，革质，高30～80厘米，直立，基部渐狭形成有槽的叶柄，先端渐尖，两面具浅绿和暗绿色相间的横带状斑纹，像虎尾，故称虎尾兰。叶表面具白粉。花淡绿色或白色，3～8朵簇生，排成总状花序，有香味。花期在春夏季，浆果。

养　虎尾兰的繁殖

【扦插繁殖】

虎尾兰一般采用叶插繁殖。5～6月选取健壮叶片剪成长6～10厘米的叶段，剪下后放置一段时间，使切口处阴干，待萎蔫后垂直插入沙土中，放遮阴处养护，保持湿润，约经1个月生根成活。切记：叶片有方向性，插叶时不可颠倒生长方向，若插反方向，则不能生根发芽。

【分株繁殖】

分株一般结合春季换盆进行，于每年3～4月将生长过密的叶丛切割成若干丛，每丛除带叶片外，还要有一段根状茎和吸芽，每丛含3～5枚叶分别上盆栽种即可。金边虎尾兰扦插后金边消失，因此金边虎尾兰只能用分株法繁殖。

虎尾兰的养护管理

【肥水管理】

虎尾兰3～4月上盆或换盆。培养土以沙土和腐叶土按1：1比例配制，可加入占盆土3%的腐熟饼肥混合均匀使用。露天养护定期向叶面洒水。生长期可追施1～2次蹄角片液与麻渣液混合的液肥。

【光照温度】

可常年放于室内明亮处陈设，每天最好3～4小时光照，夏季避免中午阳光曝晒，否则叶子会发暗、缺乏生机。虎尾兰生长适宜温度是

虎尾兰翠叶

虎尾兰盆栽

18～27℃，低于13℃即停止生长。冬季温度也不能长时间低于10℃，否则植株基部会发生腐烂，造成整株死亡。叶丛长满盆后及时换盆，并适当分株，以利生长。

【病虫害防治】

虎尾兰生长期气温过高或湿度过大时易受叶斑病危害，在发病初期可喷施1：1：100波尔多液或50%托布津可湿性粉剂700倍液，同时注意通风，降低空气湿度。

【观赏价值】

成株虎尾兰每年均能开花，具香味，但以观叶为主。此类植物耐旱、耐湿、耐阴，能适应各种恶劣的环境，适合庭园美化或盆栽，为高级的室内植物。

金边长叶虎尾兰

金边短叶虎尾兰

【药用价值】

虎尾兰性凉，味酸。25～50克煎汤服用主治感冒、支气管炎。捣敷外用可去腐生肌，主治跌打损伤、痈疮肿毒、毒蛇咬伤。

【环保价值】

把虎尾兰放置家中，除了可以观赏外，还可以吸收房间内的甲醛等有害物质，降低其对人体的伤害。

常春藤

—— 枝叶繁盛四季春

学　名：*Hedera nepalensi var. sinensis*
别　名：中华常春藤、长春藤、钻天风、三角枫、旋春藤
科　属：五加科，常春藤属

常春藤美姿

常春藤花墙

常春藤原产欧洲、北非和亚洲。常春藤性耐阴，也能生长在全光照的环境中。在温暖湿润的气候条件下生长良好，耐寒性较差。对土壤要求不严，适宜潮湿、疏松、肥沃的中性或微酸性土壤，不耐盐碱。

常春藤是多年生常绿藤本攀援灌木植物，茎长而光滑，3～20米，灰棕色或黑棕色，有气生根，一年生枝疏生锈色鳞片状柔毛，鳞片常有10～20条辐射肋。单叶互生，革质而有光泽，叶柄长2～9厘米，有鳞片，常带乳白色花纹，无托叶，叶二型，营养枝上叶为全缘或3裂，三角状卵形；生殖枝上叶为卵形或菱形，全缘。先端长尖或渐尖，基部楔形、宽圆形、心形；叶上表面深绿色，有光泽，下面淡绿色或淡黄绿色，无毛或疏生鳞片；侧脉和网脉两面均明显。伞状花序单个顶生或2～7个总状排列或伞房状排列成圆锥花序，淡绿白色，芳香，花期6～10月。浆果球形，红色或黄色，果熟期翌年4～6月。

养 常春藤的繁殖

【扦插繁殖】

常春藤的茎蔓容易生根，通常采用扦插繁殖。扦插在3～4月进行，选用疏松、通气、排水良好的沙质土作基质。从植株上剪取木质化的健壮枝条，截成15～20厘米长的插条，上端留2～3片叶。扦插后

保持土壤湿润，置于侧方遮阴条件下，很快就可以生根。

秋季嫩枝扦插，则是选用半木质化的嫩枝，截成15～20厘米长、含3～4个叶节带气根的插条。扦插后进行遮阴，并经常保持土壤湿润，一般插后20～30天即可生根成活。

常春藤的养护管理

【肥水管理】

定植时应重剪，促使多生分枝。生长期每半月施1次液肥，氮磷钾比例为1：1：1，冬季停止施肥。夏季需遮阴，多浇水和喷雾，以保持空气湿度，冬季宜少浇水，但需保持盆土湿润。

【光照温度】

常春藤喜光，也较耐阴，宜放在室内光线明亮处培养。若能于春秋两季，各选一段时间放室外遮阴处，使其早晚多见些阳光，则生机旺盛，叶绿色艳。但要注意防止强光直射，否则易引起日灼病。夏季要注意通风降温，冬季室温最好能保持在10℃以上，最低不能低于5℃。

常春藤翠叶

常春藤盆栽

【病虫害防治】

发生粉虱可喷施2.5%溴氰菊酯或40%氧化乐果，每周喷施1次，连续喷施3～4次。介壳虫可人工刮除，或喷洒40%氧化乐果乳油800倍液。叶斑病发病初期摘除病叶，并集中烧毁，同时喷洒1%波尔多液，每7天喷1次，连喷4～5次。疫病发病初期，喷施或浇灌代森锰锌可湿性粉剂600倍液。

咏

【花语寓意】

常春藤花语：结合的爱，忠实，友谊，情感，结婚，永不分离。

常春藤是一种寓意美好的常绿藤本植物，代表春天长驻。送友人常春藤表示友谊之树长青。如果朋友结婚，送新娘的花束中也少不了常春藤美丽的身影，祝愿"新婚幸福，白头偕老"。在希腊神话中，常春藤代表酒神，有着欢乐与活力的象征意义。它同时也象征着不朽与永恒的青春。

赞

【观赏价值】

常春藤株形优美、规整、叶形、叶色有多样变化，四季常青，是园林中优良的垂直绿化材料，在庭院中可用以攀援假山、岩石，或在建筑阴面作垂直绿化材料。在华北宜选择小气候良好的稍阴环境栽植。也可盆栽供室内绿化观赏用，尤其在较宽阔的客厅、书房、起居室内摆放，格调高雅、质朴，并具有南国情调。

悬吊常春藤

水养常春藤

【药用价值】

常春藤味苦、辛，性温，无毒。有祛风利湿、活血消肿、平肝、解毒的功效。主要用于风湿关节痛，腰痛，跌打损伤，肝炎，头晕，口眼㖞斜，衄血，目翳，急性结膜炎，肾炎水肿，闭经，痈疽肿毒，荨麻疹，湿疹。

常用验方如下。

① 治肝炎：常春藤、败酱草，水煎服。

② 托毒排脓：鲜常春藤50克，水煎，加水酒兑服。

③ 治产后感风头痛：常春藤15克，黄酒炒，加红枣7枚，水煎，饭后服。

④ 治脱肛：常春藤10～15克，水煎熏洗。

【环保价值】

常春藤可以净化室内空气：吸收由家具及装修物散发出的苯、甲醛等有害气体，能有效减少室内二手烟的危害。

巴西木
—— 挺拔素雅株形美

学　名：*Dracaena fragrans*

别　名：巴西铁、巴西千年木、巴西铁树、玉莲千年木、香龙血树、巴西水木

科　属：百合科，龙血树属

巴西木花姿

巴西木花丛

巴西木原产热带和亚热带，非洲、东南亚和澳大利亚。巴西木性喜高温、多湿的环境，较耐阴，喜光照但忌阳光直射，忌干燥干旱。生长适温为20～30℃，休眠温度为13℃，越冬温度为8℃。喜疏松、排水良好的沙质壤土。

巴西木为常绿乔木，高可达6米以上，一般盆栽高0.5～1米。茎直立生长，有时分枝。叶丛生枝顶，长椭圆状披针形，鲜绿色，无叶柄，轮生，呈放射状，叶缘呈波状起伏，叶片上常带有乳白色或金黄色条纹。穗状花序，花小、黄绿色或浅紫色，具芳香。栽培品种主要有金边龙血树（叶边缘有数条金黄色纵纹，中央为绿色）、银边龙血树（叶边缘为乳白色，中央为绿色）、金心龙血树（叶片中央有一金黄色宽条纹，两边绿色）等。

巴西木的繁殖

【扦插繁殖】

巴西木以扦插繁殖为主。6～7月，剪取带叶的分生枝插于湿润沙床中，断面切口要平滑，把切下的枝段的下部切口用75%的百菌清可湿性粉剂100倍液消毒。为防止水分蒸发，枝段上部涂抹石蜡封口。插穗下端埋在排水良好的清洁基质中，或浸入清洁的水中，其深度依插穗长短而定，较长的枝段要加以固定，不能上下颠倒，浸入水中的部分不宜过长。约1个月生根。或切取粗壮不带叶的老茎干扦插，插条长30～50厘米，插后2个月生根。也可采用水插法。

巴西木盆栽

挺拔巴西木

巴西木的养护管理

【肥水管理】

盆栽培养土可用腐叶土加1/3的河沙或蛭石配制。巴西木生长期间要保证有充足的水分供应，每天浇1次水，盆土过干或过湿都不利于生长。生长期先在植株基部或边缘埋施有机肥，然后每隔15～20天施1次液肥，以保证枝叶生长茂盛。冬季停止施肥，并移入室内越冬。对斑纹品种，施肥要注意降低氮

肥比例，以免引起叶片徒长，并导致斑纹暗淡甚至消失。

【光照温度】

　　光照：巴西木喜光，但中午又要避免强光直晒，防止烈日灼伤叶片。巴西木耐阴，但如果过阴叶片偏绿，条纹会不明显，光泽度也不好，因此适宜放在有散射光线的半阴处栽培。经常清洗叶面，保持叶面清洁。

　　温度：巴西木生长适温为20～28℃。温度太低，叶尖和叶缘会出现黄褐斑，严重的还会被冻坏嫩枝或全株。在北方冬天要移入温室养护。夜间遇温度低时，可套上塑料袋保温，白天太阳出来室温升高时，应及时拆去塑料袋，以便散热降温，防止闷坏。

【病虫害防治】

　　发现叶斑病和炭疽病危害，可用70%甲基托布津可湿性粉剂1000倍液喷洒。虫害有介壳虫和蚜虫危害，可用40%氧化乐果乳油1000倍液喷杀。

秀丽巴西木

巴西木盛景

【花语寓意】

　　巴西木花语：坚贞不屈，坚定不移，长寿富贵，吉祥如意。

【观赏价值】

　　巴西木株形挺拔壮观，整齐优美，叶片宽大，颜色素雅，是颇为流行的室内大型盆栽花木，尤其在较宽敞的客厅、会场、商店、书房、起居室内摆放，格调高雅、质朴，并带有南国情调。

变叶木

—— 叶色斑斓变化多

学　名：*Codiaeum variegatum*（L.）A. Juss.
别　名：洒金榕
科　属：大戟科，变叶木属

　　变叶木原产马来群岛、印度及太平洋岛屿，我国广东、福建、台湾等地区都有栽培。变叶木性喜温暖、湿润、阳光充足的环境，不耐阴，不耐霜寒，怕干旱。夏季生长温度宜在30℃以上，越冬温度10℃以上。在强光、高温、较高空气湿度的条件下生长良好。对土壤要求不严，以土层深厚、黏重、肥沃、偏酸性土壤为好。

变叶木彩叶

变叶木花丛

　　变叶木为多年生常绿、矮生小乔木或灌木。株高1～2米。单叶互生，叶形千变万化，卵圆形至线形，全缘或分裂达中脉，边缘波浪状，具有长叶、母子叶、角叶、螺旋叶、戟叶、阔叶、细叶七种类型，叶色五彩缤纷，在深绿、淡绿的底色上有褐、橙、红、黄、紫、青铜等不同深浅的斑点、斑纹或斑块。叶有柄，厚草质。花小，黄白色。蒴果球形，白色。

【扦插繁殖】

变叶木扦插繁殖于5～9月进行，剪取8～10厘米长、生长粗壮的顶部新梢作插穗。剪取插穗时需要注意的是，上面的剪口在最上一个叶节的上方大约1厘米处平剪，下面的剪口在最下面的叶节下方大约为0.5厘米处斜剪，上下剪口都要平整（剪刀要锋利）。插穗洗去白汁，晾干后，插入温室沙床中，温床下应加湿。室温保持在25℃以上，3～5周生根，新叶长出后上盆栽植。

【压条繁殖】

选取健壮的枝条，从顶梢以下15～30厘米处把树皮剥掉一圈，剥后的伤口宽度在1厘米左右，深度以刚刚把表皮剥掉为限。剪取一块长10～20厘米、宽5～8厘米的薄膜，上面放些淋湿的园土，像裹伤口一样把环剥的部位包扎起来，薄膜的上下两端扎紧，中间鼓起。在27℃条件下，4～6周后生根。生根后，把枝条连根系一起剪下，就成了一棵新的植株。

炫丽变叶木

变叶木花坛

变叶木的养护管理

【肥水管理】

盆土用黏质壤土、腐叶土、河沙按6∶3∶1的比例混合配制。生长期间要充分浇水，保持盆土湿润，忌积水；除夏天适当遮阴外，其余季节光线越强叶片的色彩越漂亮；每2～3周施复合肥1次，冬季加强养护，防寒防冻，成熟植株宜2年换盆1次，于5月上旬进行。除经常保持盆内湿度外，还要注意适当通风，以免因室温高、通风差发生病虫害。

【光照温度】

变叶木喜阳光充足，不耐阴。室内应置于阳光充足的南窗及通风处，以免下部叶片脱落。变叶木属热带植物，生长适温20～35℃，冬季不得低于15℃。若温度降至10℃以下，叶片会脱落，翌年春季气温回升时，剪去受冻枝条，加强管理，仍可恢复生长。

【病虫害防治】

变叶木常见病害有黑霉病、炭疽病，应及时通风并用50%多菌灵可湿性粉剂600倍液防治。常见虫害有红蜘蛛、介壳虫，可喷洒1000倍液氧化乐果乳油防治。

赞

【观赏价值】

变叶木是目前观叶植物中叶色、叶形和叶斑变化最丰富的，为观叶植物中的佼佼者。常作盆栽观赏，其叶也是极好的花环、花篮和插花的装饰材料。华南地区多用于公园、绿地和庭园美化，既可丛植，也可作绿篱；在长江流域及以北地区均做盆花栽培，装饰房间、点缀案头、厅堂和布置会场。

变叶木盆栽

洒金变叶木

【药用价值】

变叶木味苦，性寒。入肺、肝二经。有清热理肺、散瘀消肿的功效。用于肺气上逆证、痈肿疮毒、毒蛇咬伤。可用9～15克煎汤内服，也可研末外用调敷患处。

注意：变叶木乳汁有毒，人畜误食叶或其液汁，有腹痛、腹泻等中毒症状；乳汁中含有激活EB病毒的物质，长时间接触有诱发鼻咽癌的可能。

白皮松

学 名: *Pinus bungeana* Zucc. ex Endl.

别 名: 白果松、蟠龙松、三针松、白骨松、虎皮松

科 属: 松科, 松属

—— 苍松树奇用途广

白皮松为我国特有树种,产于山西、河南西部、甘肃南部、陕西、四川、湖北等地也有分布。白皮松是喜光树种,深根性,生于海拔500~1800米地带。略耐半阴,耐干旱,不耐湿,耐贫薄土壤及干冷气候。在气候温凉、土层深厚、肥润的钙质土和黄土上生长良好。

白皮松为常绿乔木,高达30米,有明显主干,树冠尖塔形,树皮呈淡褐色,不规则鳞片状脱落,

白皮松美姿

白皮松树丛

露出白色内皮,小枝平滑细长,灰绿色。针叶3针1束,粗硬,有细锯齿,针鞘脱落,叶背及腹面两侧均有气孔线。花单性,雌雄同株,雄球花卵圆形或椭圆形,花期4~5月。球果圆形,单生,成熟前淡绿色,熟时淡黄褐色,种子卵形,上部有短翅,种熟期翌年9~10月。

养 白皮松的繁殖

【播种繁殖】

白皮松播种一般在土壤解冻后的3月下旬至4月初为最好。播种前应进行层积或浸种催芽处理,选择排水良好、地势平坦、土层深厚的沙壤土地块为好。春、秋季播种,由于怕涝,应采用高床播种,宽幅条播或撒播。播前浇足底水,播后覆土1~1.5厘米,罩上塑料薄膜,可提高发芽率。待幼苗出齐后,逐渐加大通风时间,以至全部去掉薄膜。播种后幼苗带壳出土,约20天自行脱落,这段时间要防止鸟害。培育期间多移植几次。

【嫁接繁殖】

嫁接繁殖应将白皮松嫩枝嫁接到油松大龄砧木上。白皮松嫩枝嫁接到3~4年生油松砧木上,一般成活率可达85%~95%,且亲和力强,生长快。接穗应选生长健壮的新梢,其粗度以0.5厘米为好。

白皮松的养护管理

【定植管理】

幼苗期应搭棚遮阴,防止日灼,入冬前要埋土防寒。小苗主根长,侧根稀少,故移栽时应少伤侧根,2~3年生的可以定植,大苗带土球移植,否则易枯死。

【肥水管理】

秋末,可于树盘内开放射状沟,埋入成捆的枝条,并施用有机肥或腐殖酸类肥料,每株50~150千克,埋土后浇水。白皮松幼苗期应以基

白皮松翠枝

白皮松雄球花

肥为主,追肥为辅。从5月中旬到7月底的生长旺期进行2~3次追肥,以氮肥为主。生长后期停施氮肥,增施磷、钾肥,以促进苗木木质化,还可用0.3%~0.5%磷酸二氢钾溶液喷洒叶面。平时不宜多浇水,春季干旱时可浇水2~3次,11月中旬灌冻水。

【光照温度】

白皮松喜光，但幼苗较耐阴，去掉薄膜后应随即盖上遮阳网，以防高温日灼和立枯病的危害。

【病虫害防治】

对松苗立枯病的防治，要及时进行土壤消毒，每平方米用40%的福尔马林50毫升，加水4～6千克，浇灌苗床。松大蚜为害苗木嫩枝和针叶，易招致黑霉病，造成树势衰弱甚至死亡，可在为害初期喷50%的辛硫磷乳剂2000倍液。

【现存古树】

陕西西安温国寺白皮松，相传植于唐代。

山东曲阜颜庙白皮松，相传植于唐代，被认为是最古的白皮松。

北京戒台寺九龙松，位于戒台寺山门前，树冠高达18米，有九条银白色树干，故名九龙松。据记载是唐代武德年间种植，迄今已有1300余年。

北京北海公园"白袍将军"，位于团城，为两棵白皮松，树冠高达30多米。据记载是金代种植，迄今已有800多年。清代乾隆帝曾册封为"白袍将军"。

【观赏价值】

白皮松树姿优美，干皮斑驳美观，针叶短粗亮丽，是园林绿化传统树种，又是一个适应范围广泛、能在钙质土壤和轻度盐碱地生长良好的常绿针叶树种。白皮松在园林配置上用途十分广泛，它可以孤植、对植，也可丛植成林或作行道树，均能获得良好效果。矮小植株可作盆景观赏。

挺拔白皮松

盛景白皮松

【经济价值】

白皮松经济价值高，木材加工容易，花纹美丽、细腻，质坚，耐腐力强，一般供建筑、桥梁用及制家具、文具等。种子可食用或榨油。球果入药，能祛痰、止咳、平喘，主治慢性气管炎、哮喘、咳嗽。茎皮纤维制人造棉和绳索。白皮松也是濒危的国家II级重点保护野生植物。

榕树
—— 气根奇特独成林

学　名：*Ficus microcarpa* Linn. f.

别　名：小叶榕、细叶榕、成树、榕树须

科　属：桑科，榕属

榕树主产华南。榕树喜温暖湿润、光照充足环境，耐瘠薄和水湿，耐半阴，不耐寒。对土壤要求不严，适宜肥沃、排水良好的微酸性沙壤土。不耐旱，怕烈日曝晒。耐修剪，耐移植，根系发达，气根入土可发育成支柱根。榕树株形优美，气生根奇特，是制造桩景的优良材料，华南地区常用作行道树及庭园绿化树。

榕树为常绿大乔木，树冠阔卵形至扁球形，树皮深灰色，老树有褐色气根。单叶互生，倒卵形至椭圆形，全缘或波状，叶薄革质，亮绿色。花单性，雌雄同株，隐头花序单生或成对腋生，花期5～6月，瘦果近球形，紫红色，果熟期8～10月。

榕树美姿

榕树盆栽

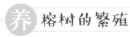

养　榕树的繁殖

【扦插繁殖】

榕树多在雨季于露地苗床上进行嫩枝扦插，成活率可达95%以上。北方可于5月上旬采一年生充实饱满的枝条在花盆、木箱或苗床内扦插。即将枝条按3节一段剪开，保留先端1～2枚叶片，插入素沙土中，庇荫养护，每天喷水1～2次以提高空气湿度，要注意防风，20天后可陆续生根，45天后可起苗上盆。

【压条繁殖】

为了培育大苗，可利用榕树大枝柔软的特性进行压条。先在母株附近放一个大花盆，装上盆土，然后选择一根形态好的大侧枝拉弯下来埋入花盆，上面压上石块，入土部分不用刻伤也能生根，2个月后将它剪离母体，即可形成一棵较大的盆栽植株。也可在母株的树冠上选择几根很粗的侧枝进行高压繁殖，不但成形快，操作也比较简单。

榕树的养护管理

【肥水管理】

春夏两季多浇水，秋冬减少浇水量。采用疏松、通气性好的腐叶土，也可配制培养土，通常的配制比例为园土：腐殖土：沙为2：2：1。盆景上面上方最好放置与盆大小一致的苔藓，这样一来是美观，二来对排水透气起到很好的作用。

【光照温度】

适宜生长温度20～30℃，昼夜温差相差10℃以上极易落叶死亡。平时要注意放在通风透光的

榕树盆景

挺拔榕树

地方，在夏季时要注意适当的遮阴。在北方地区，冬天进入温室养护管理。生长季节每10天追施1次充分腐熟的大豆饼肥水，2～3年换盆1次，换盆同时进行修剪，促生分枝。

【修剪摘心】

生长旺季要对植株进行摘心和抹芽，秋季进行1次大的修剪，此后不进行修剪，因为植株冬季生长较慢，不宜在冬季修剪。榕树的修枝应由专人来做，剪去徒长枝、并生枝、病弱枝、交叉枝等让其整体产生层次美。

【病虫害防治】

榕树虫害主要有蚜虫、红蜘蛛、介壳虫等。用氧化乐果喷洒叶片或50%亚胺硫磷可湿性粉剂1000倍溶液喷杀。用0.1%洗衣粉水或风油精水也很有效。

咏

【故事传说】

北宋福州太守张伯玉，字公达，北宋天圣二年进士。他爱民勤政，兴学育才，作出很大成绩。治平二年，伯玉移至福州，即令编户浚沟七尺，植榕绿化。数年后，"绿荫满城，暑不张盖"，伯玉植榕声

名盛极一时。

【观赏价值】

　　榕树可以形成独树成林的园林景观。许多榕树有开展的树冠、浓密的树阴，一直是传统的庭院植物，如高榕、菩提树、垂叶榕、榕树等。经过多年培育，目前榕树已有十多个园艺品种。

榕树盛景

水养榕树

【药用价值】

　　榕树以叶和气根入药。全年可采，晒干应用。榕树叶味微苦、涩，性凉，有清热、解表、化湿的功效，可用于流行性感冒、疟疾、支气管炎、急性肠炎、细菌性痢疾、百日咳。气根可发汗、清热、透疹，用于感冒高热、扁桃体炎、风湿骨痛、跌打损伤。榕树皮用于泄泻、疥癣、痔疮。榕树果用于臁疮。榕树胶汁用于目翳、目赤、瘰疬、牛皮癣。

袖珍椰子
—— 姿态秀雅株如伞

学　名：*Chamaedorea Elegans*
别　名：矮生椰子、袖珍棕、矮棕
科　属：棕榈科，袖珍椰子属

　　袖珍椰子原产墨西哥、危地马拉，近年来世界各地均有盆栽种植。袖珍椰子性喜高温、高湿、荫蔽的环境条件，耐阴性强，在烈日下其叶色会变淡或发黄，并会产生焦叶或黑斑，失去观赏价值。生长适宜的温度为20～30℃，温度为13℃左右时进入休眠。要求排水良好、肥沃、湿润的土壤。

　　袖珍椰子为常绿灌木。袖珍椰子株形似热带椰子树，植株比较矮小，一般为1～2米高。茎细长，直立，深绿色，上具不规则环纹。羽状复叶，小叶细长，披针形，20～40片，叶片深绿色，具光泽。3～4年开花，花小，鲜橙红色。雌雄异株，肉穗花序直立。小浆果卵圆形，熟时橙红色。

袖珍椰子翠叶

袖珍椰子盆栽

养 袖珍椰子的繁殖

【播种繁殖】

　　播种袖珍椰子时，对于用手或其他工具难以夹起来的细小种子，可以把牙签的一端用水沾湿，把种子一粒一粒地粘放在基质的表面上，以沙质土为好，覆盖基质1厘米厚，然后把播种后的花盆放入水中，水的深度为花盆高度的1/2～2/3，让水慢慢地浸上来，气温保持在24～32℃条件下，90～100天内即可发芽。

【分株繁殖】

　　选用草炭、珍珠岩混合基质，用口径为15～20厘米的塑料花盆，盆底加陶沙粒作为排水层。在春季植株进入生长期之前结合换盆对老株进行分株，定植于上述混合基质的花盆里，每盆栽3～4株。

【压条繁殖】

环割愈伤处理1周以后，取塑料薄膜包住环剥处，环剥处的下部用绳扎紧，内填以水湿适度的苔藓拌土，然后将上口也予扎紧。一般每10天左右补给1次水分，补给2~4次，约1个月左右即可见到生根了。生根后，择晴好天气将插穗剪下，即可如原母株一样进行正常管理了，新植株将带来新的活力。

水养袖珍椰子

袖珍椰子花丛

袖珍椰子的养护管理

【肥水管理】

5~9月正值夏季，袖珍椰子生长旺盛，要加大浇水量，并应经常向植株叶面及周围地面喷水，提高空气湿度。冬季室内温度在13℃左右时植株进入休眠，要减少浇水量，但盆土也不能过干。浇水要掌握宁湿勿干的原则，常年保持盆土湿润。盆土用微酸性的培养土即可。在生长期每个月可给植株施1次复合肥。每隔半个月施1次稀释的液体氮肥。秋天少施或停止施肥。

【光照温度】

袖珍椰子喜半阴，在强烈阳光下叶色会枯黄，如果长期放置在光照不足之处，植株会变得瘦长。所以要将袖珍椰子放在有散射光线的室内北向或东向窗台处培养。生长适宜的温度为20~30℃，冬季温度一定要保持在10℃以上才能安全越冬。

【病虫害防治】

袖珍椰子在高温高湿环境中易发生褐斑病、白粉虱，应及时用800~1000倍液的托布津或百菌清防治。在空气干燥、通风不良时也易发生介壳虫，除可用人工刮除外，还可用800~1000倍液的氧化乐果喷洒防治。

赞

【观赏价值】

袖珍椰子小巧玲珑，姿态秀雅，叶色浓绿光亮，耐阴性强，是优良的室内中小型盆栽观叶植物。可摆放在房间拐角处或置于茶几上，能使房间呈现出一派热带风光。现多用于装饰客厅、书房、会议室、宾馆服务台等室内环境，流行于世界各地。

【经济价值】

袖珍椰子能吸收空气中的苯、三氯乙烯和甲醛，是植物中的"高效空气净化器"。非常适合摆放在室内或新装修好的居室中。

袖珍椰子盆景

盛景袖珍椰子

鹅掌柴
——饱满翠叶净空气

学　名：*Cycas revoluta* Thunb.
别　名：鸭脚木
科　属：五加科，鹅掌柴属

识

鹅掌柴原产于大洋洲和我国广东、福建等地亚热带雨林，日本、越南、印度也有分布。现广泛植

鹅掌柴翠叶

鹅掌柴花丛

于世界各地。鹅掌柴喜光，属阳性植物，也较耐阴，喜空气湿度大，适宜生长在土层深厚、肥沃的酸性土壤中，也稍耐瘠薄，不耐寒。鹅掌柴是很好的室内盆栽观赏花卉，可放在光照较差的环境下，布置门厅、大厅等。叶子还是很好的插花配料。

鹅掌柴为常绿乔木或灌木，盆栽一般株高1～2米。掌状复叶，互生，革质，油绿色，有光泽，有明显的脉纹。小叶5～8枚，叶柄长约4厘米，叶椭圆形或倒卵状椭圆形，全缘。圆锥花序，棒状顶生。初开的花为绿色，渐为淡粉色，最后成浓红色，有清香气味，淡雅宜人。小干果暗紫色。本种有很多园艺变种，常见的有矮生鹅掌柴（株形小而密集）、黄绿鹅掌柴（叶色为黄绿色）、亨利鹅掌柴（叶片较大，而杂存黄色）、花叶鹅掌柴（叶片有不规则的黄、白斑，呈花叶状，比普通鹅掌柴的观赏价值更高，是比较难得的品种）。

 鹅掌柴的繁殖

【播种繁殖】

种子繁殖是将前1年12月采收的种子收藏到翌年春季4～5月室内盆播，在温度20～25℃、比较湿润的环境下，播后15～20天发芽，生长迅速。在苗高5～7厘米时移植1次，以促进根系生长，来年可定植。

【扦插繁殖】

土插：鹅掌柴扦插在4～9月进行。剪取1～2年生的顶端嫩枝条，并带有2～3个节，去掉下部叶片，立即插入事先准备好的经过消毒的沙质插床上。保持插床基质湿润，温度保持在25℃时，1～2个月就可生根。生根后直接上盆。初上盆时，要有一段短时期的遮阳。

水插：将剪下的长8厘米的插穗下端剪成平口，只留顶端3～4片叶片。容器灌满清水后，将插穗插入容器，设法使其悬在水中，不可触及容器壁或底部。用透明塑料袋把插穗罩好，置于散射光处，室温保持在15～25℃。当插穗底部长出1～2厘米长的白根时可移入更美观的玻璃容器或透明塑料容器内进行水培。

鹅掌柴的养护管理

【肥水管理】

夏季需要增加浇水量，并要经常用细孔喷壶喷洒植株叶面，增加空气湿度，保持叶面清洁。冬季减少浇水量。夏季生长期间，每月施1次肥，可施用腐熟的豆饼水和牲畜蹄片水。每年春天换1次盆，结合换盆施1次基肥，盆底垫些碎瓦片有利于排水。

【光照温度】

鹅掌柴虽是阳性植物，但夏季在室外要遮阳，不能放置在强烈阳光下，秋季可增强光照。冬天应放置

水养鹅掌柴

鹅掌柴花姿

在室内有阳光处，尤其花叶鹅掌柴，光照太弱，叶面上的黄、白色斑纹会消失。鹅掌柴喜温暖、湿润，温度在12℃以上时，才能安全越冬，温度过低会落叶，影响观赏。

【修剪整形】

鹅掌柴易萌发徒长枝，平时要注意整形修剪，以促进侧枝萌生，保持良好的株形。幼株进行疏剪和轻剪，以造型为主。老株体形过于庞大时，可结合换盆进行重剪，剪除大部分枝条，同时也需将根部切去一部分，重新盆栽，使新叶萌发。

鹅掌柴主要有叶斑病和炭疽病危害，可用10%抗菌剂401醋酸溶液1000倍液喷洒。若放置在通风不畅的地方，易受介壳虫危害，可用40%氧化乐果乳油1000倍液喷杀。另外，红蜘蛛、蓟马和潜叶蛾等危害鹅掌柴叶片时，可用10%二氯苯醚菊酯乳油3000倍液喷杀。

【观赏价值】

鹅掌柴春、夏、秋也可放在庭院庇荫处和楼房阳台上观赏，也可庭院孤植，是南方冬季的蜜源植物。盆栽布置客室、书房和卧室，具有浓厚的时代气息。大型盆栽植物，适用于宾馆大厅、图书馆的阅览室和博物馆展厅摆放，呈现自然和谐的绿色环境。

【药用价值】

鹅掌柴根皮味涩，性平。可治酒病，洗烂脚，敷跌打，十蒸九晒，浸酒祛风。

常用验方如下。

① 治红白痢疾：鸭脚木根皮去外皮，洗净，一蒸一晒，用200克，水煎服。

② 治风湿骨痛：鸭脚木根皮300克，浸酒500克。日服2次，每次25～50克。

鹅掌柴盆景

鹅掌柴盛姿

山影拳

—— 怪石奇峰层叠起

学　名：*Cereus sp.f. monst*
别　名：山影、仙人山
科　属：仙人掌科，仙人柱属

山影拳原产南美阿根廷、巴西、秘鲁、乌拉圭，现世界各地广泛种植。山影拳性喜温暖、通风、阳光充足的环境，耐干旱，忌水湿，略耐阴。对土壤要求不严，适宜排水良好的沙壤土。山影拳在肥料充足时肉质茎会徒长成长柱形，导致植株参差不齐，形状不平整，失去观赏价值。施肥过多也容易烂根，因此一般不需要施追肥，每年换盆时，在盆底放少量碎骨粉作基肥即可。

山影拳翠茎

山影拳花姿

山影拳为多肉多浆植物，株高约30厘米，茎呈柱状，暗绿色，有长短不齐的分枝，直立，顶端钝，有5～8条棱，刺座螺旋状排序，有8～9枚褐色刺。花单生于刺座上部，花大型喇叭状或漏斗形，白色、粉色或红色，夜开昼闭，一般20年以上的植株才能现蕾开花，花期夏季。果红色或黄色，可食用，种子黑色。

【扦插繁殖】

山影拳很容易繁殖，一般用扦插法繁殖。在春、夏季切取带有茎顶的小变态茎段约10厘米长，带3～4个叶节，于半阴处晾晒1～2天，待切口收干，插入湿润盆土中，插后暂不浇水，可适当喷一些水保持湿润。只要基质不过分干燥或水渍，维持温度在14～23℃的条件下，3周左右插穗即可生根和长出新芽。在晚春至早秋气温较高时，插穗极易腐烂，最好不进行扦插。

山影拳的养护管理

【肥水管理】

用掺入1/3粗沙和碎砖屑的沙质壤土作培养土。早春换盆时在每个盆底施约25克骨粉作基肥，生长季节可以每月浇1次0.2%的硫酸亚铁液。生长季节每周浇水1次，冬季则采取不干不浇的办法。

炫丽山影拳

山影拳盆栽

【光照温度】

夏季放在半阴处养护，或者给它遮阴50%时，叶色会更加漂亮。在冬季，放在室内有明亮光线的地方养护。最适生长温度为15～32℃，怕高温闷热，在夏季酷暑气温33℃以上时进入休眠状态。忌寒冷霜冻，越冬温度需要保持在10℃以上，在冬季气温降到7℃以下时进入休眠状态，如果环境温度接近4℃时，会因冻伤而死亡。

【病虫害防治】

山影拳容易受到锈病、红蜘蛛、介壳虫的侵害，要注意改善通风状况。防治红蜘蛛可在发生时喷洒哒螨灵、唑螨酯等，介壳虫可人工剔除或用机油乳剂50倍液喷杀，锈病可用50%萎锈灵可湿性粉剂2000倍液抹擦病患处。

【观赏价值】

山影拳肋棱短缩而不规则，长成参差不齐的岩石状，形似怪石奇峰，株形优美，层叠起伏，似山石而有生命，虽是植物表现的却是山石盆景的意境。宜盆栽，用于装饰厅堂、几案、书室或窗台等处，高雅脱俗，效果独特。

山影拳盆景

壮丽山影拳

芦荟
—— 功效强大姿态美

学　名：*Aloe vera*
别　名：油葱、狼牙掌、苦油葱、草芦荟、龙角
科　属：百合科、芦荟属

芦荟原产南非和亚洲西南部。我国云南南部有野生，一般于室内栽培。芦荟喜阳光充足、温暖、秋冬干燥和春夏湿润环境，抗旱，不耐阴，生长期间稍湿，休眠期宜干。喜肥沃、排水良好的沙质壤

土。芦荟适于盆栽，置于室内摆设于厅堂供观赏。其根、叶、花均可入药。

芦荟翠叶

芦荟花丛

芦荟为多年生肉质、高大多浆草本植物，体形奇特。叶基出，具有高莲座状的簇生叶，呈螺旋状排列，披针形，绿色，叶片肥厚狭长，多汁，边缘有刺状小齿。夏、秋季开花，总状花序自叶丛中抽出，小花密集生于花茎上部，花梗长，花管形，橙黄色并具有红色斑点，极为醒目。很少结实。

养 芦荟的繁殖

【扦插繁殖】

芦荟扦插时利用不带根芦荟主茎和侧枝的下端可以发生不定根的特性，分离繁殖芦荟新的植株，这对于分枝发达和茎节容易伸长的品种特别适宜。在去除顶芽以后，侧芽迅猛地发育，长成的很多分枝可以用作扦插繁殖材料。芦荟扦插可以露地进行，也可以在大棚保护地或温室内进行。露地扦插可以利用露地床进行大量繁殖，依季节不同，可以适当地采取塑料覆盖保护或荫棚遮阴等措施，促进芦荟枝条发根和不定芽产生，以提高扦插苗的成活率。

【分株繁殖】

分株繁殖在芦荟整个生长期中都可进行，但以春秋两季作分株繁殖时温度条件最为适宜。春秋分株繁殖的芦荟新苗返青较快，易成活，只要床土保持良好的通气透水状态，芦荟分株苗很快可以恢复生长。将过密母株结合换盆进行分株栽植，分株时尽量使每个植株上多带些根，若有无根的植株先将其放置一两天后，再插入沙质混合基质中，形成独立生活的芦荟新植株。

芦荟的养护管理

【定植管理】

芦荟于春季3~4月或秋季9~11月均可定植，用10~20厘米高的分株苗或扦插苗，每畦种2行，每穴栽1株。定植时将根舒展，覆土压紧，如土壤干燥时需浅水定根，并用小树枝做临时遮阴。

【肥水管理】

夏季需半阴通风，勤浇水而不积水，其余季节适当控制水分以免引起根腐病。2~3年换盆1次，一般在4月进行，盆土以1份腐殖质土、1份园

芦荟盆栽

芦荟花姿

土、1份粗河沙加少量腐熟的禽肥及骨粉混合配制。上盆后缓苗期尽量少浇水。为了促进植株的生长，要及时施肥，以腐熟有机肥为主结合化肥。每年施化肥3~4次。

【光照温度】

芦荟是热带、亚热带喜光植物，生长要求有充足的阳光、空气。芦荟喜温怕冷，当气温降低至15℃时即停止生长，降至0℃以下时开始死亡，冬季温室温度不低于5℃即可安全过冬。

【病虫害防治】

芦荟褐斑病防治，在苗期喷洒77%可杀得可湿性粉剂或75%百菌清可湿性粉剂1000倍液，每15~20天喷1次，1年内喷3~4次。叶枯病发病初期喷洒27%铜高尚悬浮剂600倍液或75%达科宁（百菌清）可湿性粉剂600倍液。发生介壳虫、红蜘蛛时注意要改善通风状况，防治介壳虫可人工剔除或用机油乳剂50倍液喷杀。

【花语寓意】

芦荟花语：自尊又自卑的爱。

芦荟中的"芦"字原意是黑的意思，"荟"则是聚集的意思。其名字的由来为芦荟叶子的汁液是黄褐色的，遇到空气会氧化变成黑色，因而得名。

赞

【药用价值】

芦荟味苦，性寒。有泻火、解毒、化瘀、杀虫的功效。主要用于治疗目赤，便秘，白浊，尿血，小儿惊痫，疳积，烧烫伤，妇女闭经，痔疮，疥疮，痈疖肿毒，跌打损伤。

注意：孕妇忌服，脾胃虚弱者禁用。

常用验方如下。

① 去瘀散毒：芦荟叶和盐捣烂，敷疮即可。

② 蜂螫伤：鲜芦荟叶适量，捣烂敷于患处。

③ 治轻度汤火烫伤：鲜芦荟叶，以冷开水洗净，挤汁遍涂伤部，日涂2～3次。

④ 外伤出血：芦荟研成细粉，取少许，撒于伤口处。适用于外伤出血。

挺拔芦荟

炫美芦荟

【美容价值】

芦荟中含有的多糖和多种维生素对人体皮肤有良好的营养、滋润、增白作用，还有解除硬化、角化、改善伤痕的作用，同时还可以治疗皮肤炎症，对粉刺、雀斑、痤疮以及烫伤、刀伤、虫咬等亦有很好的疗效。

常用方法如下。

① 芦荟面膜：用鲜叶汁早晚涂于面部，保留15～20分钟，洗净。坚持下去，会使面部皮肤光滑、白嫩、柔软，还有治疗蝴蝶斑、雀斑、老年斑的功效。

② 芦荟化妆水：取汁，加少许水即可涂于面部美容。

③ 芦荟润肤膏：芦荟叶250克、黄瓜1条、鸡蛋1个、面粉和砂糖。将芦荟叶片、黄瓜洗净分别弄碎，用纱布取汁。鸡蛋打到碗内，再放入1小匙芦荟汁、3小匙黄瓜汁、2小匙砂糖并充分搅拌混合。加入5小匙左右的面粉或燕麦粉，调成膏状。将润肤膏均匀敷在整个脸上，然后，眼、嘴闭合，使面部肌肉保持不动，40～50分钟后，用温水洗脸。每周坚持1～2次。

龙舌兰

—— 株高叶挺终年翠

学　名：*Agave americana*

别　名：龙舌掌、番麻

科　属：龙舌兰科，龙舌兰属

识

龙舌兰原产美洲墨西哥沙漠地带，在我国华南有野生。龙舌兰喜阳光充足、冷凉干燥环境，不耐阴，不耐寒。气温在5℃以上时可露地栽培。喜肥沃、湿润、排水良好的沙质壤土。生长十几年后，自叶丛中抽出高大的花茎，顶生无数花朵。只有异花授粉时才能结实。

龙舌兰为多年生常绿草本植物。植株高大，茎短。叶披针形，灰色或蓝绿色带白粉，肉质肥厚，先端有尖刺，边缘有锯齿，基部簇生排列成莲座状。根据叶面所带条纹颜色及叶形状又有金边龙舌兰（叶缘带黄色条纹）、绿边龙舌兰（叶缘为淡绿色）、银边龙舌兰（叶缘呈白色或淡粉红色）、狭叶龙舌兰（叶窄、中心带奶油色条纹）、金心龙舌兰（叶中央带淡黄色条纹）等变种。一般生长十余年后自叶丛抽出高大花茎，穗状或总状圆锥花序顶生，花多，淡黄或黄绿色，肉质。蒴果球形。

龙舌兰美姿

龙舌兰花丛

 龙舌兰的繁殖

【分株繁殖】

　　龙舌兰易生蘖芽，因此主要采用分株或分根繁殖。春秋季结合翻盆切取母株旁萌生的幼苗上盆，或切取带有4～6个吸芽的根茎栽植，或花后摘取花序上的不定芽长成的植株栽植。如果萌蘖苗没有生根，可插在沙土中生根后再栽入盆中。

【播种繁殖】

　　龙舌兰要通过异花授粉才能结果，采种后于4～5月播种。种子发芽的最佳温度：夜间为15℃以上，白天为30℃左右。播后要在盆面盖上透明的玻璃片进行保温保湿，播后约2周发芽，幼苗生长缓慢，成苗后生长迅速，10年生以上老株才能开花结实。

龙舌兰的养护管理

【肥水管理】

　　以每年施肥1次为宜，切勿经常喷洒肥料，否则容易引起肥害。生长期间必须给予充分的水分，才能使其生长良好。除此之外，冬季休眠期中，龙舌兰不宜浇过多的水，否则容易引起根部腐烂。注意通风，浇水时从盆子边缘慢慢注入，以免烂叶。

【光照温度】

　　光照：龙舌兰喜日照充足的环境，若环境中的阳光不够充足时，常会使植株生长不良。龙舌

炫丽龙舌兰

龙舌兰盆栽

兰盆栽室内越冬，在春夏时节移至室外光线好的地方养护。

　　温度：龙舌兰生长的适宜温度是15～25℃，冬季停止生长时，温度保持在5℃左右即可。每年春季换1次盆，换盆时除去死根。

【病虫害防治】

　　龙舌兰常会受到介壳虫危害，可喷40%氧化乐果乳油1000～1500倍液，每10天喷1次，连续喷几次，即可控制，或用80%敌敌畏乳油1000倍液喷杀。平时注意通风可减少虫害发生。发生叶斑病、炭疽病和灰霉病，可用50%退菌特可湿性粉剂1000倍液喷洒。

咏

【花语寓意】

　　龙舌兰花语：为爱付出一切。

【观赏价值】

　　龙舌兰叶片挺拔美观，终年翠绿，株形高大，常盆栽陈设于厅堂或庭园观赏，也可做五色草花坛的顶子。栽植在花坛中心、草坪一角，可增添热带景色。

【药用价值】

　　龙舌兰可药用。随时可采，鲜用或晒干。味甘、微辛，性平。有润肺、化痰、止咳的功能。主要用于治疗虚劳咳嗽、吐血、哮喘等症。

　　注意：龙舌兰的汁液有毒。皮肤过敏者接触汁液后，会引起灼痛、发痒、出红疹，甚至产生水泡；对眼睛也有相当的毒害作用。

金边龙舌兰

水养龙舌兰

【经济价值】

　　墨西哥人用榨干汁液的龙舌兰根茎废料造纸，造出的"龙舌兰纸"颇似我国古代泛黄的树皮纸，墨西哥人还用龙舌兰的芽来制造绳子、箱子、网、桌布等。

吊金钱

—— 茎蔓绕盆飘然垂

学　名：*Ceropegia woodii*
别　名：腺泉花、吊灯花、可爱藤、鸽蔓花
科　属：萝藦科、吊灯花属

吊金钱美姿

吊金钱花丛

　　吊金钱原产印度、马来西亚以及非洲大陆，我国华南一带有露地栽培。吊金钱性喜温暖、阳光充足、气候湿润的环境，忌高温和土壤含水过多。吊金钱枝条下垂，蔓生，花姿飘然，适合做中小型盆花，是室内悬吊、摆放的极好盆栽花卉。因其叶、花小巧玲珑，适合近距离观赏。

　　吊金钱为多年生、多浆、蔓生草本植物。在土表露有近球形的块状茎，其上生长蔓状茎。蔓状茎细长，达数十厘米，下垂，节间长为2～8厘米，叶腋间有块状肉芽。叶心形或肾形，直径2厘米左右，肉质，厚而坚硬。叶面具白色、斑状花纹。叶对生，一对对的叶片像两个紧紧相连的心，在日本称此花为"恋之蔓"。花小、绿色，生于叶腋，由管状长箭形花瓣组成的花苞，带有紫色斑点，花瓣顶部连在一起，形状很像小灯笼。花盛开时，花瓣张开，又似一把把张开的小伞，十分别致。只要温度适宜，从春至秋都可开花。

养 吊金钱的繁殖

【扦插繁殖】

　　吊金钱扦插的季节，除冬季低温不宜外，春夏秋三季均可进行，尤以3～5月最为适宜，此时扦插的幼苗翌年即可定植。老枝和嫩枝均可用作繁殖材料，但以1～2年生枝条的成苗率最高。插穗剪成10厘米左右长，可不经任何处理，剪后即插入沙床或蛭石床内，经常保湿，约1个月即可发叶发根，一般成活率可达80%以上。当插穗发根3～5条，根长3厘米左右时，即可移入圃地定植，注意浇水保湿，按常规育苗方法管理，翌年即可出圃。

吊金钱的养护管理

【肥水管理】

施肥：吊金钱每1～2年换1次盆，以早春换盆较好，换盆时在盆底先垫少量小石子，以利排水，然后放入蹄片或骨粉作基肥。栽培土壤用排水良好的一般培养土即可，也可用粗沙6份、泥炭土4份配制而成的粗沙土栽培。生长旺季每隔半个月左右施1次稀薄液肥或花肥。

吊金钱花姿

吊金钱盆栽

浇水：吊金钱在生长季节浇水要间干间湿，浇水不能过多以免肉质茎腐烂，以保持盆土湿润为宜。夏、秋季节隔2～3天浇1次水，春季每隔3～5天浇1次水，冬季气温降低时，要停止施肥并控制浇水，每周浇水1次即可。

【光照温度】

光照：吊金钱虽性喜阳光充足，在半阴的条件下也能生长得很好，在室内挂在南向的窗前，或放在半阴的高处栽培。

温度：吊金钱生长需要较温暖的环境，春季、夏初及秋末是其生长季节，生长适温为18～25℃，越冬温度不得低于10℃。夏季气温较高生长缓慢或停止生长。

【病虫害防治】

吊金钱生长健壮，一般不发生病虫害。空气湿度不够或盆土较长时间处于干燥状态时，易引起叶片干尖或落叶，甚至全株干枯。

【花语寓意】

吊金钱形似一串串金钱，更像一条条带有心形坠子的"项链"，因其叶子两两相对，故有"心心相印"的美称，又有"爱之蔓"的雅名，因而在国外成为青年表达爱意的盆花礼品，成为传递爱情的纽带。

【观赏价值】

吊金钱是观叶、观花、观姿俱佳的花卉。多作吊盆悬挂或置于几架上，使茎蔓绕盆下垂，飘然而下，密布如帘，随风摇曳，风姿轻盈。吊金钱常用塑料吊盆栽植，悬于门侧、窗前，茎蔓随风飘摆，十分有趣。用陶瓷盆栽植置于室内墙角、高花架上或书柜顶上，其茎蔓下垂，可长达150厘米，飘洒自如，十分惹人喜爱。亦可用金属丝扎成造型支架，引茎蔓依附其上，做成各种美丽图案，实是极佳的装饰盆花。

吊金钱翠叶

【药用价值】

吊金钱可入药，夏、秋采收。味酸，性平。有清热解毒的功效。主治无名肿毒，骨折。

项链掌

学　名：*Senecio rowleyanum*
别　名：绿串珠、翡翠珠、绿铃
科　属：菊科、千里光属

—— 晶莹可爱串串珠

项链掌美姿

项链掌原产于西南非，是我国近年来从国外引进的花卉新品种。项链掌生性强健，性喜温暖及充足的光照，耐干旱，忌高温、潮湿。冬季喜欢较冷凉而又干燥的环境。生长适温为15～22℃，宜排水良好的沙质土壤。

项链掌是多年生肉质、多浆草本植物。具有细长的蔓性茎，匍匐生长。若悬垂吊挂栽培，茎上生长的肉质小圆叶宛如豆粒，绿色中还带有一透明的条纹，极像翡翠项链，因而得名。小花白色，带有紫晕，花期不定，多见于秋季。

 项链掌的繁殖

【扦插繁殖】

项链掌繁殖非常容易，细长的枝条只要一接触到土壤就会长出新根，将已生根的茎段切下，上盆即可。或者剪取一段约5厘米长的茎段，斜插于沙壤土中，插后浇透水，把盆放于通风良好的半阴处，保持土壤湿润即可。繁育项链掌唯一应注意的是保持干燥，切割下来的茎段放几天后再扦插，半个多月就可生根成活。生根的最适温度为15～22℃，所以春秋两季扦插最为适宜，也极易成活。

项链掌的养护管理

【肥水管理】

施肥：对肥料的需求量不大，生长季节每2个月浇施1次稀薄肥水。栽培要求土壤疏松，可用配制的轻松培养土，每年最好在春季换1次盆。在栽培过程中，可以不再施肥，因新盆土的养分已足够用。

项链掌花丛

浇水：因项链掌是多浆植物，所以栽培的关键问题是要掌握好浇水量，宁干勿湿，即使是夏季，也要少浇水，每5天浇1次水也就足够了。特别在高温、高湿季节，更要控制浇水。为防夏季长期受到雨淋，应放置在室内通风良好的半阴处栽培，以防造成肉质叶脱落，腐烂。

【光照温度】

光照：项链掌喜欢生长在温暖、阳光较充足的地方，特别是生长期要有充足的阳光，春季、晚秋及冬季，应放在室内有充足光照的地方，以防止徒长，以免影响观赏价值。

温度：冬季室温保持在10℃以上。若冬季室温在10℃以下，可以不浇水，但最低温度不能低于5℃。

【病虫害防治】

在低温条件下，空气湿度过大或土壤水分过多，都容易发生介壳虫，可喷40%氧化乐果乳油1000～1500倍液防治。

 赞

项链翠珠

【观赏价值】

项链掌适宜做小型盆栽，或摆于书桌几案，或置于室内高处，或悬吊观赏，如绿色珍珠，晶莹可爱。

观

果　花木篇

天门冬
——四季青翠叶繁茂

学　名：*Asparagus cochinchinensis*
别　名：天冬草、刺文竹、武竹、玉竹
科　属：百合科，天门冬属

识

天门冬原产南非，现我国各地多有栽培。天门冬喜温暖湿润、半阴半阳的环境，盛夏忌烈日曝晒和干旱，不耐寒。喜疏松、排水良好、肥沃的黏质或沙质壤土。生长适宜温度为15～25℃，越冬温度为5℃。

天门冬为多年生、蔓生常绿草本植物。茎基部木质化，丛生，柔软下垂，细长多分枝，下部有刺。小枝十字状对生，菱形有3～5沟。叶退化为细小鳞片状或刺状，黄绿色扁平，3～4枚轮生。夏季开花，花小，白色或淡红色，2～3个丛生有香气。浆果鲜红色圆形，很美丽，种子黑色。

天门冬美姿

养　天门冬的繁殖

【播种繁殖】

天门冬春季播种，采下的果实用水浸泡搓去果皮，取出种子，晾干。将种子均匀点播于装有沙或素土的浅盆内，土温在15℃以上，1个月左右发芽出土。苗长到10厘米时，分株装小盆，盆土用轻松培养土，上盆缓苗后进行正常抚育管理。

【分株繁殖】

结合春季和秋季换盆进行，将植株从盆中扣出，根据植株大小以3～5芽一丛为标准分割成数株上盆栽植，浇透水后放于荫蔽处养护。盆栽培养土可用腐叶土。盛夏要适当遮阴，避免曝晒，4～5月或9～10月根系伸展到盆边时要换盆。

天门冬的养护管理

【肥水管理】

在夏季气温高时，浇水应适当多些，但不能过湿，更不能积水，以免水多烂根。冬季宜保持盆土不干，盆土过干根系吸收水分受阻。盆土过干过湿都能引起茎叶发黄。成株盆栽用土排水要好，生长季节一般每半月施1次腐熟的稀薄液肥。

炫丽天门冬

天门冬花姿

【光照温度】

天门冬既喜阳，又忌烈日直晒，光线过强叶易焦黄。在半阴的环境下栽培，叶才能鲜绿而有光泽，但如果长期放置在室内阴暗处，茎叶也易变枯黄，所以每隔一段时间就应把花盆移到光线明亮处，使其复壮后再放回散射光处。

【病虫害防治】

发生红蜘蛛时喷0.2～0.3波美度石硫合剂，每周1次，连续2～3次。蚜虫为害初期，可用40%乐果1000～1500倍稀释液或灭蚜灵1000～1500倍稀释液喷杀。天门冬根腐病发病时做好排水工作，在病株周围撒些生石灰粉。

【观赏价值】

天门冬株形美观、四季青翠、枝叶繁茂，常作室内盆栽观赏，也是布置会场、花坛的边饰材料和切花的理想陪衬材料。

【药用价值】

天门冬的块根是常用的中药，味甘、苦，性大寒。归肺、肾经。上清肺热而润燥，下滋肾阴而降火。主治阴虚发热，咳嗽吐血，肺痿，肺痈，咽喉肿痛，消渴，便秘，小便不利。具体方法：10～20克煎汤内服，或熬膏入丸、散。注意：虚寒泄泻及外感风寒致嗽者忌服。

天门冬针叶

天门冬红绿果实

常用验方如下。

① 治疝气：鲜天冬25～50克（去皮）。水煎，点酒为引内服。

② 催乳：天冬100克。炖肉服。

③ 治扁桃体炎：天冬、麦冬、板蓝根、桔梗、山豆根各15克，甘草10克，水煎服。

④ 治嗽：人参、天门冬（去心）、熟干地黄各等分研细末，炼蜜丸，含化服之。

【保健价值】

大门冬、麦冬、雪梨汤：取大门冬、麦冬各10克，雪梨1个。雪梨洗净、去核、切片与大冬、麦冬、冰糖末同放瓦罐内，加水适量。大火烧沸，改用小火煲1小时即可。

天门冬与麦冬均为甘寒滋阴之品，雪梨富含膳食纤维、果胶，三者搭配，有滋阴润肺、润肤瘦身之功效。

五色椒
——叶翠果艳缤纷色

学　名：*Capsicum frutescens*
别　名：朝天椒、五彩辣椒、樱桃椒、佛手椒、观赏椒
科　属：茄科，辣椒属

五色椒原产南美洲热带，后作为观赏植物由哥伦比亚引入欧洲，现遍布世界各地。五色椒喜阳光充足和温暖、干燥环境，耐炎热，不耐寒，适宜肥沃、湿润、疏松的沙质土壤。

五色椒为多年生半木质植物，常作一年生栽培。株高30～50厘米，茎直立，多分枝，单叶互生，叶柄短，卵状披针形。花单生叶腋，或3～5朵聚生于枝顶，有梗，花白色，花期6～7月。浆

美艳五色椒

五色椒多彩果实

果球形、卵形或心脏形，直立，初时绿色逐步变白、紫最为红色、黄色，有光泽。果熟期8～10月。易自然杂交，常出现新变异。

【播种繁殖】

五色椒主要采用播种繁殖。可在3月播于室内苗床或盆播，也可在4～5月播于露地苗床，对播种用的基质进行消毒。保持土壤湿润，子叶展开后间苗，把有病的、生长不健康的幼苗拔掉，使留下的幼苗相互之间有一定的空间。

【扦插繁殖】

五色椒的扦插繁殖通常结合摘心工作，把摘下来的粗壮、无病虫害的顶梢作为插穗，直接用顶梢扦插。扦插基质采用中粗河砂，但在使用前要用清水冲洗几次。海砂及盐碱地区的河砂不要使用，它们不适合花卉植物的生长。在18～25℃的温度下适宜生根，否则生根困难或缓慢。

五色椒的养护管理

【肥水管理】

幼苗具3～4枚真叶时移植，10厘米高时可定植，盆土用腐殖土与细沙土各半配制，盆底放入20～50克蹄角片或10克复合化肥作底肥，生长期内每周应追施1次1∶5的蹄角片肥水稀释液或0.1%～0.5%的复合化肥溶液。5月底以前每天浇1次水，6～8月每天早晚各浇水1次，8月下旬以后一般1～2天浇1次水。雨季应移到避雨处，避免淋雨。

五色椒盆栽

盛景五色椒

【光照温度】

五色椒喜阳光充足的环境，可将五色椒放置于窗台或楼顶，除了夏日正午烈日之时需拿回庇荫处外，其他时间可让它尽情享受阳光，但需经常转盆，避免植株整体生长失调，影响观赏价值。五色椒的生长适宜温度为18～25℃。

【病虫害防治】

苗期发生疫病，应及时喷施或浇灌50%甲霜酮可湿性粉剂800倍液，或64%杀毒矾可湿性粉剂500倍液防治。绵腐病发病初期喷施70%普力克水剂400倍液，或15%土菌消450倍液防治。虫害主要是红蜘蛛危害，喷洒5%唑螨酯悬浮剂、15%哒螨灵乳油等除治。

【观赏价值】

五色椒叶色翠绿，果实五彩缤纷，色泽鲜艳，果形多姿，是秋季的优良观果花卉，可布置于花坛、花台、花境中，也可盆栽陈设于客厅、卧室或厨房，装饰效果非常好。

【药用价值】

五色椒全草入药，根茎性温，味甘，能祛风散寒，舒筋活络，并有杀虫、止痒功效。可治疗寒滞腹痛、呕吐、泻痢、冻疮、疥癣。根可治疗手足无力、肾囊肿胀；茎可除寒湿，逐冷痹、湿痹，散瘀血，主治风湿冷痛及冻疮等症。

五色椒美姿

炫丽五色椒

【实用价值】

① 五色椒的果实可食用，作调味品。它的营养价值相当高，富含多种维生素。

② 五色椒可杀灭黏虫、毛毛虫、红蜘蛛等。将新鲜的或晒干的五色椒50克，加水500克煮半小时，

晾凉后用其水喷洒被危害的植株即可。

③五色椒对空气中的二氧化硫和三氧化硫等有毒气体有一定的吸收和抵抗能力。

佛手
—金手拜佛四季青

学　名：*Citrus medica* L. var. *sarcodactylis* Swingle
别　名：佛手柑、手橘、五指橘、九爪木
科　属：芸香科，柑橘属

识

佛手果实

佛手结果盛状

佛手原产印度，在我国广东、四川丘陵地带多有分布。佛手为热带、亚热带植物，喜温暖湿润气候，喜阳光，好肥，耐阴，耐瘠，耐涝，不耐寒，怕冰霜及干旱。以雨量充足、冬季无冰冻的地区栽培为宜。适宜土质深厚、疏松肥沃、排水良好、富含腐殖质的酸性沙质壤土。最适生长温度22～24℃，越冬温度5℃以上。

佛手为常绿灌木或小乔木，枝叶开展，枝刺短硬，树干褐绿色，幼枝略带紫红色。单叶互生，长椭圆形，边缘有波状微锯齿，先端钝，叶腋有刺。花簇生于叶腋间，圆锥花序，白色带紫晕，花瓣5枚。果实冬季成熟，基部圆形，有裂纹，如紧握拳状或开展如手指状，呈暗黄色，具浓香味，果肉几乎完全退化。种子数颗，卵形，先端尖。花期4～5月。果熟期11～12月。

养　**佛手的繁殖**

【嫁接繁殖】

佛手多用嫁接繁殖。选枸橘作砧木进行靠接或切腹接。

靠接于8～9月上旬进行。砧木选茎粗2～3厘米、生长健壮的4～5年生植株，切去茎基部分枝，仅留一个分枝。再在切去分枝部位的一边向下削去一些皮层。然后选上一年春季或秋季发生的枝条作接穗，粗细和砧木相似，在接穗下部的一边亦削去下面的部分皮层，再将砧木的切面靠在接穗的切面上，使两面密合，中部用塑料薄膜缚紧，约1周后即能愈合。愈合后剪去接口以上的砧木部分。

切腹接法于3月上、中旬进行，在砧木地面以上5～7厘米处选光滑部分稍带木质部作斜切面，深1～1.5厘米。接穗要留2～3个芽，并将下端削成1～1.5厘米长的楔形，然后将砧木切口一边的形成层与接穗切面一边的形成层对齐，将接穗紧密地插入砧木的切口内，用塑料薄膜捆扎，一般半月后就愈合并抽芽生长。这时需松土除草。45～60天后，开始抽梢，此时需将包扎物除去，否则新梢易弯曲。

【扦插繁殖】

春季2～3月及秋季8～9月均可扦插，以秋季扦插最好。秋季扦插当年就可长根，第2年春季发芽后生长迅速。插时在畦上开横沟，沟距23～27厘米；按株距15～17厘米将插条插入沟内，切不可插倒。插后覆土压实，使先端一个芽苞露出土面，土干要淋水。

佛手盆栽

炫丽佛手

佛手　**215**

佛手的养护管理

【定植栽培】

扦插苗或嫁接苗培育1年后，幼苗高达50厘米时，即可定植。春秋两季都可定植，以2月气温开始转暖，新芽即将萌发时较好。栽苗必须栽正，须根向四面伸展，用细土壅根，向上轻提数次，使根与土壤紧接，再覆盖细土踩实，最后覆土稍高于地面。

【肥水管理】

施肥：以腐熟豆饼渣和少量骨粉混合作基肥。3月下旬至6月上旬每半个月施稀薄饼肥水1次，现蕾后停施。孕蕾期用0.2%磷酸二氢钾液喷叶面1～2次。坐果后可在每百克水中放入糖3～5克、草木灰3～4克、尿素0.4～0.5克，混合过滤去渣，每半个月喷洒树冠1次，连续喷2～3次。10月后结合浇水加施稀薄人粪尿，同时施腐熟的堆肥。

浇水：生长旺盛期要多浇水，高温和炎夏期间早晚各浇水1次，并适当喷水以增加空气湿度。秋后浇水量应减少，冬季以保持盆土湿润即可。开花、结果初期，浇水不宜太多。

【光照温度】

佛手不耐寒，较耐阴，过强光照会造成日灼或伤害浅根群。其生长适温为10～31℃，0℃以下需移入大棚越冬，43℃条件下仍能正常生长。

【修剪摘心】

将主干剪留15厘米，下面留3～5个腋芽，促其萌发壮枝，扩大树冠。当新梢长至5～8厘米时摘心，去顶芽和侧芽，以育成一定的树形，并促进其提前进入结果期。

【病虫害防治】

佛手6～7月易发生红蜘蛛，可喷洒1.8%农克螨乳油2000倍稀释液除治；发生蚜虫危害可喷洒25%亚胺硫磷1000倍稀释液除治。介壳虫可用40%乐果乳油1000倍液防治。炭疽病，用25%菌威乳油1000～1500倍液，或炭疽福美800倍液防治。

【观赏价值】

佛手叶色泽苍翠、四季常青。花朵洁白、香气扑鼻，一簇一簇开放，十分惹人喜爱。果实色泽金黄，形状奇特似手，千姿百态，让人感到妙趣横生。佛手挂果时间长，有3～4个月之久，可供长期观赏。

佛手美姿

盛景佛手

【药用价值】

佛手全身都是宝。根、茎、叶、花、果均可入药，味辛、苦、甘，性温，无毒；入肝、脾、胃三经。有健脾养胃、理气止痛的功效。可治疗胃弱气滞、食欲不振、消化不良、胁胀、痰咳、呕吐等病症。对老年人的气管炎、哮喘病有明显的缓解作用；对一般人的消化不良、胸腹胀闷，更有为显著的疗效。佛手可制成多种中药材，久服有保健益寿的作用。

常用验方如下。

①肝气郁结、胃腹疼痛：佛手10克，青皮9克，川楝子6克，水煎服。

②哮喘：佛手15克，藿香9克，姜皮3克，水煎服。

③老年胃弱、消化不良：佛手30克，粳米100克，共煮粥，早晚分食。

④恶心呕吐：佛手15克，陈皮9克，生姜3克，水煎服。

⑤白带多：佛手20克，猪小肠适量，共炖，食肉饮汤。

佛手不仅有较高的观赏价值、药用价值，还具有经济价值。因此被称为"果中之仙品，世上之奇卉"，雅称"金佛手"。

用佛手制成的各种药酒，芳香扑鼻、甘纯味美。用佛手制成的保健茶，获得国家专利，佛手保健茶含有人体所需的氨基酸、维生素及多种微量元素。佛手的果实还能提炼佛手柑精油，是良好的美容护肤品。佛手的花与果实均可食用，可做佛手花粥、佛手笋尖、佛手炖猪肠等，兼有理气化痰、舒肝和胃、解酒之功效。

冬珊瑚
——果圆叶绿姿态美

学　名：*Solanum pseudocapsicum* L. var. *diflorum*（Vell.）
别　名：珊瑚樱、珊瑚球、吉庆果、珊瑚豆、玛瑙球
科　属：茄科，茄属

识

冬珊瑚原产南美洲巴西，在我国见于河北、陕西、四川、云南、广西、广东、湖南、江西等地。冬珊瑚性喜温暖、湿润的环境，喜阳光，稍耐阴，耐寒力较弱，对土壤要求不严，但在疏松、肥沃、排水良好的微酸性或中性土中生长旺盛。耐高温，35℃以上无日灼现象。不抗旱，炎热的夏季怕雨淋、水涝。

冬珊瑚美果

冬珊瑚株丛

冬珊瑚为常绿直立小灌木，株高30～60厘米，多分枝呈丛生状，常作1～2年生栽培。单叶互生，狭长圆形至倒披针形，全缘或微呈波状，叶面无毛。花单生或稀成短蝎尾状花序，夏秋开花，花小，腋生，白色。浆果圆球形，单生，深橙红色，花后结果，经久不落。花期4～7月。果熟期10月。

养 冬珊瑚的繁殖

【播种繁殖】

冬珊瑚繁殖多用播种法。冬季采收成熟的种子漂洗后晒干，春季3～4月盆播。将种子均匀撒在土面，覆上一层薄土，然后将花盆放在水盆里浸透水。为保持湿润，花盆口要盖玻璃或塑料薄膜，这样1周左右便可发芽，待长出新叶时，可分苗移植。如要大量育苗，可用苗床播种，栽培条件要求不高，只需一般性施肥和浇水。播种后用细孔喷壶喷透水，以后见干再喷，保持湿润即可，移栽后施1次薄肥，并放在光照充足处。

【扦插繁殖】

扦插繁殖于春、夏秋季均可进行，夏季生长期扦插有较高的成活率。按常规法扦插，保持苗床或盆土湿润，定期向插穗的顶芽、顶叶喷洒水雾，气温保持在18～28℃，约经10天便可成活。秋季扦插后，冬季就可欣赏到红艳艳的累累果实。

冬珊瑚盆栽

盛景冬珊瑚

冬珊瑚的养护管理

【肥水管理】

盆土用腐殖土及细沙各半混合配制，盆底放20~50克蹄角片作底肥，生长期内每周追施1次1∶5蹄角片肥水稀释液或0.1%~0.5%的复合化肥溶液。5月底以前每天浇水1次，6~8月每天早晚各浇1次水，8月每天浇水1次，9月份观果期控制浇水，不干不浇。苗长至20厘米时，应反复摘心，并去掉侧芽。

【光照温度】

冬珊瑚喜温暖、向阳的环境，生长适温18~25℃。生长期内只要有适宜的温度和充足的光照，就能连续不断地开花、结果。10月下旬移入室内栽培，保持室温不低于5℃，以利其安全越冬。

【病虫害防治】

冬珊瑚主要受介壳虫的危害，只需用小刷子将虫体刷掉即可。病害主要易发生疫病和炭疽病，在发病初期可用75%百菌清可湿性粉剂600倍液或50%多菌灵可湿性粉剂700~800倍液，每10~15天喷1次，连喷2~3次即可。发生蚜虫用40%的氧化乐果乳油2000倍液或50%敌敌畏乳油1500~2000倍液喷雾。

炫美冬珊瑚

冬珊瑚盆景

【观赏价值】

冬珊瑚果实艳丽，果期长，是重要的秋冬季盆栽观果植物，也适宜布置花坛、花境或植于林缘。

【药用价值】

冬珊瑚根可以入药。秋季采，晒干。味咸、微苦，性温，有毒，有止痛的功效。冬珊瑚根2.5~5克浸酒服可用于治疗腰肌劳损。

注意：冬珊瑚全株有毒，叶比果毒性更大。中毒症状为头晕、恶心、思睡、剧烈腹痛、瞳孔散大。

竹类

花木篇

水　竹

—— 茎挺叶茂叶奇特

学　名：*Phyllostachys heteroclada* Oliver
别　名：伞草、风车草
科　属：禾本科，刚竹属

水竹美姿

翠绿水竹

水竹原产西印度群岛，现各地广泛栽培。水竹性喜温暖、潮湿及通风透光良好的环境，不耐寒，耐阴性极强，忌暴晒，对土壤要求不严，喜富含腐殖质黏性湿润土。生长适温15～20℃，冬季适温为7～12℃。

水竹为多年生常绿草本，株高60～120厘米。具块状地下茎，茎秆丛生，三棱形，直立无分枝，叶退化为鞘状，棕色，包裹茎秆基部，总苞叶伞状着生秆顶，带状披针形，穗状花序着生于茎顶，花淡紫色，花期6～7月，花小，无花被，果熟期9～10月。变种花叶伞草，叶和茎上具白色条纹。

养　水竹的繁殖

【播种繁殖】

水竹播种于春季3～4月进行，室温20℃时，容易萌发成苗。将种子轻轻撒入浅盆，压平、覆土，浸水后盖上玻璃，10天后相继发芽。苗高5厘米左右可移入小盆。

【扦插繁殖】

土插：一般在夏季生长季节，从茎顶端伞状苞叶下5～6厘米处剪下，把苞叶尖端剪去，留3～4厘米长，修剪成直径6～8厘米的叶盘，然后将花茎插入装有沙的盆内或沙床中，使叶盘紧贴沙面，叶上略盖一层沙，浇透水，置阴凉处，保持空气和盆土湿度，经20多天水竹就开始生根长新芽，并萌发出小植株。

水插：可用洗净的广口瓶装入凉开水，从茎顶伞状苞叶下8厘米处剪下，把每枚苞叶剪去1/2，插在盛水的广口瓶中，苞叶腋产生新芽并向上生长，须根伸入水中，经20多天就可成苗移栽。夏季水插时，需2～3天更换1次凉开水，防止插穗被细菌污染而腐烂。

水竹花镜

【分株繁殖】

分株繁殖，宜在3～4月换盆时进行，将大丛根群纵切分成数丛，分别上盆栽种。

水竹的养护管理

【肥水管理】

水竹特别喜欢水和肥，生长期每2周施1次1：50的腐熟饼肥水稀释液，这样做会使新长出来的竹子特别的粗壮。2～3天晚上浇1次水。天气比较热时水一定要给它喂饱，可以每天晚上浇水，经常保持盆土潮湿，盆土水分不足叶易变黄枯萎。

【光照温度】

水竹对光线适应范围较宽，全日照或半阴处都可良好生长，但夏季应避免强光直晒，放半阴处对其生长更有利，可保持叶片嫩绿不老。要经常修剪枯枝败叶，冬季应移入不低于5℃的室内越冬。

【病虫害防治】

常发生叶枯病和红蜘蛛危害。叶枯病可用50%托布津1000倍液喷洒，红蜘蛛用40%乐果乳油1500倍液喷洒。

【观赏价值】

水竹姿态优美，茎挺叶茂，叶形奇特，层次分明，干净雅致，四季常绿，是室内较好的观叶花卉，亦是切花的好材料。除一般盆栽外，还可制作盆景，也可水植，是插花的常用配材。它适宜书桌、案头摆设，若配以假山奇石，制作小盆景，具天然景趣，深得盆景爱好者的喜爱。南方适宜露地栽植，溪边、假山、石隙点缀。

水竹盆景

【经济价值】

水竹全身是宝，不但是工业原料之一，而且用途广泛。

① 竹笋味鲜甘甜。

② 制作竹编器具、凉席和工艺品，美观、耐用。

③ 水竹有净化环境的价值。

④ 燃烧后能产生竹油、竹炭。竹油香气浓郁，可用作化妆品的配料等。竹炭用于烤火、打铁、制建筑涂料。

【药用价值】

水竹味甘，性平。入肝、脾二经。有清热，利尿，消肿，解毒的功效。主治肺热喘咳，赤白下痢，小便不利，咽喉肿痛，痈疖疔肿。

常用验方如下。

① 治鸡眼：鲜水竹叶和冬蜜捣烂敷患处，日换2～3次。

② 治小便不利：鲜水竹叶50～100克。酌加水煎，调冰糖内服，日服2次。

③ 治疮疖：鲜水竹叶150克，冰糖25克。炖服，并将药渣敷患处。

④ 治指头炎未成脓者：鲜水竹茎叶一握，醋糟少许。共捣烂外敷。

⑤ 治口疮舌烂：鲜水竹叶100克，捣汁，开水1杯，漱口，5～6分钟，1日数次。

棕　　竹
—— 翠叶美竹亭亭立

学　名：*Rhapis excelsa*（Thunb.）Henry ex Rehd
别　名：观音竹、矮棕竹、棕榈竹、筋头竹
科　属：棕榈科，棕竹属

棕竹原产我国和印度尼西亚等东南亚地区。棕竹喜温暖、潮湿、半阴及通风良好的环境，忌强烈阳光直射，不耐旱，不耐积水，极耐阴，稍耐寒。不耐瘠薄和盐碱，要求较高的土壤湿度和空气湿度。宜排水良好、肥沃、微酸性的沙质壤土栽植。适宜温度10～30℃，气温高于34℃时生长停滞，越冬温度不低于5℃，但可耐0℃左右低温，最忌寒风霜雪，在一般居室可安全越冬。

棕竹美叶

棕竹花丛

棕竹为多年生常绿丛生状灌木。茎直立圆柱形，不分枝，高1～3米。茎纤细如手指，有叶节，包有褐色网状纤维的叶鞘。叶集生于茎顶，掌状深裂近至基部。肉穗花序腋生，花小，淡黄色，极多，单性，雌雄异株。浆果球状倒卵形。种子球形，胚位于种脊对面近基部。花期4～5月，果期10～12月。

养 棕竹的繁殖

【播种繁殖】

若用播种繁殖，播前将种子作"温汤浸种"（30～35℃温水浸两天）处理，待种子开始萌动时播种，播后覆土。以疏松透水土壤为基质，一般用腐叶土与河沙等混合配制。因其发芽一般不整齐，故播种后覆土宜稍深。一般播后1～2个月即可发芽，其发芽率可达80%左右。幼苗长到8～10厘米高时，以4～7株为一丛进行移栽，以利成活和生长。

【分株繁殖】

棕竹分株繁殖多于4月中、下旬新芽长出前结合换盆进行。一般小株1年翻盆换土1次，大株2～3年翻盆1次，常用盆土是用园土2份、厩肥土1份、腐叶土和砻糠灰各0.5份混合配制。将萌蘖多的株丛用利刀分切为每丛3～6株的数丛，分切时尽量少伤根，不伤芽，否则生长缓慢，观赏效果差。

棕竹的养护管理

【肥水管理】

分株上盆后置于半阴处，保持湿润，并经常向叶面喷水，以免叶片枯黄。待萌发新枝后再移至向阳处养护，然后进行正常管理。生长季节保持盆土湿润并经常向叶面喷水，但忌积水和干旱，每月施用复合肥1～2次，盛夏放置通风和遮阴处，避免强光直晒，能促使植株生长。及时剪除枯枝败叶，2～3年结合繁殖换盆。

矮棕竹

棕竹盆景

【光照温度】

棕竹长势强健，冬季只要移到室内，维持0℃以上就能安全越冬，若温度在10℃以上，则能保持叶色青翠。由于冬季气温低，植株进入休眠，基本停止生长，故要节制浇水，盆土要稍干，停止施肥，盆土潮湿和低温条件会使棕竹烂根或大量脱叶。

【病虫害防治】

介壳虫可用40%氧化乐果800倍液或80%的敌敌畏乳剂1000～1500倍液防治。常见的叶斑病、叶枯病和霜霉病，可选用70%甲基托布津可湿性粉剂600～800倍液防治。棕竹腐芽病在发病初期，用50%的多菌灵可湿性粉剂和75%的百菌清可湿性粉剂800倍液，轮流喷洒心叶及全株，每10天1次，连续3～4次，具有很好的防治效果。

赞

【观赏价值】

棕竹为重要的室内观叶植物。其耐阴、耐湿、喜散射光，可长期在室内光线明亮的地方摆放，即使连续3个月在暗处见不到阳光，也能正常生长，并能保持其浓绿的叶色。棕竹丛生挺拔，枝叶繁茂，姿态潇洒，叶形秀丽，四季青翠，似竹非竹，美观清雅，目前家庭中栽培广泛。南部地区可丛植于庭院内大树下或假山旁，构成一幅热带山林的自然景观。北方地区可盆

棕竹盆栽

棕竹园地

栽，大丛株可摆放在会议室、宾馆门口两侧，颇为雅观，如果家里客厅摆放一盆高低错落有致、疏密协调的浅盆棕竹盆景，旁边再配几块山石，更显得环境文雅舒适。

【药用价值】

棕竹味甘、涩，性平。棕竹叶3～6克煅炭研末冲内服，可收敛止血，主治鼻衄，咯血，吐血，产后出血过多。棕竹根9～20克，鲜品可用至90克，煎汤内服，可祛风除湿、收敛止血，主治风湿痹痛，鼻衄，咯血，跌打劳伤。

富贵竹
——昂首挺拔寓意美

学　名：*Dracaena sanderiana*
别　名：万寿竹、开运竹、丝带树、竹蕉、万年竹、富贵塔、塔竹
科　属：百合科，龙血树属

识

富贵竹原产于非洲和亚洲热带、亚热带地区。富贵竹喜光照充足、高温、多湿的环境，也十分耐阴，适于室内生长。可单株水养，也可多株捆在一起组成各种形状室内盆栽观赏或放在室内的容器内水养，是现在比较流行的培养方式。

富贵竹是常绿小乔木，株形很似朱蕉，但较小些。茎直立生长，植株细长，上部有分枝。在室内生长的株高2～3米。根状茎横走，结节状。

富贵竹翠叶

富贵竹美姿

叶片卵圆披针形，顶端渐尖，叶互生或近对生，纸质，有明显3～7条主脉，具短柄，绿色。

养 富贵竹的繁殖

【扦插繁殖】

富贵竹可用扦插法繁殖。插穗长为5～10厘米，可把整个插穗横向埋在排水良好的沙质插床上，也可直立插于插床上，注意不要上、下方向颠倒，深度可2～3厘米。扦插在盛水容器中也可生根，入水深度不可过深，2～3厘米即可，否则容易泡烂。一定要保证扦插基质、水及容器清洁，否则易感染霉菌、腐烂。温度宜保持在25℃左右，温度高有利于生根。经1个半月左右就可生根，然后移栽入盆内培养。

富贵竹的养护管理

【肥水管理】

施肥：盆土要求保肥、保水、通气、疏松，可用泥炭土和沙土以1：1比例混合或用草炭土加少量豆饼渣，再加适量粗沙混合配制。生长期应每周施1次腐熟的稀薄液肥。

浇水：富贵竹性喜湿润，应经常用细孔喷壶喷洒叶面，提高空气湿度。生长期浇水要均衡，不可过干或过湿。如盆土积水，根系易腐烂。为保证排水通畅，在上盆时一定要做好排水层。进入9月就要停止施肥并控制浇水，以利冬季休眠。

【光照温度】

富贵竹应放在室内光线好的地方，并避免中午强光直射。放置在过于荫蔽处则生长不良、叶

金边富贵竹

金心富贵竹

片易变黄。如冬季温度等条件适宜，也可生长良好。温度在10℃时即要进入休眠，但最低温度在5℃以上就能安全越冬。

【整形修剪】

富贵竹耐修剪，如果将顶部或上部的枝干剪去，剪口处以下的芽就会生成新的枝条，因此可以长成独顶尖的植株，也可成簇生状。在植株长得过高大或下部叶片脱落时，可根据需要进行修剪，剪下的枝条可进行繁殖。无论是一年生的还是多年生木质化茎干都可做插穗，同时由于顶部被剪，顶端优势受到抑制，在条件适宜时，枝干下部的隐芽就会长出新的枝条或形成新的植株。

【病虫害防治】

富贵竹基本上没有病虫害，有时叶片焦边、叶尖枯焦，多是由于空气湿度过低、土壤干旱或过于通风引起的，应注意改善管理。

【花语寓意】

富贵竹花语：花开富贵、竹报平安、大吉大利、富贵一生。

富贵竹塔　　　　　　　水养富贵竹

【观赏价值】

富贵竹茎秆挺拔，叶色浓绿，冬夏长青，不论盆栽或剪取茎干瓶插或加工开运竹、转运竹、千手富贵盘、竹笼等，均显得疏挺高洁、茎叶纤秀、柔美优雅、姿态潇洒、富有竹韵，观赏价值极高。居室内摆放郁郁葱葱的富贵竹，不仅是良好的装饰品，还对改善局部环境的温度、湿度、空气质量有一定作用。

龟背竹
——净化空气翠叶奇

学　名：*Monstera deliciosa*
别　名：蓬莱蕉、透叶莲、穿孔喜林芋、电线兰、铁丝兰
科　属：天南星科，龟背竹属

龟背竹原产美洲热带雨林地区，在我国西双版纳有野生，现各地均有栽培。龟背竹喜温暖湿润和半阴环境，忌阳光直射和干燥，较耐寒。生长适温为20～25℃，越冬温度为5℃。对土壤要求不严，在富含腐殖质的沙质壤土中生长良好。

龟背竹为多年生常绿攀援藤本植物。茎粗壮，可长达10余米。节部明显，茎干上生有许多细长、褐色的气生根，故又称电线兰。叶大，幼

龟背竹翠叶　　　　　　龟背竹株丛

苗时叶片心形，无孔，全缘，随着植株长大，叶片出现羽状深裂，主脉两侧呈龟甲形散布许多椭圆形透漏穿孔和深裂，孔裂叶的形状犹如龟背，因此得名。叶深绿色，革质。肉穗花序，白色，佛焰苞淡

黄色革质，边缘翻卷。栽培中还有斑叶变种（浓绿色的叶片上带有大面积不规则的白斑）。条件适宜时可结出紫罗兰色浆果，具菠萝香味，可生食。

养 龟背竹的繁殖

【播种繁殖】

龟背竹夏季开花，为了提高结实率，需人工授粉，授粉至种子成熟需要15个月。种子发育阶段注意通风和肥水管理，以促使结实饱满。播种前先将种子放入40℃温水中浸泡10小时，播种土应高温消毒。龟背竹种子较大，可采用点播，播后室温保持20～25℃，播种箱口盖上塑料薄膜，保持80%以上湿度，播后一般20～25天发芽。播种后如室温过低，不仅影响出苗，甚至种子发生水渍状腐烂。

【扦插繁殖】

龟背竹以扦插繁殖为主。龟背竹萌芽力强，每年4～5月天气转暖后，可将老茎枝条剪取带2～3个芽眼的茎为一插穗，带叶片将茎干插入以河沙或蛭石为基质的盆中，适当遮阳，保持温度在25～30℃，插后经常喷水保证插床湿润，1个月左右生根，2个月长出新芽。

【分株繁殖】

在夏秋进行，将大型的龟背竹的侧枝整段劈下，带部分气生根，直接栽植于木桶或钵内，不仅成活率高，而且成型快。

龟背竹的养护管理

【肥水管理】

盆土以腐叶土为主，适当掺入壤土及河沙。6～9月每月施肥1～2次，施肥种类以尿素、磷酸二氢钾为主，施用浓度为：尿素0.5%，磷酸二氢钾为0.2%。龟背竹的根比较柔嫩，忌施生肥和浓肥，以免烧根。浇水应掌握宁湿不干的原则，经常保持盆土潮湿，但不积水，春秋季每2～3天浇水1次。盛夏季节除每天浇水外，需喷水多次，以保持叶面清新，悬挂栽培应喷水更勤。冬季叶片蒸发量减弱，浇水量要减少。

龟背竹盆栽

水养龟背竹

【光照温度】

龟背竹是典型的耐阴植物，尤其播种幼苗和刚扦插成活苗，切忌阳光直射，可用50%遮阳网，以免叶片灼伤。成型植株盛夏期间也要注意遮阴，否则叶片老化，缺乏自然光泽，影响观赏价值。

【绑扎整形】

龟背竹为大型观叶植物，茎粗叶大，特别是在成年植株分株时，要设架绑扎，以免倒伏变型。待定型后支架拆除。同时，定型后茎节叶片生长过于稠密、枝蔓生长过长时，注意整株修剪，力求自然美观。

【病虫害防治】

龟背竹的叶片会发生叶斑病、灰斑病和茎枯病，可用65%代森锌可湿性粉剂600倍液喷洒。此外经常有介壳虫危害茎叶，应经常开窗通风进行预防，虫害发生后用小毛刷除掉，并每月喷洒一次1000倍的40%的乐果乳油杀灭。

咏

【花语寓意】

龟背竹花语：健康长寿。

因为龟背竹的叶子形态很像龟壳，而且又比较适合室内栽培，同时它具有强力吸收二氧化碳的本领有益人的身体健康，所以它的花语是健康长寿。

【观赏价值】

龟背竹株形优美，叶片形状奇特，叶色浓绿且富有光泽，整株观赏效果较好，我国引种栽培较为广泛。龟背竹以耐阴而著称，是著名的室内盆栽观叶植物，适用于室内客厅、走廊、书房中摆设与点缀，惹人喜爱。也可以大盆栽培，置于宾馆、饭店的大厅，或于花园的水池旁和大树下，颇具热带风光。龟背竹在南方多在庭院中栽植，或散植于公园池旁、溪沟、山石旁和石隙中。龟背竹叶片上的孔眼和缺刻，有虚有实，新奇有趣，气生根悬挂于盆口，古朴雅致。叶片可作鲜切花切叶和插花中的配材。

龟背竹美叶

炫丽龟背竹

【环保价值】

龟背竹是天然的清洁工，具有夜间吸收二氧化碳的奇特本领。所以，居家养龟背竹对改善室内空气质量，提高含氧量有很大帮助。

龟背竹对清除空气中的甲醛、苯等有害气体的效果比较明显，非常适合刚装修完的室内摆放，可起到净化室内空气的效果。但是家中有小孩的尽量不要养，防止小孩误食而发生中毒。

【食用价值】

龟背竹果实成熟后可用来做菜食，有甜味，香味像凤梨或香蕉，但要注意果实未成熟不能吃，有较强的麻味。在原产地居民称这种果头为"神仙赐给的美果"。

佛肚竹
—— 大肚能容天下事

学　名：*Bambusa ventricosa* McClure
别　名：佛竹、大肚竹、葫芦竹、罗汉竹、密节竹
科　属：禾本科，簕竹属

佛肚竹原产我国广东省，现我国南方各地以及亚洲的马来西亚和美洲均有栽培。佛肚竹性喜阳光，喜温暖、湿润环境，耐阴，不耐寒，能耐轻霜及极端0℃左右低温，颇耐水湿，不耐旱，适宜疏松、肥沃、湿润、排水良好的偏酸性沙质土壤。佛肚竹茎秆姿、色奇丽适宜盆栽观赏。

佛肚竹为丛生灌木状竹类植物。秆矮而粗圆筒形，高7～10米，幼秆深绿色，稍被白粉，老时转榄黄色。节间短并膨大成肚状瓶形，节间30～35厘米，每节具1～3分枝，有7～13枚叶片，叶条状披针形至卵状披针形，长12～21厘米，宽1.5～3.5厘米。

挺拔佛肚竹

佛肚竹竹林

【分株繁殖】

佛肚竹多采用分株法繁殖。多在秋季选生长健壮，秆基芽肥大充实的1~2年生竹秆，2~3秆成丛挖起，然后分栽。佛肚竹应每年2月进行换土和分株种植。换土时要把旧土和老根除去一部分，才易长出新根。

【扦插繁殖】

佛肚竹扦插一般在春季3月中下旬，用1~2年生嫩竹秆的粗壮主侧枝或次生枝作插穗，每穗保留3个节芽，剪去叶片或上部留少许叶片，带节插入湿沙床内。经常喷雾保湿，约1个月可发根，2个月左右可移入圃地培育，翌年供上盆或3~4年生出圃供露地栽植。1次育苗可以多年产苗，在每次起苗时留下少许根苑，翌年即可萌发成新丛，又可分株出圃种植。

佛肚竹的养护管理

【栽培管理】

选取以疏松腐叶土和肥沃的矿质土混合而成的中性或微酸性的培养土作盆土，每1~2年换盆1次，换土时要把旧土和老根除去一部分，才易长出新根。

佛肚竹盆景

佛肚竹竹丛

【肥水管理】

以充分腐熟的鱼杂肥稀释液或腐熟的禽畜粪作基肥，生长期隔月施腐熟的大豆饼肥水1次，不宜过多。秋末天气干旱，盆竹水分不足，出笋节长、腹平。平时保持土壤湿润，经常用清水喷洒叶片，冬季停止施肥，1周浇1次水。

【修剪整形】

佛肚竹植株生长相对较快，对造型不需要的枝条应及时进行剪除，以免消耗营养。新竹秆细、节长，又影响造型，则应及时进行剪除。待竹子长到一定高度时，把竹笋顶端剪除5~6厘米，使植株结顶，侧枝生长，待侧枝达到一定的长度时，也要除去梢尖。

【病虫害防治】

锈病用50%萎锈灵可湿性粉剂2000倍液喷洒，黑痣病用50%甲基托布津可湿性粉剂500倍液喷洒。防治蚜虫可在发生时喷施1000倍25%的亚胺硫磷乳剂，防治竹蝗用90%敌百虫1500倍液喷杀。

【观赏价值】

佛肚竹竹秆形态奇特，株形秀丽，四季翠绿，为优良园林观赏竹种。盆栽数株，当年成型，扶疏成丛林式，缀以山石，古朴典雅，观赏效果颇佳。适于庭院、公园、水滨等处种植，与假山、崖石等配置，更显优雅。苏东坡有"宁可食无肉，不可居无竹"以及"无竹则俗"等诗句，古人称"梅、兰、竹、菊"为四君子，竹在园林中占有重要位置。佛肚竹是观赏竹类的佼佼者，观赏价值很高，不但宜作露地栽植，亦宜盆栽供陈列。

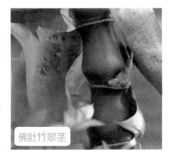
佛肚竹翠茎

盛景佛肚竹

【经济价值】

　　佛肚竹的嫩叶有清热、除烦的作用。漂亮的佛肚竹也是很多工艺品、文玩物品的加工对象。如扇子、竹雕、乐器等等。

南天竹
——优越清雅果实累

学　名：*Nandina domestica*
别　名：天竹、天竺、南天竺、天烛子、兰竹
科　属：小檗科、南天竹属

南天竹美姿

南天竹翠叶

　　南天竹原产东亚，在我国广泛分布于长江流域。南天竹为亚热带树种，性喜温暖、湿润、通风良好的半阴环境及排水良好的土壤。南天竹枝叶直立挺拔，秋冬叶色变红，宿存的红果累累，为观叶、赏果的优良树种，可用做盆栽或制作盆景，也可布置庭院。其根、茎、叶、果均可药用。

　　南天竹为常绿灌木，直立、丛生。树皮灰黑色，有纵皱纹。分枝少，高可达2米以上。总叶轴上有节，为三出羽状复叶，叶互生。小叶革质，椭圆形，披针状，全缘，先端渐尖，基部楔形。因其形态如竹，在长江以南可以露地越冬栽培，故名南天竹。植株初带黄绿色，渐呈绿色，入冬呈红色。大形圆锥花序，顶生，花小、白色，雌雄同株。花期3～6月。浆果初为绿色，渐变红色，球形，也有淡黄色或白色果，经久不落。果期9·11月。

南天竹的繁殖

【播种繁殖】

　　南天竹种子属胚发育不完全的生理后熟型种子，秋季果熟后，将其采下进行湿沙混合储藏，让其完成后熟过程。在9月上旬，种子开始裂口露白时播种最适，将种子播于湿润的盆土中，20℃左右，20～30天即可发芽。播种苗生长缓慢，待数年后长至50厘米时开始开花，所以一般不采用播种繁殖。

【扦插繁殖】

　　南天竹扦插的最好时间是在新芽萌发前或夏季梢停止生长时进行。选取一年生无病虫害的枝条，截成长20～25厘米的穗段，剪去大部分叶片（最好能保留顶芽），经生根粉处理后插于沙壤土苗床中，采用薄膜覆盖保湿并及时搭棚遮阴，插后要及时喷水保持沙床湿润，经1个月左右即可生根。

【分株繁殖】

　　分株可结合换盆进行，在芽萌动前换盆分株。春秋两季将丛状植株掘出，抖去宿土，从根基结合薄弱处剪断，每丛带茎干2～3个，需带一部分根系，同时剪去一些较大的羽状复叶。换盆时结合分株剪去过密枝条，剪去果穗，以保持植株整齐。培养一两年后即可开花结果。

南天竹红果

南天竹秋色

南天竹的养护管理

【肥水管理】

南天竹成苗后，春秋两季都可移栽。南天竹对盆土要求不严，只需排水良好、疏松的壤土即可，但要注意保持土壤湿润。花期应掌握少浇水，以免引起落花。每周用温水喷洗1次枝叶，以保持叶片清新。施肥从2月起，每月1～2次，至7月停止。饼肥和骨粉肥轮换使用，不可太多太浓。5月底可喷磷酸二氢钾1次。2～3年换1次盆，有利于植株生长。

【光照温度】

南天竹对光线适应能力较强，放在室内养护时，尽量放在有明亮光线的地方。南天竹适宜生长温度为20℃左右，适宜开花结实温度为25℃左右。南天竹对过冬温度的要求很严，入冬移入室内，室内温度应保持在10℃左右，当环境温度在8℃以下停止生长。

【整形修剪】

结合扦插、换盆对枝条进行修剪整形，从基部疏去枯枝、细弱枝，促使萌发新枝，一般以保留4～5个枝条为宜。在冬季植株进入休眠或半休眠期，要把瘦弱、病虫、枯死、过密等枝条剪掉。

【观赏价值】

南天竹枝叶扶疏，茎干丛生，秋冬叶色变红，果实累累，经久不落，是赏叶观果的佳品。因其形态清雅，常被用以制作盆景或盆栽来装饰窗台、门厅、会场等，也常在古典园林中栽植在山石两旁、庭院角落等处。小型植株适于盆栽观赏。

南天竹花姿

南天竹盛景

【经济价值】

南天竹根、茎可清热除湿，通经活络，用于感冒发热，眼结膜炎，肺热咳嗽，湿热黄疸，急性胃肠炎，尿路感染，跌打损伤。果味苦，性平，有小毒。可止咳平喘，用于咳嗽，哮喘，食积，腹泻，尿血，百日咳。

常用验方如下。

① 治百日咳：南天竹干果实15～25克。水煎调冰糖服。

② 治三阴疟：南天竹隔年陈子，蒸熟。每岁一粒，每早晨白汤下。

孔雀竹芋
—— 叶色丰富耐阴强

学　名：*Calathea makoyana* E. Morr.
别　名：蓝花蕉、五色葛郁金
科　属：竹芋科，肖竹芋属

孔雀竹芋原产于热带美洲及印度洋的岛域中。孔雀竹芋喜高温多湿和半阴环境，不耐寒。生长适温为20～30℃，超过35℃或低于7℃对生长不利，不耐阳光直射，盛夏季节在直射阳光下易引起叶片灼伤，应在半阴条件下养护，空气湿度越高越利于叶片展开。栽培土壤需疏松、肥沃、排水良好。孔雀竹芋性耐阴，叶形叶色美丽，适合盆栽或庭园荫蔽地美化，为室内高级观叶植物。此外，孔雀竹芋还是很好的净化室内空气植物。

孔雀竹芋翠叶

孔雀竹芋花丛

孔雀竹芋为多年生观叶草本，株高30～40厘米，具根茎，叶片卵形长20～30厘米，宽约10厘米，叶丛根部长出，植株呈丛状，叶面斑纹极美，似孔雀羽毛。淡黄绿色半透明的叶面上，中肋两侧镶橄榄绿色、卵形、大小互生的斑块。羽状细侧脉也呈橄榄绿色。叶背的饰斑则呈紫红色。小花生于穗状花序苞片内，白色。

 孔雀竹芋的繁殖

【分株繁殖】

　　孔雀竹芋主要用分株繁殖。于每年初夏日温20℃左右时结合换盆进行（气温太低，分株容易伤根，影响成活或使生长衰弱），将生长茂密的老株掘出后，除去宿土，沿地下根茎将健壮、整齐的幼株分开，每段留2～3个芽为宜，分切后立即上盆，上盆栽植后充分浇水，放置于阴凉处1周后，再渐渐移到光线充足处。分株种植初期宜控制水分，待发新根后再充分浇水。

【扦插繁殖】

　　孔雀竹芋也可扦插繁殖。夏季选取基部带有2～3片叶子的幼枝作插穗，或用一些种类的匍匐枝扦插。可用草炭土与河沙各半掺匀或用蛭石和珍珠岩作基质，保持湿润，5周左右即可生根，分栽上盆。

孔雀竹芋盆栽

炫丽孔雀竹芋

孔雀竹芋的养护管理

【栽培管理】

　　生长季节需充分浇水，保持盆土湿润，但土壤过湿易引起根部腐烂，甚至死亡。生长期每周轻施尿素澄清液加200倍水配制的液肥1次，冬季和盛夏停止施肥。植株不能长期放在室内或过阴处，否则植株变得柔弱，叶片失去特有光彩。秋冬应当接受阳光照射，冬天保持干燥，过湿则基部叶片易变黄起焦，影响植株形态。

【病虫害防治】

　　孔雀竹芋病虫害较少，但如果通风不良、空气干燥，也会发生介壳虫为害，可用吡虫啉系列药物进行喷洒防治。叶斑病可用50%的多菌灵600～800倍液，或75%百菌清600～800倍液每隔7～10天喷洒1次。各种药要交替使用，可以防止病菌产生抗药性。

 赞

【观赏价值】

　　孔雀竹芋叶色丰富多彩，观赏性极强，且具有较强的耐阴性，适应性较强，可种植在庭院、公园的林荫下或路旁，在华南地区已有越来越多的种类被应用于园林绿化。既可以单株欣赏，也可成行栽植为地被植物，欣赏其群体美，需注意提供良好的背景加以衬托。孔雀竹芋是理想的室内绿化植物。用中、小盆栽，主要装饰布置书房、卧室、客厅等，但在栽培管理的过程中要适当补充光照并定期向叶面喷水，提高空气湿度。

孔雀竹芋美叶

水养孔雀竹芋

参考文献

［1］芦建国. 花卉学. 南京：东南大学出版社，2004.

［2］程金水. 园林植物遗传育种学. 北京：中国林业出版社，2000.

［3］陈俊愉. 中国花卉品种分类学. 北京：中国林业出版社，2001.

［4］张克中. 花卉学. 北京：气象出版社，2006.

［5］赵家荣. 水生花卉. 北京：中国林业出版社，2002.

［6］赵梁军，苏立峰. 月季. 北京：中国农业出版社，2000.

［7］刘燕. 园林花卉学. 第二版. 北京：中国林业出版社，2009.

［8］邹惠渝. 园林植物学. 南京：南京大学出版社，2000.

［9］康亮. 园林花卉学. 第二版. 北京：中国建筑工业出版社，2008.

［10］陈雅君，毕晓颖. 花卉学. 北京：气象出版社，2010.

［11］郭世荣. 无土栽培学. 第二版. 北京：中国农业出版社，2005.

［12］金波. 宝典花卉. 北京：中国农业出版社，2006.

［13］曹春英. 花卉栽培. 北京：中国农业出版社，2010.

［14］石爱平，刘克峰，柳振亮. 花卉栽培. 北京：气象出版社，2010.

［15］陈坤灿. 四季草花种植活用百科. 汕头：汕头大学出版社，2004.